Mathematics in Artificial Intelligence

개정판

인공지능 속 수학

김수환 지음

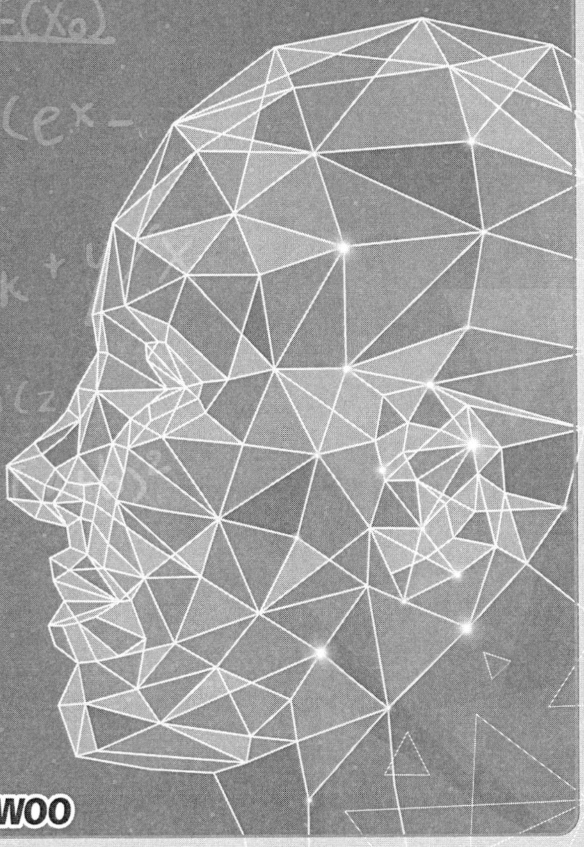

KYOWOO

머리말

P·R·E·F·A·C·E

인공지능은 인간의 인식 판단, 추론, 문제해결, 언어나 행동 지령, 학습 기능과 같은 인간의 두뇌 작용과 같이 컴퓨터 스스로 추론-학습-판단하면서 작업하는 시스템이다. 그리고 인공지능의 학습 방법은 지도와 비지도(관찰)와 같은 기계학습과 다층 페셉트론 구조를 가지는 신경망, 기계학습과 신경망을 혼합한 딥러닝이 있다.

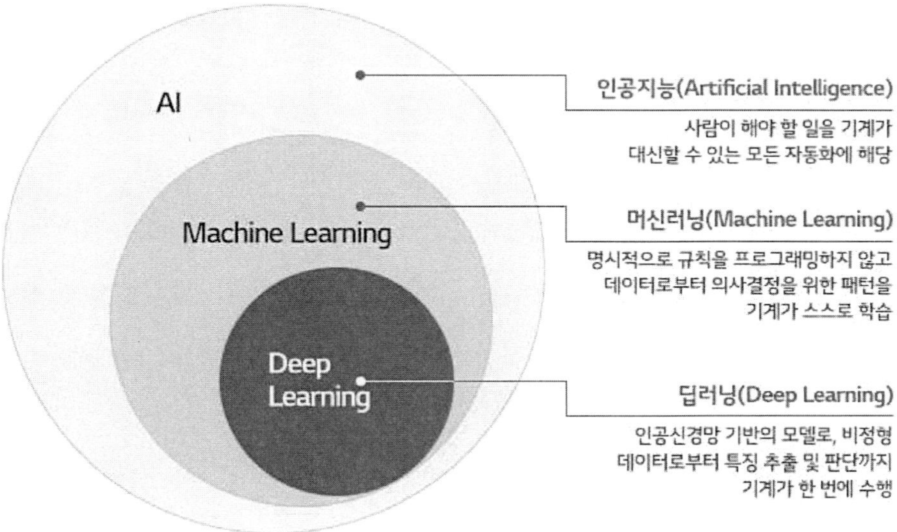

신경회로망 연구에는 심리학, 신경과학, 인지과학, 시스템이론 등 다양한 분야의 학문이 필요하며, 1980년대 이후로 전 세계적으로 활발히 진행되고 있다. 신경회로망은 학습과 재생이라는 2단계로 작업을 수행하며, 여기서 학습이란 패턴의 부류에 따라 신경회로망의 연결가중치를 적당한 값으로 지정하는 과정이고, 재생이란 학습된 가중치들과 입력 벡터들과의 거리를 계산하여 가장 가까운 클래스로 분류하는 과정이다. 이러한 복잡한 학습과 재생의 과정에서 다양한 비선형 함수들이 사용되고, 학습규칙의 최적화된 알고리즘을 찾기 위하여 오차제곱합(SSE), 평균제곱오차 (MSE), 경사하강추적법 등을 사용한다.

이 책은 인공지능을 이해하는데 필요한 수학적 내용을 망라한 것이며, 인공지능 분야에 흥미를 유발시키는 데 도움 주기를 바란다. 그리고 이 책은 다음과 같은 내용으로 이루어졌다. 1장은 벡터와 행렬, 미분의 응용을 주제로 공부한다. 인공지능은 두 문장의 유사성을 비교하기 위해 벡터의 내적을 사용하며, 색상의 정보를 인식하기 위하여 행렬을 이용하고 행렬을 사용하여 데이터를 단순화한다. 그리고 인공지능은 예측모델을 구성하는 과정에서 오차를 줄이는 최적의 모델을 찾는다. 이 과정에서 미분의 응용인 평균변화율, 함수의 최댓값과 최솟값, 손실함수, 경사하강법 등을 사용한다.

2장은 행렬처리를 주제로 공부한다. 인공지능에서 데이터는 벡터로 받아지고, 이 벡터의 방향이 변하지 않으면서 개수를 줄이는 방법에 고윳값과 고유벡터가 사용된다. 이러한 고윳값과 고유벡터와 관련하여 행렬의 대각화와 LU분해, 주성분 분석, 합성곱 신경망을 다룬다. 3장은 통계에 대한 기본개념을 다룬다. 예측과 전망을 위해서 기본적으로 데이터가 필요하며, 수집한 데이터를 이용하여 합리적인 의사 결정을 위해 데이터가 가지고 있는 정보를 파악하는데 필요한 기본적인 통계개념을 배운다.

4장은 베이지안 확률에 대하여 다룬다. 확률은 불확실성을 정량화하는 도구로 사용되며, 그 중에서도 베이즈의 정리는 주어진 증거에 기초하여 불확실성을 추론하는데 중요한 개념이다. 특히 이미 알고 있는 조건부확률을 이용하여 베이즈 정리를 이해하고 응용하는 방법을 공부한다.

5장은 자료들의 인과 관계를 분석하는 회귀분석을 공부한다. 인공지능은 자료를 변수로 인식하고, 변수 간의 인과 관계를 분석하는 방법으로 변수 중 하나를 영향을 받는 변수(종속변수)와 영향을 주는 변수(독립변수)로 생각하고, 이들의 함수관계를 찾는다. 일반적으로 회귀분석에는 선형회귀분석과 비선형회귀분석이 있고, 우리는 선형회귀분석의 간단한 형태인 단순회귀모형을 공부한다.

마지막으로 이 책의 내용이 인공지능을 공부하는 학생들에게 도움이 되기를 바라며, 그리고 출판에 용기를 주신 도서출판 교우사 관계자분들에게 감사의 말씀을 드립니다.

저자 김수환

책의 구성

이 책은 2학점 또는 3학점으로 수업을 진행할 수 있으며, 15주 강의를 기준으로 주별 강의주제는 다음과 같다.

■ 주별 학습 내용

주별	강 의 내 용
제 1 주	주제 : 소개 및 기타 내용 : 교과목 소개/ 조편성 및 기타 소개
제 2 주	주제 : 벡터의 이해 내용 : 벡터의 연산/ 벡터의 크기/ 벡터의 내적
제 3 주	주제 : 행렬과 행렬식 내용 : 행렬의 연산/행렬식/역행렬
제 4 주	주제 : 미분의 응용 내용 : 미분/경사하강법/활성화함수
제 5 주	주제 : 대각화와 LU분해 내용 : 선형변환/고윳값과 고유벡터/행렬의 대각화
제 6 주	주제 : 주성분 분석(PCA) 내용 : 공분산 행렬의 고윳값과 고유벡터
제 7 주	주제 : 합성곱 신경망 내용 : 합성곱 연산/ 풀링 연산
제 8 주	중간시험
제 9 주	주제 : 통계의 기본 내용 : 기술 통계량과 변동성 측정
제 10 주	주제 : 확률변수와 확률분포 내용 : 확률분포의 평균과 분산/이항분포/정규분포
제 11 주	주제 : 표본분포와 중심극한정리 내용 : 정규분포/중심극한정리/t-분포
제 12 주	주재 : 통계적 추정과 가설검정 내용 : 신뢰구간/가설검정/p-값 검정
제 13 주	주제 : 조건부확률과 베이즈 정리 내용 : 사후확률/베이즈정리의 확장/베이지안 확률
제 14 주	주제 : 회귀분석 내용 : 최소제곱법/평균제곱법(MSE)/회귀계수의 추정과 추론
제 15 주	기말시험

강의보조 동영상

이 책은 인공지능을 공부하는 학생들에게 필요한 다양한 수학적 내용을 담고 있지만, 여건상 기초적인 내용까지 담을 수 없기에, 부족한 내용은 다음 강의 보조사이트를 통하여 제공한다. 동영상의 영역은 4개의 분야로 [1. 벡터], [2. 행렬과 행렬식], [3. 미분과 적분], [4. 기본통계]로 이루어졌으며, 언어나 필기가 정제되지 못한 점 미리 이해해 주시기 바랍니다.

1. 벡터

번호	내용	QR코드	(분)
1-1	벡터의 기본개념		21
1-2	벡터의 내적		16
1-3	공간벡터		11
1-4	벡터 직선 방정식		11
1-5	벡터 평면 방정식		10
1-6	벡터 점과 평면 사이 거리		3

1-7	벡터 구의 방정식		7
1-8	벡터의 외적(행렬식 필요)		23

2. 행렬과 행렬식

번호	내용	QR코드	(분)
2-1	행렬의 합, 차, 곱		20
2-2	행렬식과 역행렬		26
2-3	행렬의 응용: 케일리-해밀턴 정리		12
2-4	행렬의 응용: 연립일차방정식		10
2-5	행렬의 응용: 연립일차방정식 -Cramer 정리		7

2-6	행렬의 응용: 가우스 소거법		16
2-7	선형변환: 회전변환행렬		17
2-8	선형변환과 도형변화		12

3. 미분과 적분

번호	내용	QR코드	(분)
3-1	함수와 종류		36
3-2	지수함수		5
3-3	로그함수		5
3-4	삼각함수		30

번호	내용	QR코드	(분)
3-5	역함수		6
3-6	역삼각함수		8
3-7	함수의 극한 및 계산		30
3-8	연속함수		11
3-9	중간값 정리		5
3-10	미분의 정의(도함수)		24
3-11	미분의 기본정리(공식)		21
3-12	합성함수 미분법 -연쇄법칙		13

3-13	음함수 미분법		18
3-14	매개변수 미분법		11
3-15	삼각함수 미분법		23
3-16	로그함수 미분법		14

번호	내용	QR코드	(분)
3-17	지수함수 미분법		8
3-18	쌍곡선함수 미분법		26
3-19	고계도함수 n차 미분법		27
3-20	함수의 증가와 감소		14

번호	내용	QR코드	(분)
3-21	극댓값과 극솟값		40
3-22	극값의 활용		8
3-23	롤의 정리		8
3-24	평균값 정리		7
3-25	로피탈 정리		21
3-26	부정적분 정의 -기본정리		13
3-27	치환적분법		7
3-28	부분적분법		13

번호	내용	QR코드	(분)
3-29	삼각함수 적분법		31
3-30	부분분수 적분법		11
3-31	정적분 정의 -기본정리		24
3-32	정적분의 치환적분법		5
3-33	정적분의 부분적분법		5
3-34	이상적분 -무한구간 정적분		40
3-35	정적분 활용1 -영역의 넓이		34
3-36	정적분 활용2 -단면적 이용한 입체도형의 부피		10

3-37	정적분 활용3 -회전체 부피(2가지 유형)		27

4. 기본통계

번호	내용	QR코드	(분)
4-1	통계의 기본용어 데이터 모으기		27
4-2	명목측정 구간측정 비율측정		12
4-3	도수분포표 히스토그램		19
4-4	도수분포표 히스토그램 엑셀 실습		25
4-5	평균 -기술 통계량		10
4-6	중앙값 -기술 통계량		12

번호	내용	QR코드	(분)
4-7	절사평균 -기슬 통계량		5
4-8	범위 -변동성 측정		5
4-9	분산 표준편차 -변동성 측정		22
4-10	표준편차의 특성		5
4-11	사분위수 -변동성 측정		8
4-12	왜도 첨도 -변동성 측정		5
4-13	기술 통계량 -엑셀 실습		36
4-14	표본공간 사건		10

번호	내용	QR코드	(분)
4-15	확률 -고전적, 경험적, 주관적		22
4-16	확률변수 확률분포 -이산, 연속		30
4-17	이산확률분포 연속확률분포 차이점		12
4-18	확률분포의 평균과 분산 -이산, 연속		18
4-19	확률분포의 문제풀이 -기댓값, 분산, 표준편차		20
4-20	이항분포 -동전 던지기		12
4-21	이항분포 기댓값 분산 표준편차		18
4-22	이항분포의 기댓값, 분산, 표준편차 -엑셀 실습		16

번호	내용	QR코드	(분)
4-23	정규분포		19
4-24	정규분포 -보충설명		11
4-25	정규분포의 기댓값과 분산 계산 -어려움 주의		15
4-26	표준정규분포 -표준화		18
4-27	표준정규분포의 예제풀이		6
4-28	표준정규분포의 확률계산 -5가지 유형		11
4-29	표준정규분포의 확률계산 -부록표 이용		14
4-30	정규분포의 확률계산 -표준정규분포를 이용		18

번호	내용	QR코드	(분)
4-31	정규분포의 확률계산 -엑셀 명령어		19
4-32	정규분포의 확률계산 -엑셀 실습		8
4-33	표본평균의 불편성, 일치성 표준오차		23
4-34	표본평균의 예제풀이1		2
4-35	이산균등분포		5
4-36	표본평균의 예제풀이2		13
4-37	중심극한정리 -중요		8
4-38	표본분포에서 확률계산 -정규분포, T-분포		18

번호	내용	QR코드	(분)
4-39	점추정		3
4-40	구간추정 -신뢰구간, 신뢰수준		12
4-41	구간추정 -모집단의 표준편차를 알때		16
4-42	신뢰구간에 대한 예제풀이 -신뢰수준 95%와 99%		9
4-43	구간추정 -모집단의 표준편차를 모름 -엑셀 풀이 포함		15
4-44	엑셀의 기술통계량에서 신뢰수준의 의미		5
4-45	귀무가설 대립가설 예제들(가설검정)		24
4-46	가설검정의 오류 -1종 오류, 2종 오류		8

번호	내용	QR코드	(분)
4-47	신뢰구간을 이용한 가설검정 -u-신뢰구간		12
4-48	가설검정 방법 -u-신뢰구간 이용		5
4-49	가설검정의 유형 -단측검정, 양측검정		25
4-50	가설검정의 예제풀이 -유의수준에 따라서 결과가 변함		24
4-51	p 값을 이용한 가설검정 -단측 p값 검정		15

※동영상 참고교재: 1. 미분적분학(에센스), 한빛아카데미, 2018

2. 제로수학, 한빛아카데미, 2021

3. 생활속의통계학, 생능, 2014

목차

C·O·N·T·E·N·T·S

CHAPTER 01 벡터와 행렬, 미분응용

▶▶ 1. 벡터

인공지능은 벡터의 내적을 이용하여 두 문장의 유사도를 판단해 비교한다. 벡터에 대하여 자세히 알아보자.

1.1 벡터의 정의와 연산

크기와 방향을 가지는 양을 벡터(vector)라고 정의한다.
방향을 가지지 않고 크기만 가지는 양을 스칼라(scalar)라 정의한다.
속도, 가속도, 힘은 크기와 방향을 가지기 때문에 벡터이고, 길이, 넓이, 부피, 시간, 질량, 일은 하나의 수치로만 드러낼 수 있는 스칼라이다.

●●●

벡터를 표시할 때는 화살표 모양으로 크기와 방향이 있는 유향선분(directed line segment)을 이용한다. 벡터의 유향선분이 시작하는 점을 시점, 끝점을 종점이라 한다.
유향선분의 길이를 벡터의 크기, 유향선분의 방향을 벡터의 방향이라 한다.

기호

시점이 A이고, 종점이 B인 벡터를

$$\overrightarrow{AB}\ ,\quad \vec{a}\ ,\ \mathrm{a}$$

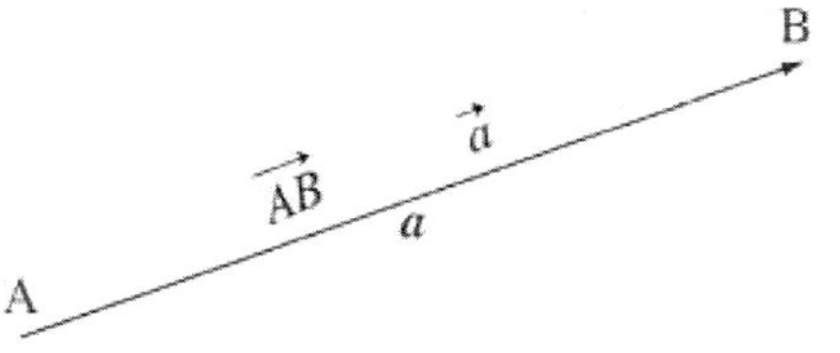

로 나타내고, 벡터의 크기는

$$|\overrightarrow{AB}|,\ |\vec{a}|,\ |\mathrm{a}|$$

로 나타낸다.

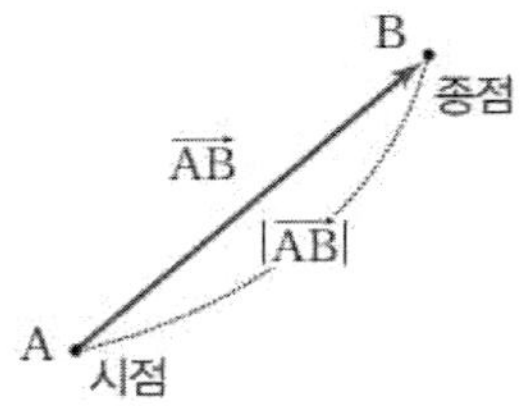

특별히, 크기가 1인 벡터를 단위벡터(unit vector)라 하고, 크기가 0인 벡터를 영벡터 (zero vector, 기호 $\vec{0}$)라 한다.

●●●

같은 방향과 크기를 가지는 두 벡터를 상등(같다)이라 한다.

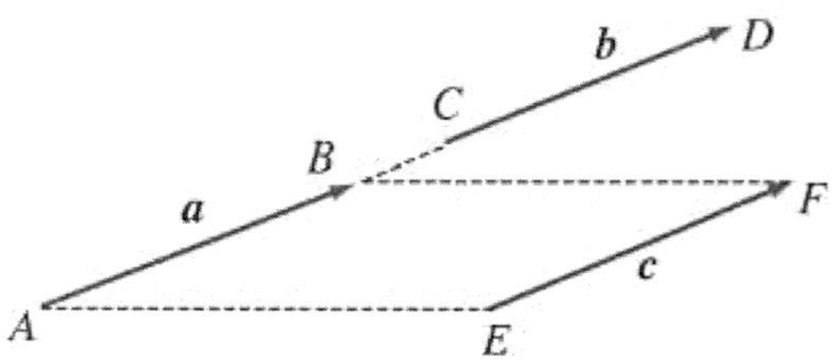

위의 3개의 벡터 a, b, c 는 같은 벡터이다. 즉

$$\overrightarrow{AB} = \overrightarrow{CD} = \overrightarrow{EF}, \text{ 또는}$$

$$\boldsymbol{a} = \boldsymbol{b} = \boldsymbol{c}.$$

벡터의 상등은 시점과 종점의 위치가 달라도 된다는 점을 조심하자.
크기가 같고 방향이 반대인 벡터에서 방향이 반대인 벡터는 −를 붙여서 표시한다.

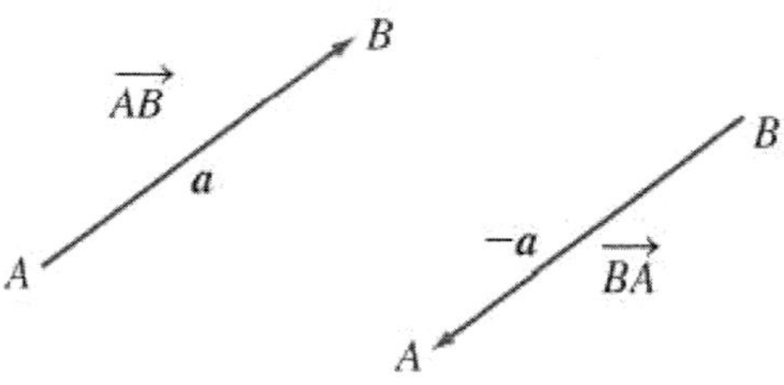

방향이 같거나 또는 방향이 반대인 두 벡터를 평행이라 한다.

$$\vec{a} // \vec{b} \quad (\vec{a} \neq \vec{0}, \ \vec{b} \neq \vec{0})$$

●●●

두 벡터 $\vec{a} = \overrightarrow{AB}$, $\vec{b} = \overrightarrow{BC}$ 에 대하여, 벡터의 덧셈 $\vec{a} + \vec{b} = \overrightarrow{AB} + \overrightarrow{BC} = \overrightarrow{AC}$ 는

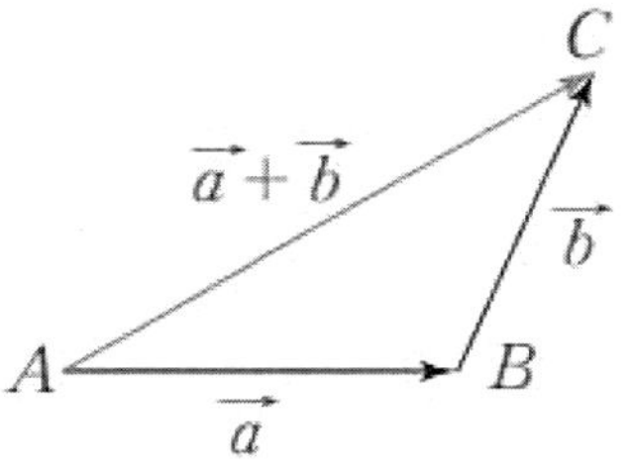

이다.

두 벡터 $\vec{a}=\overrightarrow{AB}$, $\vec{b}=\overrightarrow{AC}$ 에 대하여, 벡터의 뺄셈 $\vec{a}-\vec{b}=\overrightarrow{AB}-\overrightarrow{AC}=\overrightarrow{CB}$ 는

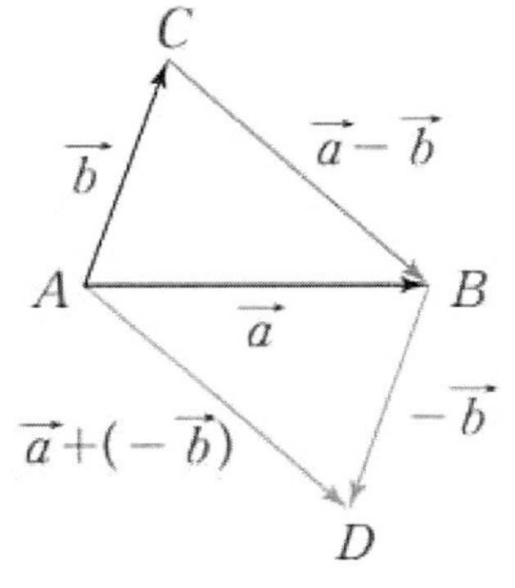

이다.

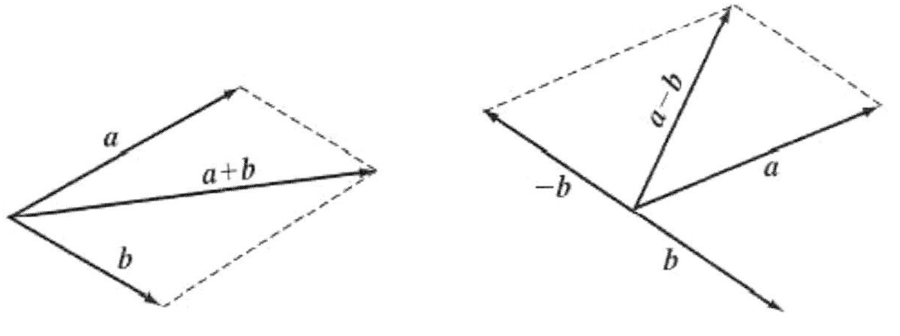

벡터 a에 스칼라(상수)m을 곱할 때 (1) m이 음수이면 방향이 반대이고, (2) $0<m<1$이면 벡터의 크기가 줄어들고, (3) $m>1$이면 벡터의 크기가 늘어난다.

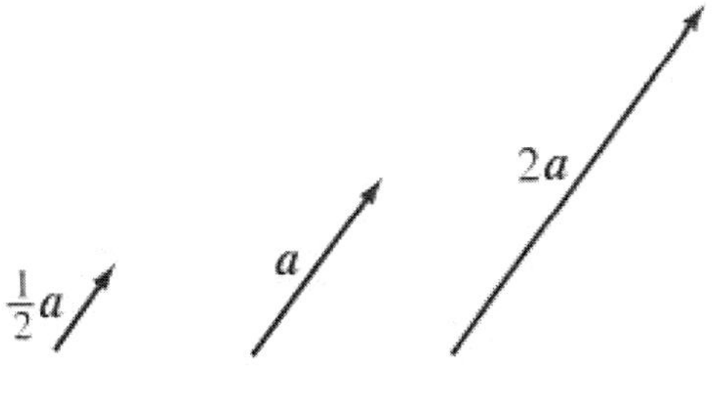

1.2 좌표 속 벡터의 성분과 연산

이제 좌표평면이나 좌표공간에 놓인 벡터에 대하여 살펴본다.

평면 또는 공간에서 원점 O를 시점으로 하고 임의의 점 P를 종점으로 하는 벡터 $\overrightarrow{OP}$를 위치벡터라 한다. 종점 P의 좌표가 (a_1, a_2) 또는 (a_1, a_2, a_3)일 때 이 좌표를 벡터 $\overrightarrow{OP}$의 성분이라 한다. 그리고 성분의 원소 a_1, a_2, a_3를 각각 벡터 $\overrightarrow{OP}$의 x성분, y성분, z성분이라고 한다. 이때 위치벡터 $\overrightarrow{OP}$를 성분으로 표시하면 다음과 같고, 좌표점 $P(a_1, a_2, a_3)$와 성분 벡터를 구분하기 위하여 위치벡터 $\overrightarrow{OP}$의 표기는 성분을 세로로 세워서 나타낸다.

$$\overrightarrow{OP} = \begin{pmatrix} a_1 \\ a_2 \\ a_3 \end{pmatrix} \quad \text{또는 편리 상} \quad \overrightarrow{OP} = (a_1, a_2, a_3)$$

기호

좌표상의 벡터 $\vec{a} = \overrightarrow{XY}$의 시점이 $X(x_1, x_2, x_3)$이고, 종점이 $Y(x_1 + a_1, x_2 + a_2, x_3 + a_3)$라면 벡터 $\vec{a}$ 를 성분으로 표시하면

$$\vec{a} = \begin{pmatrix} a_1 \\ a_2 \\ a_3 \end{pmatrix}$$

이 된다. 따라서 벡터 $\vec{a}$ 는 위치벡터 $\overrightarrow{OP}$와 같은 벡터이다.

좌표상의 임의의 두 점 $A(a_1, a_2, a_3)$, $B(b_1, b_2, b_3)$를 연결한 벡터 $\overrightarrow{AB}$ 를 성분으로 표시하면 다음과 같고, 이는 시점이 원점이 되도록 평행이동한 위치벡터와 같다.

$$\overrightarrow{AB} = \begin{pmatrix} b_1 - a_1 \\ b_2 - a_2 \\ b_3 - a_3 \end{pmatrix}$$

●●●

원점 O를 시점으로 하고 점(1, 0, 0), 점(0, 1, 0), 점(0, 0, 1)을 각각 연결한 위치벡터를 특별히 다음과 같이 표기한다. 이들은 길이가 1인 단위벡터이다.

$$\overrightarrow{OE_1} = \vec{i} = \begin{pmatrix} 1 \\ 0 \\ 0 \end{pmatrix}, \quad \overrightarrow{OE_2} = \vec{j} = \begin{pmatrix} 0 \\ 1 \\ 0 \end{pmatrix}, \quad \overrightarrow{OE_3} = \vec{k} = \begin{pmatrix} 0 \\ 0 \\ 1 \end{pmatrix}$$

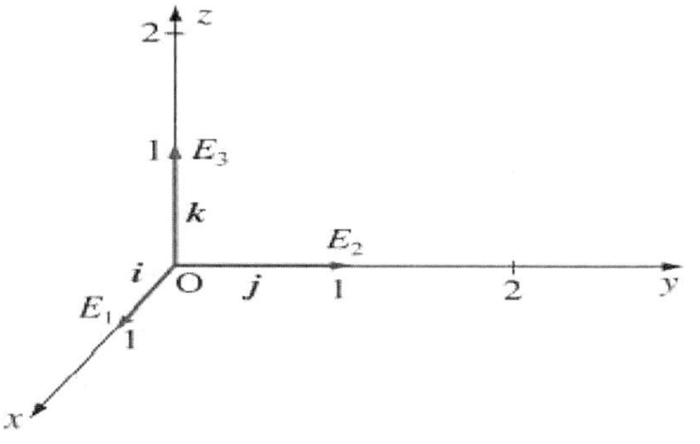

(정리)

두 벡터 $\vec{a}=\begin{pmatrix}a_1\\a_2\\a_3\end{pmatrix}$, $\vec{b}=\begin{pmatrix}b_1\\b_2\\b_3\end{pmatrix}$, 실수 m에 대하여

(1) $\vec{a}+\vec{b}=\begin{pmatrix}a_1+b_1\\a_2+b_2\\a_3+b_3\end{pmatrix}$ (2) $\vec{a}-\vec{b}=\begin{pmatrix}a_1-b_1\\a_2-b_2\\a_3-b_3\end{pmatrix}$ (3) $m\vec{a}=\begin{pmatrix}m\,a_1\\m\,a_2\\m\,a_3\end{pmatrix}$

예제 1 좌표상의 벡터 $\vec{a}=\begin{pmatrix}x_1\\x_2\end{pmatrix}$를 $\vec{i}$, $\vec{j}$의 합으로 표시하시오.

풀이 좌표평면에서 $\vec{i}=\begin{pmatrix}1\\0\end{pmatrix}$ 와 $\vec{j}=\begin{pmatrix}0\\1\end{pmatrix}$는 길이가 1인 단위벡터이다.

따라서 정리로부터

$$\vec{a}=\begin{pmatrix}x_1\\x_2\end{pmatrix}=x_1\,\vec{i}+x_2\,\vec{j}$$

이 성립한다.

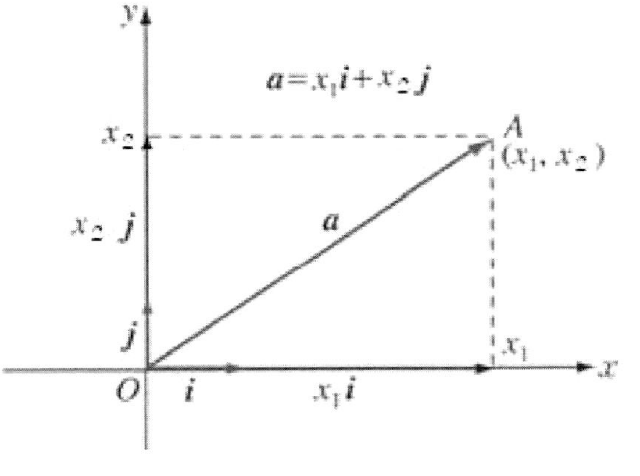

참고 공간좌표에서 $\vec{a} = \begin{pmatrix} x_1 \\ y_1 \\ z_1 \end{pmatrix} = x_1 \vec{i} + y_1 \vec{j} + z_1 \vec{k}$ 이 성립한다.

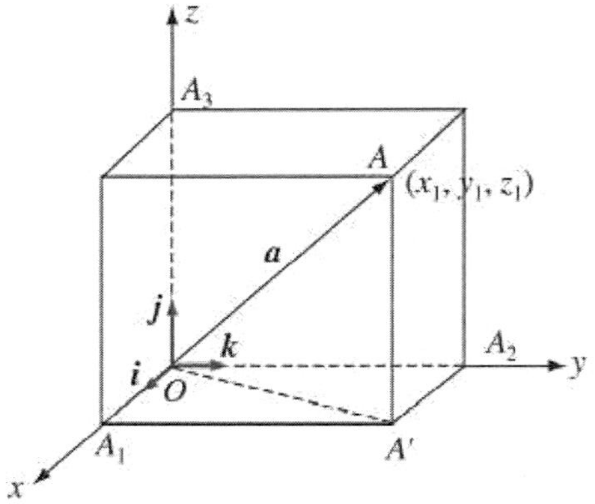

1.3 좌표 속 벡터의 크기

좌표상의 벡터 $\vec{x} = \begin{pmatrix} x_1 \\ x_2 \\ x_3 \end{pmatrix}$의 크기는 피타고라스 정리로부터

$$|\vec{x}| = \sqrt{x_1^2 + x_2^2 + x_3^2}$$

이다.

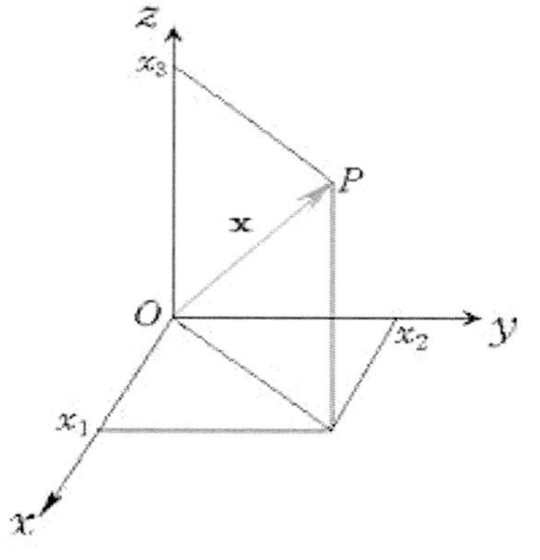

좌표상의 3개의 벡터

$$\vec{i} = \begin{pmatrix} 1 \\ 0 \\ 0 \end{pmatrix}, \quad \vec{j} = \begin{pmatrix} 0 \\ 1 \\ 0 \end{pmatrix}, \quad \vec{k} = \begin{pmatrix} 0 \\ 0 \\ 1 \end{pmatrix}$$

는 길이가 각각

$$|\vec{i}|=\sqrt{1^2+0^2+0^2}=1,\quad |\vec{j}|=\sqrt{0^2+1^2+0^2}=1,\quad |\vec{k}|=\sqrt{0^2+0^2+1^2}=1$$

이다.

예제 2 두 벡터 $\vec{a}=2\vec{i}+3\vec{j}-\vec{k}$, $\vec{b}=-\vec{i}-2\vec{j}+4\vec{k}$ 일 때 다음을 구하시오.

(1) $2\vec{a}-3\vec{b}$ (2) $\dfrac{\vec{a}}{|\vec{a}|}$

풀이 (1) $2\vec{a}-3\vec{b}=2\begin{pmatrix}2\\3\\-1\end{pmatrix}-3\begin{pmatrix}-1\\-2\\4\end{pmatrix}=\begin{pmatrix}7\\12\\-14\end{pmatrix}=7\vec{i}+12\vec{j}-14\vec{k}$

(2) $|\vec{a}|=\sqrt{4+9+1}=\sqrt{14}$ 이므로 $\dfrac{\vec{a}}{|\vec{a}|}=\dfrac{(2,3,-1)}{\sqrt{14}}=\dfrac{2}{\sqrt{14}}\vec{i}+\dfrac{3}{\sqrt{14}}\vec{j}-\dfrac{1}{\sqrt{14}}\vec{k}$

참고 위 문제에서 벡터 $\dfrac{\vec{a}}{|\vec{a}|}$의 크기를 살펴보면

$$\left|\frac{\vec{a}}{|\vec{a}|}\right|=\sqrt{\frac{14}{14}}=1$$

이다. 임의의 벡터 $\vec{a}$ 에 대하여 벡터 $\dfrac{\vec{a}}{|\vec{a}|}$는 크기가 항상 1인 단위벡터이며, 그 방향은 벡터 $\vec{a}$와 같다. 즉 임의의 벡터에 대하여 같은 방향을 가지는 단위벡터는 그 자신의 크기로 나누어주면 된다.

1.4 좌표 속 벡터의 내적

두 벡터의 연산에서 곱하기 연산은 내적(inner product)과 외적(cross product) 두 가지가 있다. 먼저 내적에 대한 정의는 다음과 같다.

좌표상의 두 벡터 $\vec{a}=\begin{pmatrix}a_1\\a_2\\a_3\end{pmatrix}$, $\vec{b}=\begin{pmatrix}b_1\\b_2\\b_3\end{pmatrix}$에 대하여 두 벡터의 내적 $\vec{a}\cdot\vec{b}$은

$$\vec{a}\cdot\vec{b}=a_1b_1+a_2b_2+a_3b_3$$

로 정의한다. 두 벡터를 내적한 계산 결괏값은 스칼라가 된다.

그리고 임의의 벡터 $\vec{a}=\begin{pmatrix}a_1\\a_2\\a_3\end{pmatrix}$에 대하여

$$\vec{a} \cdot \vec{a} = a_1a_1 + a_2a_2 + a_3a_3 = a_1^2 + a_2^2 + a_3^2 = |\vec{a}|^2$$

이 됨을 꼭 기억하자. 즉 자기 자신의 벡터를 내적 하면 크기의 제곱과 같다.

●●●

좌표상의 벡터가 아닐 때 두 벡터의 길이와 두 벡터 사이의 각을 안다면 그들의 내적을 어떻게 구할까?

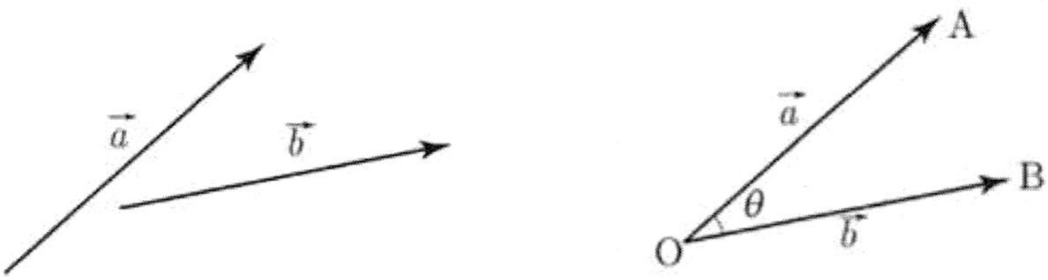

1. 먼저, 공간의 임의의 두 벡터를 위치벡터로 만든다.
2. 그러면, 두 벡터의 길이 $|\vec{a}|$, $|\vec{b}|$와 그 사이각 θ를 알 수 있다.
3. 이제 두 벡터로부터 벡터 $\vec{b} - \vec{a}$를 구한다.

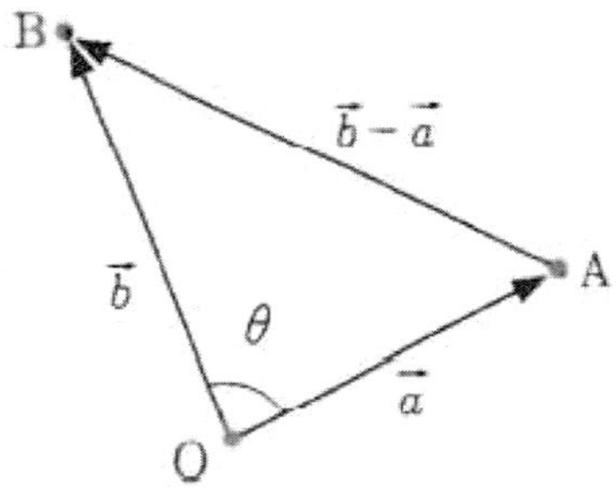

4. 여기서 코사인법칙(제2법칙)을 소개한다.

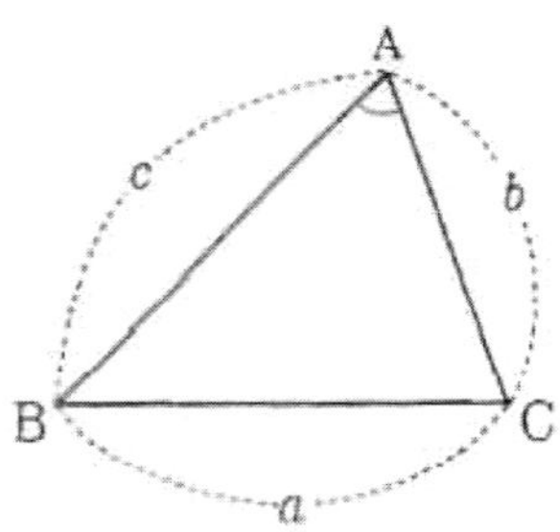

$$a^2 = b^2 + c^2 - 2bc\cos A \Leftrightarrow \cos A = \frac{b^2 + c^2 - a^2}{2bc}$$

5. 이제 코사인법칙을 적용하면

$$|\vec{b} - \vec{a}|^2 = |\vec{a}|^2 - |\vec{b}|^2 - 2|\vec{a}|\,|\vec{b}|\cos\theta \qquad (*1식)$$

이 성립한다.

6. 앞에서 내적에서 $\vec{a} \cdot \vec{a} = |\vec{a}|^2$을 배웠고, 이것을 사용하면

$|\vec{b} - \vec{a}|^2 = (\vec{b} - \vec{a}) \cdot (\vec{b} - \vec{a}) = \vec{b} \cdot \vec{b} + \vec{a} \cdot \vec{a} - 2\vec{a} \cdot \vec{b} = |\vec{b}|^2 + |\vec{a}|^2 - 2\vec{a} \cdot \vec{b}$ (*2식)

7. (1식)과 (2식)을 연립하여 풀면

$$\vec{a} \cdot \vec{b} = |\vec{a}|\ |\vec{b}|\cos\theta$$

을 얻는다.

예제 3 두 벡터 $\vec{a} = \begin{pmatrix} 2 \\ -1 \\ 1 \end{pmatrix}$, $\vec{b} = \begin{pmatrix} 4 \\ 2 \\ -1 \end{pmatrix}$일 때 내적 $\vec{a} \cdot \vec{b}$을 구하시오.

풀이 내적의 정의로부터 다음이 성립한다.

$$\vec{a} \cdot \vec{b} = 2 \cdot 4 + (-1) \cdot 2 + 1 \cdot (-1) = 8 - 2 - 1 = 5$$

예제 4 두 벡터 $\vec{a} = \begin{pmatrix} 2 \\ -1 \\ 1 \end{pmatrix}$, $\vec{b} = \begin{pmatrix} -1 \\ 1 \\ 0 \end{pmatrix}$일 때 사이의 각을 구하시오.

풀이 공식 $\vec{a} \cdot \vec{b} = |\vec{a}|\ |\vec{b}|\cos\theta$을 이용하자.

$$\vec{a} \cdot \vec{b} = 2 \cdot (-1) + (-1) \cdot 1 + 1 \cdot 0 = -3, \quad |\vec{a}| = \sqrt{6}, \quad |\vec{b}| = \sqrt{2}$$

$$\cos\theta = \frac{\vec{a} \cdot \vec{b}}{|\vec{a}|\ |\vec{b}|} = \frac{-3}{\sqrt{6}\sqrt{2}} = -\frac{\sqrt{3}}{2}$$

$$\theta = \cos^{-1}\left(-\frac{\sqrt{3}}{2}\right) = \frac{5}{6}\pi$$

●●●

두 벡터의 사이의 각이 90도이면 $\vec{a} \cdot \vec{b} = |\vec{a}|\ |\vec{b}|\cos\theta = \cos(90) = 0$이 성립한다.

(정리)

두 벡터 $\vec{a}$, $\vec{b}$ (모두 0 벡터가 아님)가 수직일 필요충분조건은 $\vec{a} \cdot \vec{b} = 0$ 이다.

나눔문제

예제 1. 다음 등식을 만족하는 $\vec{x}$ 를 $\vec{a}, \vec{b}$ 로 나타내시오.

$$5(\vec{a}-2\vec{x})-4(2\vec{b}-\vec{x})=\vec{x}-\vec{a}$$

예제 2. $|\vec{c}|=4$, $|\vec{b}|=3$, $|2\vec{b}-\vec{a}|=2\sqrt{7}$ 일 때, 두 벡터 $\vec{a}, \vec{b}$ 가 이루는 예각을 구하시오.

예제 3. 두 직선이 이루는 각이 $\frac{\pi}{3}$ 일 때 양수 k 를 구하시오.

$$\frac{x-2}{2}=\frac{y-4}{3}=-z\ , \quad \frac{x+5}{3}=\frac{y+1}{k}=\frac{z+6}{2}$$

예제 4. 점 $P(1,0,2)$와 평면 $3x-2y+z+2=0$사이의 거리를 구하시오.

예제 5. 점 $A(2,1,1)$을 지나고 다음의 직선에 수직인 평면의 방정식을 구하시오.

$$\frac{x+1}{2}=-y=\frac{z-4}{3}$$

▶▶▶ 2. 행렬과 행렬식

인공지능이 색상정보를 인식하기 위해서는 해당 정보를 간단한 숫자로 바꾼 뒤 행렬로 표현한다. 행렬을 사용하여 데이터를 단순화하면 인공지능이 쉽게 정보를 인식하고 자료를 저장 및 처리를 할 수 있다.

2.1 행렬의 정의

다음 4가지 색상으로 이루어진 직사각형의 테이블이 있다고 가정하자.

4 검정	2 노랑	3 파랑
1 빨강	4 검정	2 노랑
1 빨강	3 파랑	4 검정

이것에 대응하는 색에 숫자를 대응시켜서 다음과 같이 괄호로 묶으면

$$\begin{pmatrix} 4 & 2 & 3 \\ 1 & 4 & 2 \\ 1 & 3 & 4 \end{pmatrix}$$

와 같이 나타낼 수 있다.

이와 같이 수 또는 문자를 직사각형 모양으로 나열하여 괄호로 묶은 것을 **행렬**이라 하며, 행렬을 이루는 수나 문자를 **성분**이라고 한다. 성분을 가로로 배열한 것을 **행**이라 하고, 세로로 배열한 것을 열이라 한다.

$$A=\begin{pmatrix} a_{11} & a_{12} & a_{13} \\ a_{21} & a_{22} & a_{23} \\ a_{31} & a_{32} & a_{33} \end{pmatrix} \begin{matrix} \leftarrow \text{제1행} \\ \leftarrow \text{제2행} \\ \leftarrow \text{제3행} \end{matrix}$$

↑ 제1열 ↑ 제2열 ↑ 제3열

위에서 행과 열이 서로 만나는 위치가 성분의 자리이며, 성분 a_{32} 는 행렬의 3행과 2열이 만나는 위치에 자리한다.

$$M=\begin{pmatrix} a_{11} & a_{12} & \cdots & a_{1n} \\ a_{21} & a_{22} & \cdots & a_{2n} \\ \vdots & \vdots & \cdots & \vdots \\ a_{m1} & a_{m2} & \cdots & a_{mn} \end{pmatrix} \begin{matrix} \leftarrow \text{제1행} \\ \leftarrow \text{제2행} \\ \\ \leftarrow \text{제}m\text{행} \end{matrix}$$

↑ 제1열 ↑ 제2열 ↑ 제n열

일반화하면, 위와 같이 m개의 행과 n개의 열로 이루어진 행렬은 간단히 다음과 같이 나타낸다.

$$M = (a_{ij})_{m \times n}$$

●●●

행렬의 행의 개수와 열의 개수가 같은 행렬을 **정방행렬**이라고 부르며, 정방행렬에서 대각선을 이루는 성분들이 모두 1이고, 다른 성분은 0인 행렬을 **단위행렬**이라고 부른다. 그리고 행렬을 이루는 모든 성분이 0인 행렬을 **영행렬**이라 부른다.

$$A = \begin{pmatrix} 1 & 0 & 1 \\ -2 & 3 & 7 \\ 2 & 2 & -6 \end{pmatrix} \qquad I = \begin{pmatrix} 1 & 0 & 0 \\ 0 & 1 & 0 \\ 0 & 0 & 1 \end{pmatrix} \qquad O = \begin{pmatrix} 0 & 0 & 0 \\ 0 & 0 & 0 \\ 0 & 0 & 0 \end{pmatrix}$$

2.2 행렬의 연산 - 덧셈, 뺄셈, 곱셈

행렬은 인공지능 분야에서 효과적인 데이터를 저장하기 위해서 활용된다. 여러 가지 상품의 월별 판매량이나 재고량 또는 각종 운동 경기 득점상황을 행렬을 통하여 나타내며, 이렇게 하면 필요한 정보를 쉽게 전달할 수 있을 뿐만 아니라 행렬의 연산을 통하여 유용한 정보를 얻을 수 있다.

이제 행렬의 연산에 대하여 살펴보자.

행렬의 크기가 각각 $m \times n$인 두 행렬 $A = (a_{ij})_{m \times n}$ 와 $B = (b_{ij})_{m \times n}$을 생각할 때

$$A + B = (a_{ij} + b_{ij})_{m \times n}$$
$$A - B = (a_{ij} - b_{ij})_{m \times n}$$
$$rA = (ra_{ij})_{m \times n} \text{ , 여기서 } r \in R$$

로 정의된다.

아래의 퍼즐을 생각해보자. 색칠한 칸은 1로 빈칸은 0으로 대치하면 하나의 행렬을 얻는다.

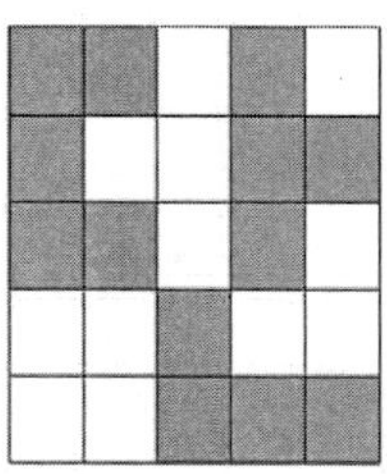

$$\rightarrow \begin{pmatrix} 1 & 1 & 0 & 1 & 0 \\ 1 & 0 & 0 & 1 & 1 \\ 1 & 1 & 0 & 1 & 0 \\ 0 & 0 & 1 & 0 & 0 \\ 0 & 0 & 1 & 1 & 1 \end{pmatrix} \cdots\cdots ❶$$

그리고 이 퍼즐을 수정하려면 대응하는 행렬에 덧셈과 뺄셈을 적용하면 수정된 새로운 퍼즐이 얻어진다.

❶

$$\begin{pmatrix} 1 & 1 & 0 & 1 & 0 \\ 1 & 0 & 0 & 1 & 1 \\ 1 & 1 & 0 & 1 & 0 \\ 0 & 0 & 1 & 0 & 0 \\ 0 & 0 & 1 & 1 & 1 \end{pmatrix} + \begin{pmatrix} 0 & 0 & 0 & 0 & 0 \\ 0 & 0 & 0 & 0 & 0 \\ 0 & 0 & 0 & 0 & 0 \\ 0 & 1 & 0 & 0 & 0 \\ 0 & 1 & 0 & 0 & 0 \end{pmatrix} - \begin{pmatrix} 0 & 0 & 0 & 0 & 0 \\ 0 & 0 & 0 & 0 & 0 \\ 0 & 0 & 0 & 0 & 0 \\ 0 & 0 & 1 & 0 & 0 \\ 0 & 0 & 0 & 0 & 0 \end{pmatrix} \rightarrow$$

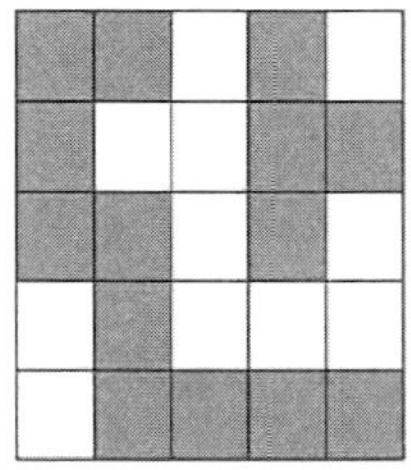

두 행렬 A와 B가 (1) 행과 열의 개수가 같고, (2) 대응하는 성분이 각각 같으면, 그 두 행렬은 같다 정의하고, $A=B$로 나타낸다.

예제 5 다음의 두 행렬이 같기 위한 w, x, y값을 구하시오.

$$A=\begin{pmatrix} 1 & 3 & -2 \\ -1 & 4 & 5 \\ 0 & -4 & 10 \end{pmatrix} \qquad B=\begin{pmatrix} 1 & w & -2 \\ x & 4 & 5 \\ 0 & -4 & y \end{pmatrix}$$

풀이 $A=B$ 의 정의로부터

$$w=3,\ x=-1,\ y=10$$

이 성립한다.

(정리) 행렬의 성질

A, B, C 는 모두 $m\times n$ 행렬이고, α와 β는 임의의 실수라 할 때 다음이 성립한다.

1. (교환법칙)

$$A+B=B+A$$

2. (결합법칙)

$$A+(B+C)=(A+B)+C$$

3. (항등원 존재)

$$A+O=O+A=A$$

4. (역원 존재)

$$A+(-A)=(-A)+A=O$$

5. $(\alpha+\beta)A=\alpha A+\beta A, \quad \alpha(A+B)=\alpha A+\alpha B$

예제 6 다음 두 행렬에 대하여 $2A+2X=B$를 만족하는 행렬X를 구하시오.

$$A=\begin{pmatrix}3 & -1\\ 0 & -4\end{pmatrix} \qquad B=\begin{pmatrix}-1 & 2\\ 4 & 3\end{pmatrix}$$

풀이 주어진 식 $2A+2X=B$을 X에 대하여 풀면

$$X=\frac{1}{2}B-A=\frac{1}{2}\begin{pmatrix}-1 & 2\\ 4 & 3\end{pmatrix}-\begin{pmatrix}3 & -1\\ 0 & -4\end{pmatrix}=\begin{pmatrix}-\frac{7}{2} & 2\\ 2 & \frac{11}{2}\end{pmatrix}$$

이 된다.

●●●

이제 두 행렬 $A=(a_{ij})_{m\times k}$ 와 $B=(b_{ij})_{k\times n}$의 곱에 대한 정의는 다음과 같다.

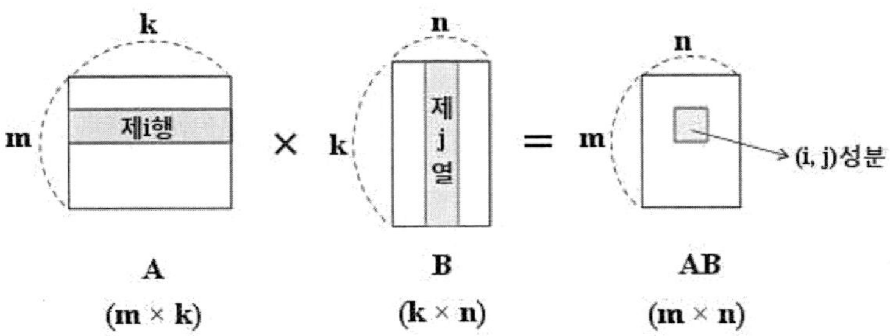

예를 들면,

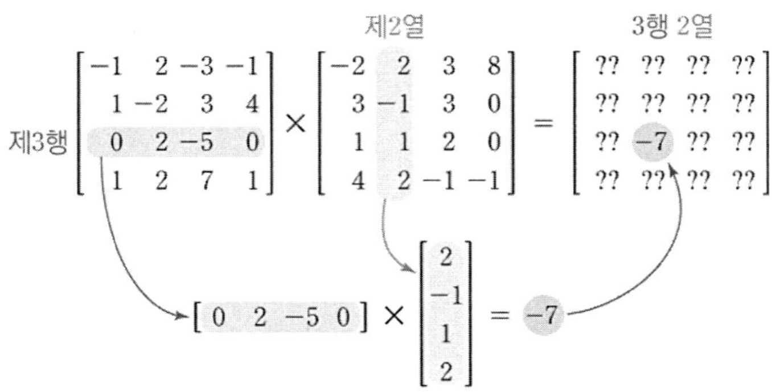

[주의] $A\,B$ 이 성립할 필요충분조건은 (A의 열의 개수) = (B의 행의 개수)이다.

예제 7 다음 두 행렬에 대하여 AB 를 구하시오.

$$A=\begin{pmatrix}3 & -1\\ 0 & -4\end{pmatrix} \qquad B=\begin{pmatrix}-1 & 2\\ 4 & 3\end{pmatrix}$$

풀이 $AB=\begin{pmatrix}3 & -1\\ 0 & -4\end{pmatrix}\begin{pmatrix}-1 & 2\\ 4 & 3\end{pmatrix}=\begin{pmatrix}-7 & 3\\ -16 & -12\end{pmatrix}$

예제 8 다음과 같은 데이터를 활용하여 교내축구선수를 선발한다고 한다. 특별히 100m 달리기 기록에는 0.4, 볼 리프팅 수에는 0.3, 볼 트래핑 거리에는 0.2의 가중치를 주어서 각 학생의 축구 능력을 수치화하려고 한다. 각 학생의 수치화 능력을 행렬로 표시하시오.

학생	100m 달리기 기록(초)	볼 리프팅 수(개)	볼 트래핑 거리(cm)
A	13.0	15	50
B	13.5	20	60
C	14.0	18	40
D	12.8	13	30

풀이 $\begin{pmatrix} A \\ B \\ C \\ D \end{pmatrix} = \begin{pmatrix} 13 & 15 & 50 \\ 13.5 & 20 & 60 \\ 14 & 18 & 40 \\ 12.8 & 13 & 30 \end{pmatrix} \begin{pmatrix} 0.4 \\ 0.3 \\ 0.2 \end{pmatrix}$

(정리) 행렬의 성질

행렬 A, B, C 와 임의의 실수 r 에 대하여 다음이 성립한다.

1. $A(B+C) = AB + AC$
2. $(A+B)C = AC + BC$
3. $A(BC) = (AB)C$
4. $r(AB) = (rA)B = A(rB)$
5. 단위행렬 I 일 때 $AI = IA = A$

2.3 전치행렬

행렬 A의 행과 열을 바꾼 행렬을 전치행렬이라 하고, A^T로 표시한다.

예제 9 다음의 행렬 A의 전치행렬 A^T 를 구하시오.

$$A = \begin{pmatrix} 1 & 2 & 3 \\ 4 & 5 & 6 \\ 7 & 8 & 9 \end{pmatrix}$$

풀이 $A^T = \begin{pmatrix} 1 & 4 & 7 \\ 2 & 5 & 8 \\ 3 & 6 & 9 \end{pmatrix}$

(정리) 전치행렬의 성질

1. $(A \pm B)^T = A^T \pm B^T$
2. $(A^T)^T = A$
3. $(AB)^T = B^T A^T$

전치행렬을 이용하면 자료를 분석하기 용이하기 때문에 인공지능 분야에서 많이 사용된다.

2.4 행렬식

행렬식(determinant)이란 n차 정방행렬 $A = (a_{ij})_{n \times n}$에 괄호 ( ) 대신 | |를 사용하여 표시하며, 영어의 약자를 사용하여 $Det(A)$ 라고 표시도 한다.

$n = 3$일 때 행렬 A의 행렬식은 다음과 같다.

$$\begin{vmatrix} a_{11} & a_{12} & a_{13} \\ a_{21} & a_{22} & a_{23} \\ a_{31} & a_{32} & a_{33} \end{vmatrix} = Det(A)$$

이제 행렬식의 계산방법에 대하여 알아보자.

$A = (a_{ij})_{n \times n}$를 n차 정방행렬이라고 하자.

1. $n = 1$:

$$Det(A) = a_{11}$$

2. $n = 2$:

$$Det(A) = \begin{vmatrix} a_{11} & a_{12} \\ a_{21} & a_{22} \end{vmatrix} = a_{11}a_{22} - a_{12}a_{21}$$

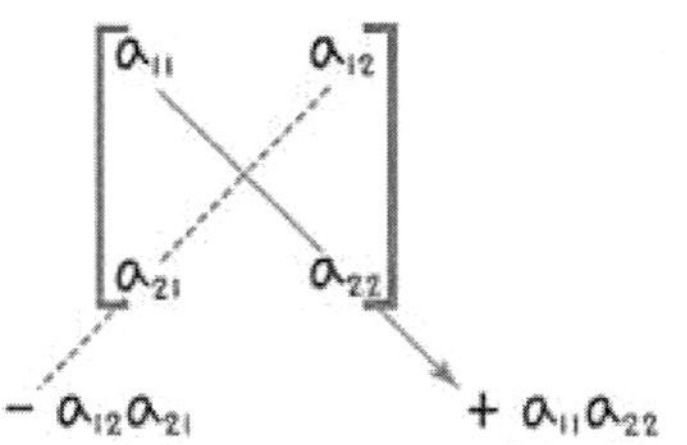

3. $n = 3$:

$$Det(A) = \begin{vmatrix} a_{11} & a_{12} & a_{13} \\ a_{21} & a_{22} & a_{23} \\ a_{31} & a_{32} & a_{33} \end{vmatrix} = a_{11}a_{22}a_{33} + a_{12}a_{23}a_{31} + a_{13}a_{21}a_{32} - a_{11}a_{23}a_{32} - a_{12}a_{21}a_{33} - a_{13}a_{22}a_{31}$$

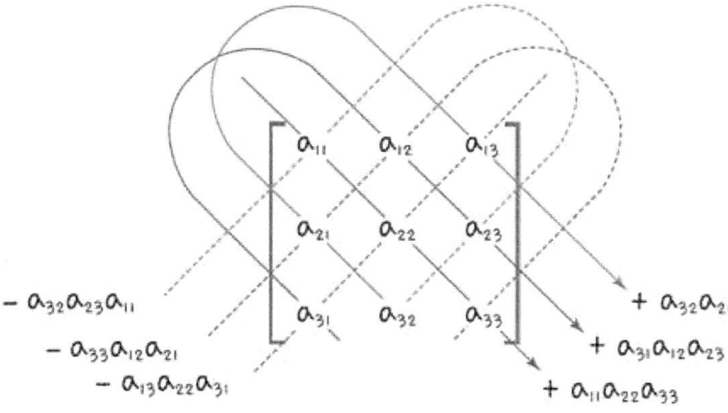

4. $n \geq 2$:

$$Det(A) = \begin{vmatrix} a_{11} & \cdots & a_{1n} \\ \vdots & \ddots & \vdots \\ a_{n1} & \cdots & a_{nn} \end{vmatrix} = a_{11}(-1)^{1+1}M_{11} + a_{12}(-1)^{1+2}M_{12} + \cdots + a_{1n}(-1)^{1+n}M_{1n}$$

위에서 M_{1j} $(1 \leq j \leq n)$는 행렬식 $|A| = |a_{ij}|_{n \times n}$에서 1행과 j열을 제외한 소행렬을 의미한다. 위의 전개식을 1행에 대한 소행렬 전개식이라 부른다.

예제 10 다음 행렬 A의 행렬식 $Det(A)$를 구하시오.

$$A = \begin{pmatrix} 2 & 4 & 7 \\ 6 & 0 & 3 \\ 1 & 5 & 3 \end{pmatrix}$$

풀이

$$\begin{aligned} Det(A) &= 2(-1)^{1+1}\begin{vmatrix} 0 & 3 \\ 5 & 3 \end{vmatrix} + 4(-1)^{1+2}\begin{vmatrix} 6 & 3 \\ 1 & 3 \end{vmatrix} + 7(-1)^{1+3}\begin{vmatrix} 6 & 0 \\ 1 & 5 \end{vmatrix} \\ &= 2(0 \cdot 3 - 3 \cdot 5) - 4(6 \cdot 3 - 3 \cdot 1) + 7(6 \cdot 5 - 0 \cdot 1) \\ &= 120 \end{aligned}$$

예제 11 다음 행렬 A의 행렬식 $Det(A)$를 구하시오.

$$A = \begin{pmatrix} 1 & 2 & -1 & 3 \\ 0 & 1 & 4 & 2 \\ 0 & 1 & 0 & 4 \\ 1 & 0 & 2 & 1 \end{pmatrix}$$

풀이

$$\begin{aligned} |A| &= 1 \cdot \begin{vmatrix} 1 & 4 & 2 \\ 1 & 0 & 4 \\ 0 & 2 & 1 \end{vmatrix} - 2 \cdot \begin{vmatrix} 0 & 4 & 2 \\ 0 & 0 & 4 \\ 1 & 2 & 1 \end{vmatrix} - 1 \cdot \begin{vmatrix} 0 & 1 & 2 \\ 0 & 1 & 4 \\ 1 & 0 & 1 \end{vmatrix} - 3 \cdot \begin{vmatrix} 0 & 1 & 4 \\ 0 & 1 & 0 \\ 1 & 0 & 2 \end{vmatrix} \\ &= (-8 - 4 + 4) - 2(16) - 1(4 - 2) - 3(-4) \\ &= -30. \end{aligned}$$

(정리) 행렬식의 성질 1

A와 B가 n차 정방행렬이면

1. $Det(A) = Det(A^T)$
2. $Det(AB) = Det(A)Det(B) = Det(BA)$
3. 행렬 A의 두 행(또는 열)을 서로 교환한 행렬이 B라면 $Det(B) = -Det(A)$

(정리) 행렬식의 성질 2

A가 n차 정방행렬이면

1. 행렬 A의 한 행(또는 열)에 k배 하여 다른 행(또는 열)에 더하여 주어도 행렬식은 변함없다.
2. 행렬 A의 한 행(또는 열)의 원소가 모두 0이면 그것의 행렬식은 0이다.
3. 행렬 A의 두 행(또는 두 열)이 서로 같거나 비례한다면 그것의 행렬식은 0이다.
4. $Det(kA) = k^n Det(A)$ $(k \in R)$

참고 n차 정방행렬에서 주 대각선 위로 또는 아래로 모두 0인 행렬을 하삼각행렬(L, Lower triangular matrix) 또는 상삼각행렬(U, Upper triangular matrix)이라고 하며, 그것의 행렬식은 주 대각선 원소들을 모두 곱한 값이다.

$$L = \begin{pmatrix} l_{11} & 0 & \cdots & 0 \\ l_{21} & l_{22} & 0 & 0 \\ \vdots & \vdots & \ddots & \vdots \\ l_{n1} & l_{n2} & \cdots & l_{nn} \end{pmatrix} \qquad U = \begin{pmatrix} u_{11} & u_{12} & \cdots & u_{1n} \\ 0 & u_{22} & \cdots & u_{2n} \\ \vdots & \vdots & \ddots & \vdots \\ 0 & 0 & \cdots & u_{nn} \end{pmatrix}$$

$$Det(\text{하삼각행렬}) = l_{11}\, l_{22} \cdots\ l_{nn}$$

$$Det(\text{상삼각행렬}) = u_{11}\, u_{22} \cdots\ u_{nn}$$

2.5 역행렬

n차 정방행렬 A와 단위행렬 I 에 대하여

$$AX = XA = I$$

를 만족하는 n차 정방행렬 X가 존재할 때

$$\begin{cases} A\text{를 정칙행렬} \\ X\text{를 } A\text{의 역행렬} \end{cases}$$

이라 한다. 이때 A의 역행렬 X를 A^{-1}로 나타낸다.
특별히, A가 정칙행렬이 아닐 때를 비정칙행렬이라 한다.

●●●
이제 역행렬의 성질과 역행렬을 구하는 계산방법에 대하여 알아본다.

(정리) 역행렬의 성질

A와 B가 n차 정방행렬이고, 역행렬을 A^{-1}와 B^{-1}라 할 때 다음이 성립한다.

1. $(A^{-1})^{-1} = A$
2. $(AB)^{-1} = B^{-1}A^{-1}$ (AB 도 정칙행렬이다.)
3. $(A^{-1})^T = (A^T)^{-1}$ (A^T 도 정칙행렬이다.)

예제 12 다음 행렬 A의 역행렬식 A^{-1}를 구하시오.

$$A = \begin{pmatrix} 1 & 2 \\ 0 & 3 \end{pmatrix}$$

풀이 $AX = XA = I$ 를 만족해야 하므로 역행렬 $X = A^{-1}$를 다음처럼 두자.

$$X = \begin{pmatrix} a & b \\ c & d \end{pmatrix}$$

그리고 대입하여 정리하면 다음과 같다.

$$\begin{pmatrix} 1 & 2 \\ 0 & 3 \end{pmatrix}\begin{pmatrix} a & b \\ c & d \end{pmatrix} = \begin{pmatrix} 1 & 0 \\ 0 & 1 \end{pmatrix}$$

$$\begin{pmatrix} a+2c & b+2d \\ 3c & 3d \end{pmatrix} = \begin{pmatrix} 1 & 0 \\ 0 & 1 \end{pmatrix}$$

$a+2c=1,\quad b+2d=0,\quad 3c=0,\quad 3d=1$ 을 연립하여 풀면, 역행렬

$$X = \begin{pmatrix} a & b \\ c & d \end{pmatrix} = \begin{pmatrix} 1 & -\frac{2}{3} \\ 0 & \frac{1}{3} \end{pmatrix} = A^{-1}$$

을 얻는다.

다음에서 행렬식을 이용하여 역행렬을 빠르게 계산하는 방법을 소개한다.

1. $A=(a_{ij})_{n\times n}$를 n차 정방행렬이고 정칙행렬이라고 하자.
2. 행렬식 $|A|=|a_{ij}|_{n\times n}$에서 i행과 j열을 제거하여 얻은 $(n-1)$차 소행렬식을

$$M_{ij}$$

   라하고, 다시 다음과 같이 두자.

3. $$A_{ij}=(-1)^{i+j}M_{ij}$$
4. 그러면 A의 역행렬 A^{-1}는 다음의 식을 가진다.

$$A^{-1}=\frac{1}{Det(A)}\begin{pmatrix} A_{11} & A_{12} & \cdots & A_{1n} \\ A_{21} & A_{22} & \cdots & A_{21} \\ \vdots & \vdots & \ddots & \vdots \\ A_{n1} & A_{n2} & \cdots & A_{nn} \end{pmatrix}^T$$

> **(정리)**
>
> n차 정방행렬 A가 역행렬을 가질 필요충분조건은 $Det(A)\neq 0$ 이다.

예제 13 다음 행렬 A의 역행렬 A^{-1}를 구하시오.

$$A=\begin{pmatrix} 6 & 7 \\ 5 & 6 \end{pmatrix}$$

풀이 먼저, $Det(A)=36-35=1\neq 0$이므로 역행렬을 갖는다. 그리고

$$A_{11}=(-1)^{1+1}|6|=6,\quad A_{12}=(-1)^{1+2}|5|=-5,$$
$$A_{21}=(-1)^{2+1}|7|=-7,\quad A_{22}=(-1)^{2+2}|6|=6.$$

을 대입하면, 다음을 얻는다.

$$A^{-1}=\begin{pmatrix} A_{11} & A_{12} \\ A_{21} & A_{22} \end{pmatrix}^T=\begin{pmatrix} 6 & -7 \\ -5 & 6 \end{pmatrix}$$

예제 14 다음 행렬 A의 역행렬 A^{-1}를 구하시오.

$$A=\begin{pmatrix} 2 & 3 & -4 \\ 0 & -4 & 2 \\ 1 & -1 & 5 \end{pmatrix}$$

풀이 먼저, $Det(A)=-46\neq 0$이므로 A는 역행렬을 갖는다.

$$A_{11} = (-1)^{1+1} \begin{vmatrix} -4 & 2 \\ -1 & 5 \end{vmatrix} = -18$$

같은 방법으로

$$A_{12} = 2,\ A_{13} = 4,\ A_{21} = -11,\ A_{22} = 14,$$

$$A_{23} = 5,\ A_{31} = -10,\ A_{32} = -4,\ A_{33} = -8$$

따라서 역행렬은 다음과 같다.

$$A^{-1} = -\frac{1}{46} \begin{pmatrix} -18 & -11 & -10 \\ 2 & 14 & -4 \\ 4 & 5 & -8 \end{pmatrix}$$

예제 15 다음 행렬 B의 역행렬 B^{-1}를 구하시오.

$$B = \begin{pmatrix} a & b \\ c & d \end{pmatrix} \quad (\text{단}, ad - bc \neq 0)$$

풀이 먼저, $Det(B) = ad - bc \neq 0$이므로 역행렬이 존재한다.

$$B_{11} = |d| = d,\ B_{12} = (-1)^{2+1}|b| = -b$$

$$B_{21} = (-1)^{2+1}|b| = -b,\ B_{22} = (-1)^{2+2}|a| = a$$

따라서

$$B^{-1} = \frac{1}{ad - bc} \begin{pmatrix} d & -b \\ -c & a \end{pmatrix}$$

예제 16 다음은 학생 2명의 관련 데이터와 산출된 축구 능력을 나타낸다. 100m 달리기와 볼 리프팅 수에 주어진 가중치를 구하시오.

학생	100m 달리기 기록(초)	볼 리프팅 수(개)	축구 능력
A	13.0	15	13.8
B	13.5	20	16.1

풀이 각각에 대한 가중치를 미지수로 두고 연립방정식을 세우면 다음과 같다.

A학생 $13x+15y=13.8$ B학생 $13.5x+20y=16.1$

위의 식을 행렬로 표현하면 다음과 같다.

$$\begin{pmatrix} 13 & 15 \\ 13.5 & 20 \end{pmatrix}\begin{pmatrix} x \\ y \end{pmatrix}=\begin{pmatrix} 13.8 \\ 16.1 \end{pmatrix}$$

따라서 가중치는

$$\begin{pmatrix} x \\ y \end{pmatrix}=\begin{pmatrix} 13 & 15 \\ 13.5 & 20 \end{pmatrix}^{-1}\begin{pmatrix} 13.8 \\ 16.1 \end{pmatrix}=\begin{pmatrix} 0.6 \\ 0.4 \end{pmatrix}$$

나눔문제

예제 1. 다음을 성분으로 가지는 행렬 $A=(a_{ij})$ 를 구하시오.

$$a_{ij}=i+2j-4 \ (1 \le i,\ j \le 3)$$

예제 2. 다음 행렬에 대하여 $A+B$, $A-\frac{1}{2}B$, $5A$ 를 구하시오.

$$A=\begin{pmatrix} 1 & -4 \\ -4 & 1 \end{pmatrix},\quad B=\begin{pmatrix} 2 & -8 \\ -8 & 2 \end{pmatrix}$$

예제 3. 다음의 두 행렬에 대하여 B가 A의 역행렬임을 보이시오.

$$A=\begin{pmatrix} 5 & 2 \\ 7 & 4 \end{pmatrix},\quad B=\frac{1}{6}\begin{pmatrix} 4 & -2 \\ -7 & 5 \end{pmatrix}$$

예제 4. 다음 두 행렬의 역행렬을 각각 구하시오.

$$A=\begin{pmatrix} 1 & 3 \\ 5 & 7 \end{pmatrix},\quad B=\begin{pmatrix} 4 & -6 \\ -8 & 12 \end{pmatrix}$$

예제 5. 다음의 행렬식을 구하시오.

$$\begin{vmatrix} 3 & -1 & 0 & 0 \\ -1 & 4 & 0 & -1 \\ -1 & 0 & 4 & -1 \\ 0 & -1 & -1 & 3 \end{vmatrix}$$

▶▶▶ 3. 미분의 응용

인공지능은 예측모델을 구성하는 과정에서 자료의 예측치와 실제 관찰치 사이의 오차를 줄여가면서 최적의 모델을 찾아간다. 많은 양의 자료를 기반으로 인공지능이 최적화된 결정모델을 찾는 데 필요한 평균변화율, 함수의 최댓값, 최솟값, 손실함수, 경사하강법 등 미분과 관련된 수학적 원리를 주제로 공부한다.

3.1 미분(편미분)

설명 주제 1 **평균변화율**

최적의 값에 접근하는 머신러닝(기계학습)의 원리를 이해하기 위하여 함수를 미분하는 방법의 개념이 필요하며, 이에 앞서 평균변화율의 정의부터 살펴본다.

예를 들어, 직선인 고속도로에서 자동차로 3시간 주행하면서 일정하게 속력을 계속 올린다고 가정해보자. 처음 고속도로에 진입 시 속력은 시속 50km이고, t시간 이후 속력은 $5t^2+50$ 이라고 할 때 이 차의 평균 속력에 대해 알아보자.

먼저 이 차의 속력에 대한 함수는

$$V(t) = 5t^2 + 50 \quad (0 \le t \le 3)$$

일 것이므로, 이 차의 평균 속력은

$$\frac{\text{속력의 변화량}}{\text{시간의 변화량}} = \frac{V(3) - V(0)}{3-0} = 15$$

이다, 즉 3시간 동안의 속력의 변화율은 평균적으로 시속 15km이다.

●●●

이 내용을 일반적인 수학적 표현으로 해보면 다음과 같다.

함수 $y=f(x)$에 대하여

- x가 a에서 b로 변할 때 $b-a$를 x의 증분이라 하고, Δx로 나타낸다.
- $f(b)-f(a)$를 y의 증분이라 하고, $\Delta y = \Delta f(x)$로 나타낸다.
- $\dfrac{\Delta y}{\Delta x} = \dfrac{f(b)-f(a)}{b-a}$을 a에서 b까지 함수 $f(x)$의 **평균변화율**이라 한다.

이것을 그림으로 표현하면 다음과 같다.

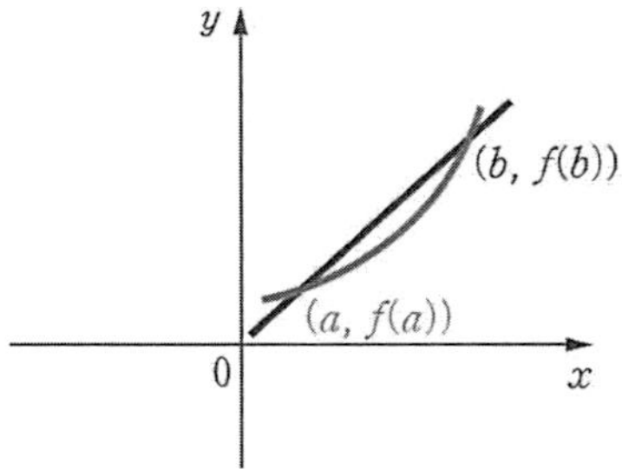

예제 17 함수 $f(x)=x^2+1$ 에 대하여, 다음을 구하시오.

(a) x가 2에서 3으로 변하는 함수 $f(x)$의 평균변화율은

$$\frac{f(3)-f(2)}{3-2}=\frac{10-5}{1}=5$$

이다.

(b) x가 2에서 0으로 변하는 함수 $f(x)$의 평균변화율은

$$\frac{f(0)-f(2)}{0-2}=\frac{1-5}{-2}=2$$

이다.

(c) x 가 -1에서 1로 변하는 함수 $f(x)$의 평균변화율은

$$\frac{f(1)-f(-1)}{1-(-1)}=\frac{2-2}{2}=0$$

이다.

설명 주제 2 **미분계수(순간변화율)와 접선의 기울기**

$x=a$ 에서 $y=f(x)$ 의 순간변화율 또는 미분계수(즉 기호 $f'(a)$ 로 표시)는

$$\lim_{\Delta x\to 0}\frac{\Delta y}{\Delta x}=\lim_{b\to a}\frac{f(b)-f(a)}{b-a}=\lim_{\Delta x\to 0}\frac{f(a+\Delta x)-f(a)}{\Delta x}$$

$$=\lim_{h\to 0}\frac{f(a+h)-f(a)}{h}=f'(a)\quad (\text{여기서 } b-a=\Delta x=h)$$

로 정의한다.

- 위에서 극한이 존재한다면 간단히 다음과 같이 표시하고,

$$f'(a)=\lim_{h\to 0}\frac{f(a+h)-f(a)}{h}$$

이를 함수 $f(x)$는 $x=a$에서 "미분가능 하다" 고 한다.

- 만약에 극한이 존재하지 않을 때, 함수 $f(x)$는 $x=a$에서 "미분가능 하지 않다" 또는 "미분 불가능" 이라고 한다.
- [미분 가능성(미분계수의 존재)을 조사하는 방법]
  극한의 존재성은 우극한과 좌극한을 조사하여 다음을 만족하여야 한다.

$$\lim_{h\to 0}\frac{f(a+h)-f(a)}{h} : \text{존재} \Leftrightarrow \lim_{h\to 0^+}\frac{f(a+h)-f(a)}{h} = \lim_{h\to 0^-}\frac{f(a+h)-f(a)}{h}$$

예제 18 위의 방법을 이용하여 다음의 문제를 풀어라.

(a) 함수 $f(x)=x^2-3x$ 의 $f'(1)$을 구하시오.

(b) 함수 $g(x)=|x|$ 일 때 $g'(0)$을 구하시오.

풀이 (a) $f'(1)=\lim_{h\to0}\frac{f(1+h)-f(1)}{h}=\lim_{h\to0}\frac{-h+h^2}{h}=\lim_{h\to0}(-1+h)=-1$ 이다.

(b) $g'(0)=\lim_{h\to0}\frac{g(0+h)-g(0)}{h}=\lim_{h\to0}\frac{|h|}{h}=\begin{cases}1 & h\to0^+\\ -1 & h\to0^-\end{cases}$ 이므로 극한이 존재하지 않는다. 따라서 $g'(0)$이 존재하지 않는다.

예제 19 다음 문제를 풀어보시오

(a) $f(x)=\begin{cases}2x-1 & (x\le 1)\\ x^2 & (x>1)\end{cases}$ 일 때 $f(x)$는 $x=1$에서 미분가능한가?

(b) $g(x)=|x|$ 일 때 $g(x)$는 $x=1$에서 미분가능한가?

풀이 (a) $f'(1)=\lim_{h\to0}\frac{h(1+h)-h(1)}{h}=\begin{cases}\lim_{h\to0^+}\frac{2h+h^2}{h}=2\\ \lim_{h\to0^-}\frac{2h}{h}=2\end{cases}=2$ 이므로 미분가능 하다. 그리고

(b) $g'(1)=\lim_{h\to0}\frac{g(1+h)-g(1)}{h}=\begin{cases}\lim_{h\to0^+}\frac{h}{h}=1\\ \lim_{h\to0^-}\frac{h}{h}=1\end{cases}=1$ 이므로 미분가능 하다.

설명 주제 3 도함수

함수 $y=f(x)$ 의 미분가능한 점들의 집합을 A 라 할 때 임의의 원소 $x\in A$ 에 대하여

$$f'(x) = \lim_{h \to 0} \frac{f(x+h) - f(x)}{h}$$

을 x 에 대한 도함수 또는 미분이라고 한다.

- 도함수 또는 미분은 다음과 같이 여러 가지 기호로 사용된다.

$$f'(x), \quad y', \quad \frac{dy}{dx}, \quad \frac{df(x)}{dx}$$

예제 20 이차함수 $f(x) = x^2$의 도함수는 정의로부터

$$f'(x) = \lim_{h\to0}\frac{f(x+h)-f(x)}{h} = \lim_{x\to0}\frac{(x+h)^2 - x^2}{h} = \lim_{h\to0}(2x+h) = 2x$$

가 된다.

예제 21 함수 $f(x) = \sqrt{x}$ 일 도함수를 구하고, $f'(1)$, $f'(\pi)$, $f'(5)$을 구하시오.

풀이 먼저 주어진 함수의 도함수 $f'(x)$를 구해서 숫자를 대입하여 문제를 풀면 된다.

$$f'(x) = \lim_{h\to0}\frac{f(x+h)-f(x)}{h} = \lim_{h\to0}\frac{\sqrt{x+h}-\sqrt{x}}{h} = \lim_{h\to0}\frac{1}{\sqrt{x+h}+\sqrt{x}} = \frac{1}{2\sqrt{x}}$$

따라서

$$f'(1) = \frac{1}{2}, \quad f'(\pi) = \frac{1}{2\sqrt{\pi}}, \quad f'(5) = \frac{1}{2\sqrt{5}}$$

이 된다.

설명 주제 4 **편리한 미분공식**

1. 상수함수 $f(x) = c$ (상수)이면 $f'(x) = 0$ 이다.
2. $f(x) = x^n$ (n : 자연수)이면 $f'(x) = nx^{n-1}$ 이다.

예제 22 다음 함수를 미분하시오.

(a) $f(x) = 5$ (b) $g(x) = \pi$

(c) $h(x) = x^4$ (d) $k(x) = x^{100}$

풀이 앞의 결과를 이용하면 다음을 얻는다.

(a) $f(x) = 5 \Rightarrow f'(x) = 0$ (b) $g(x) = \pi \Rightarrow g'(x) = 0$

(c) $h(x) = x^4 \Rightarrow h'(x) = 4x^3$ (d) $k(x) = x^{100} \Rightarrow k'(x) = 100x^{99}$

설명 주제 5 **미분의 사칙연산**

$f(x)$ 와 $g(x)$ 가 미분가능 하다고 하면 다음이 성립한다.

1. $(cf(x))' = cf'(x)$ (c는 상수)
2. $(f(x)+g(x))' = f'(x)+g'(x)$
3. $(f(x)-g(x))' = f'(x)-g'(x)$
4. $(f(x)g(x))' = f'(x)g(x)+f(x)g'(x)$
5. $g(x) \neq 0$일 때 $\left(\dfrac{f(x)}{g(x)}\right)' = \dfrac{f'(x)g(x)-f(x)g'(x)}{(g(x))^2}$

예제 23 앞의 결과를 이용하여 다음 함수를 미분하시오.

(a) $(x^3+4x)' = 3x^2+4$ (b) $(x^5-2x^4) = 5x^4-8x^3$

(c) $((x^2+x+1)(2x^3-1))' = (x^2+x+1)'(2x^3-1)+(x^2+x+1)(2x^3-1)'$

$$= (2x+1)(2x^3-1)+(x^2+x+1)6x^2$$

(d) $\left(\dfrac{x-1}{x+1}\right)' = \dfrac{(x+1)'(x+1)-(x-1)(x+1)'}{(x+1)^2} = \dfrac{x+1-x+1}{(x+1)^2} = \dfrac{2}{(x+1)^2}$

예제 24 $f(x) = (x-1)(x-2)(x-3)$일 때 $f'(x)$를 구하시오.

풀이 $f'(x) = (x-1)'(x-2)(x-3)+(x-1)(x-2)'(x-3)+(x-1)(x-2)(x-3)'$

$$= 3x^2-12x+11$$

예제 25 다음 함수를 미분하시오.

(a) $(x^{-3})' = \left(\dfrac{1}{x^3}\right)' = \dfrac{-3x^2}{x^6} = \dfrac{-3}{x^4}$ (b) $(x^{-8})' = \left(\dfrac{1}{x^8}\right)' = \dfrac{-8x^7}{x^{16}} = \dfrac{-8}{x^9}$

(c) $(x^{-11})' = \left(\dfrac{1}{x^{11}}\right)' = \dfrac{-11x^{10}}{x^{22}} = \dfrac{-11}{x^{12}}$ (d) $\left(\dfrac{1}{x^{100}}\right)' = \dfrac{-100x^{99}}{x^{200}} = \dfrac{-100}{x^{101}}$

설명 주제 6 **함수의 증가와 감소 그리고 임계점**

1. 함수 $f : I \to R$ 이 증가(Increasing)라는 것은 정의역 I 에서

$$x_1 < x_2 \text{ 일 때 } f(x_1) < f(x_2)$$

가 성립한다.

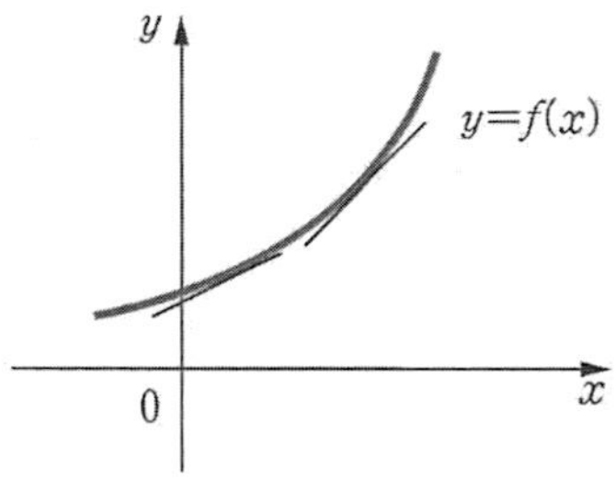

2. 함수 $f : I \to R$ 이 감소(Decreasing)라는 것은 정의역 I 에서

$$x_1 < x_2 \text{ 일 때 } f(x_1) > f(x_2)$$

가 성립한다.

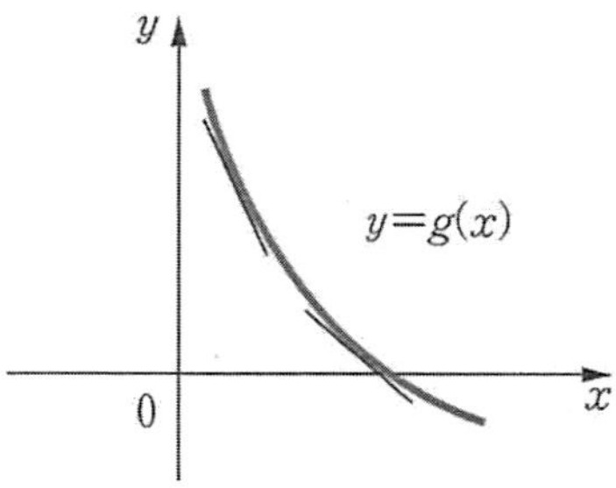

3. (미분을 이용한 증가와 감소)

함수 $f : I \to R$ 에 대하여 정의역 I 의 임의의 점 x에 대하여,

(a) $f'(x) > 0$이면 $f(x)$는 I 에서 증가함수이고,

(b) $f'(x) < 0$이면 $f(x)$는 I 에서 감소함수이다.

참고 위의 정리는 미분을 이용하여 증가와 감소를 판별하며. 이것을 이용하면 함수가 증가하는 구간과 감소하는 구간을 찾을 수 있다. 단계별로 정리하면 다음과 같다.

1단계] $f'(x) = 0$ or $f'(x)$가 존재하지 않는 정의역의 점들을 모두 구한다.

2단계] 1단계에서 구한 점들을 경계로 정의역의 구간을 소구간들로 나눈다.

3단계] 각 소구간들에 속하는 임의의 한 점을 $f'(x)$에 대입한다.

4단계] 3단계에서 대입한 점이 $f'(x) > 0$이면 소구간에서 함수는 증가이고, $f'(x) < 0$이면 소구간에서 함수는 감소이다.

예제 26 (a) $f(x)=x^2-4x$ 가 증가하는 구간과 감소하는 구간을 구하라.

(b) 구간 $[-5,\ 5]$에서 $g(x)=x^3+3x^2-9x-2$가 증가하는 구간과 감소하는 구간을 구하시오.

풀이

(a) 1단계] $f'(x)=2x-4=0 \Rightarrow x=2$

2단계] 소구간 구하기: $(-\infty,\ 2)\cup(2,\ \infty)$

3단계] $f'(0)=-4<0,\ f'(3)=2>0$

4단계] 주어진 함수는 소구간 $(-\infty,\ 2)$에서 감소이고, 소구간 $(2,\ \infty)$에서 증가한다.

(b) 1단계] $g'(x)=3x^2+6x-9=0 \Rightarrow x=-3,\ 1$

2단계] 소구간 구하기: $[-5,-3)\cup(-3,1)\cup(1,5]$

3단계] $g'(-4)=15>0,\ g'(0)=-9<0,\ g'(3)=36>0$

4단계] 주어진 함수는 소구간 $[-5,-3)$에서 증가이고, $(-3,\ 1)$에서 감소이고,

$(1,\ 5]$ 에서 증가이다.

참고 [임계점 정의] 정의역의 어떤 점 c 가 $f'(c)=0$ or $f'(c)$가 존재하지 않을 때 점 c 을 $f(x)$의 임계점(critical point)라 한다.

예제 27 다음 함수의 임계점을 구하시오.

(a) $f(x)=2x^2+4x-1 \Rightarrow f'(x)=4x+4=0 \Rightarrow x=-1$(임계점)

(b) $g(x)=x^{\frac{1}{2}}(x-1)=x^{\frac{3}{2}}-x^{\frac{1}{2}} \Rightarrow g'(x)=\frac{3}{2}x^{\frac{1}{2}}-\frac{1}{2}x^{-\frac{1}{2}}=\frac{3x-1}{2\sqrt{x}}=0$

$$\Rightarrow x=\frac{1}{3},\ x=0\text{(임계점)}$$

설명 주제 7 **함수의 극대 및 극소와 최댓값 및 최솟값 (1계와 2계 도함수 활용)**

함수 $f:D\rightarrow R$ 의 정의역의 한 점 $c\in D$ 에 대하여 $c\in I$ 를 만족하는 개구간 I 가 존재할 때,

(a) I 의 모든 점 x 에 대하여 $f(x)\le f(c)$ 가 성립하면 점 c 를 극대점이라고 하고, $f(c)$를 극댓값이라고 한다.

(b) I 의 모든 점 x 에 대하여 $f(x) \geq f(c)$ 가 성립하면 점 c 를 극소점이라고 하고, $f(c)$ 를 극솟값이라고 한다.

(c) 극댓값 또는 극솟값을 극값이라고 부른다.

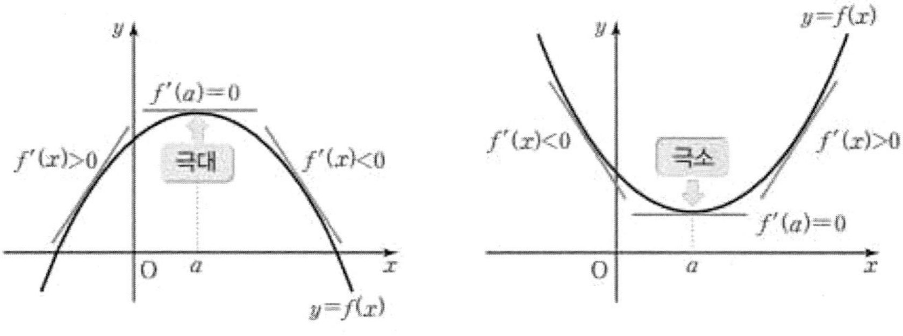

참고 위 그림처럼 임계점과 1계 도함수을 이용하면 극댓값과 극솟값을 쉽게 구할 수 있다.

> **(정리) 1계 도함수 판별법**
>
> 함수 $f(x)$가 임계점 a에서 연속이라고 하자. $x=a$ 근방에서
>
> (1) $f'(x)$의 부호가 (양)에서 (음)으로 바꾸면 $f(x)$는 점 $x=a$ 에서 극댓값을 가지며,
>
> (2) $f'(x)$의 부호가 (음)에서 (양)으로 바뀌면 $f(x)$는 점 $x=a$ 에서 극솟값을 가지며,
>
> (3) $f'(x)$의 부호가 바뀌지 않으면 $f(x)$는 점 $x=a$에서 극값을 가지지 않는다.

예제 28 1계 도함수 판정법을 이용하여 다음 문제를 풀어라.

(a) $f(x)=x^3-3x+4$의 극값을 구하라.

(b) $g(x)=\sqrt[3]{x^2}$ 의 극값을 구하라.

풀이 (a) 1. (임계점 구하기)

$$f'(x)=3x^2-3=3(x-1)(x+1)=0 \Rightarrow x=-1,\ 1(\text{임계점})$$

2. (임계점을 경계로 소구간 구하기)

$$(-\infty,\ -1)\cup(-1,\ 1)\cup(1,\ \infty)$$

3. (임계점에서 극값판정)

임계점 -1에서 왼쪽 소구간 : $f'(-2)=9(+)$ $\Rightarrow$ 오른쪽 소구간 : $f'(0)=-3(-)$,

임계점 1에서 왼쪽 소구간 : $f'(0)=-3(-)$ $\Rightarrow$ 오른쪽 소구간 : $f'(2)=9(+)$이므로

극댓값은 $f(-1)=6$이고 극솟값은 $f(1)=2$

이다.

(b) 1. (임계점 구하기)

$$g'(x)=\frac{2}{3}\frac{1}{\sqrt[3]{x}} \Rightarrow x=0(\text{임계점})$$

2. (임계점을 경계로 소구간 구하기)

$$(-\infty,\ 0)\cup(0,\ \infty)$$

3. (임계점에서 극값판정)

임계점 0에서 왼쪽 소구간 : $g'(-1)=-\frac{2}{3}(-)$ $\Rightarrow$ 오른쪽 소구간 : $g'(1)=\frac{2}{3}(+)$이므로

극솟값은 $g(0)=0$이다.

(정리) 최댓값-최솟값 정리

함수 $f(x)$가 폐구간 $[a,b]$에서 연속이면 $f(x)$는 최댓값과 최솟값을 가진다.

참고 [최댓값과 최솟값을 구하는 방법]

1. 폐구간 $[a,b]$에서 함수 $f(x)$가 연속인지 확인하고,
2. 폐구간 $[a,b]$내에서 $f(x)$의 모든 임계점을 구하고,
3. 폐구간의 끝점들과 임계점들을 대입한 $\{f(a),\ f(\text{임계점}),\ f(b)\}$ 중에서 가장 큰 값이 최댓값이고, 가장 작은 값이 최솟값이다.

예제 29 다음의 최댓값과 최솟값을 구하시오.

(a) 구간 $[-3,3]$에서 $f(x)=x^3-6x$ 의 최댓값과 최솟값을 구하시오.

(b) 구간 $[0,3]$에서 $f(x)=x^3-6x$ 의 최댓값과 최솟값을 구하시오.

(c) 구간 $[0,2]$에서 $g(x)=\dfrac{x}{x+1}$ 의 최댓값과 최솟값을 구하시오.

풀이 (a) 1. 앞에서 배운 연속함수의 정의로부터 $f(x)=x^3-6x$는 폐구간 $[-3,3]$에서 연속임을 알 수 있다.

2. $f(x) = x^3 - 6x \Rightarrow f'(x) = 3x^2 - 6 = 3(x - \sqrt{2})(x + \sqrt{2}) = 0$

$$\Rightarrow x = \sqrt{2},\ -\sqrt{2}\ (\text{임계점})$$

3. $f(-3) = -9,\ f(\sqrt{2}) = -4\sqrt{2},\ f(-\sqrt{2}) = 4\sqrt{2},\ f(3) = 9$이므로

최솟값은 -9 이고 최댓값은 9

이다.

(b) (a)와 같은 함수이고 정의역만 다르다.

임계점 중에서 $-\sqrt{2} \notin [0, 3]$이므로 $f(0) = 0,\ f(\sqrt{2}) = -4\sqrt{2},\ f(3) = 9$이므로

최솟값은 $-4\sqrt{2}$ 이고 최댓값은 9

이다.

(c) $g'(x) = \dfrac{1}{(x+1)^2} \Rightarrow x = -1$ (임계점)이지만 $-1 \notin [0, 2]$이므로 끝점만 비교하면 된다. 따라서 $g(0) = 0,\ g(2) = \dfrac{2}{3}$이므로

0이 최솟값이고 $\dfrac{2}{3}$가 최댓값

이 된다.

참고 [볼록성과 오목성의 정의] $f : (a,\ b) \to R$ 일 때

(1) 임의의 $x \in (a, b)$에서 그은 접선이 함수 f의 그래프보다 아래쪽에 있으면 아래로 볼록(위로 오목)이라고 하고,

(2) 임의의 $x \in (a, b)$에서 그은 접선이 함수 f의 그래프보다 위쪽에 있으면 위로 볼록(아래로 오목)이라고 한다 (아래 그림 참조).

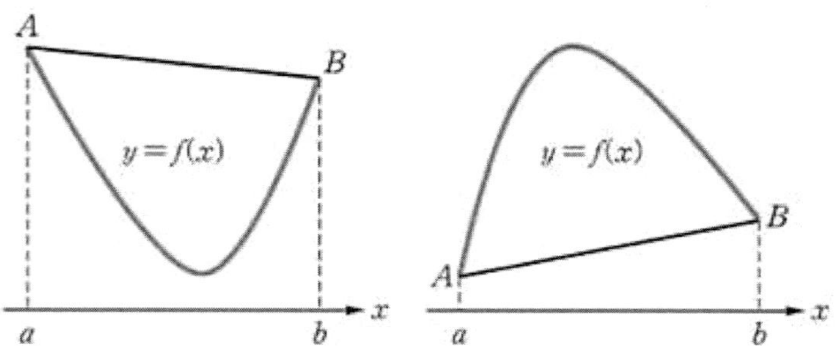

아래로 볼록=위로 오목　　위로 볼록=아래로 오목

(정리) 2계 도함수 판별법

$f:(a,\ b\ ) \to R$ 일 때

(1) 임의의 점 $x \in (a,b)$에 대하여 $f''(x) > 0$이면 f의 그래프는 구간 (a,b)에서 아래로 볼록(위로 오목)이고,

(2) 임의의 점 $x \in (a,b)$에 대하여 $f''(x) < 0$이면 f의 그래프는 구간 (a,b)에서 위로 볼록(아래로 오목)이다.

• (아래로 볼록 구간과 위로 볼록 구간을 구하는 방법)

1. 정의역에서 $f''(x) = 0$ or $f''(x)$가 존재하지 않는 값, 즉 임계점 구한다.
2. 1에서 구한 값들을 경계로 정의역을 소구간으로 나눈다.
3. 각 소구간의 한 점 x 을 대입하여 $f''(x) > 0$이면 아래로 볼록(위로 오목)한 구간이고, $f''(x) < 0$이면 위로 볼록(아래로 오목)한 구간이다.

예제 30 (a) $f(x) = x^3 - 3x^2$ 에서 위로 볼록 구간과 아래로 볼록 구간을 구하시오.

(b) 구간 $[-5,\ 5]$에서 정의된 함수 $g(x) = x^3 + 3x^2 - 9x - 2$에 대하여 위로 볼록 구간과 아래로 볼록 구간을 구하시오.

풀이 (a) 1. $f'(x) = 3x^2 - 6x$, $f''(x) = 6x - 6 = 0$ $\therefore$ $x = 1$

2. 소구간들: $(-\infty,\ 1) \cup (1,\ \infty)$

3. $f''(0) = -6 < 0$, $f''(2) = 6 > 0$이므로 소구간 $(-\infty,\ 1)$에서 위로 볼록하고, 소구간 $(1,\ \infty)$에서 아래로 볼록하다.

(b) 1. $g'(x) = 3x^2 + 6x - 9$, $f''(x) = 6x + 6 = 0$ $\therefore$ $x = -1$

2. 소구간들: $[-5,\ -1) \cup (1,\ 5]$

3. $f''(-2) = -6 < 0$, $f''(0) = 6 > 0$이므로 소구간 $[-5,\ -1)$에서 위로 볼록하고, 소구간 $(-1,\ 5]$에서 아래로 볼록하다.

(정리) 극값의 2계 도함수 판별법

함수 $f:(a,b)\to R$ 가 2계 미분가능하고 $c\in(a,b)$가 임계점이라고 하자.

(1) $f''(c)>0$ 일 때 $f(x)$는 점 c에서 극솟값을 가지며,

(2) $f''(c)<0$ 일 때 $f(x)$는 점 c에서 극댓값을 가진다.

예제 31 2계 도함수 판정법을 이용하여 다음 함수들의 극값을 구하시오.

(a) $f(x)=x^3-6x^2+2$ (b) $g(x)=-x^4+4x^3+3$

풀이 (a) 1. (임계점 구하기) $f'(x)=3x^2-12x=3x(x-4)=0 \Rightarrow x=0,\ 4$

2. $f''(x)=6x-12$이므로 $f''(0)=-12<0,\ f''(4)=12>0$이다.

따라서 극댓값은 $f(0)=2$이고 극솟값은 $f(4)=-30$ 이다.

(b) 1. (임계점 구하기) $g'(x)=-4x^3+12x^2=-4x^2(x-3)=0 \Rightarrow x=0,\ 3$

2. $g''(x)=-12x^2+24x,\ g^{(3)}(x)=-24x+24$ 이고 $g''(0)=0,\ g^{(3)}(0)\neq 0$

이므로 $x=0$은 변곡점이다. 그리고 $g''(3)=-36<0$이므로 $g(3)=30$은 극댓값이다.

설명 주제 8 **편도함수 또는 편미분**

실수의 순서쌍 집합을

$$D=\{(\mathrm{x},\mathrm{y})\mid \mathrm{x},\mathrm{y}\in \mathrm{R}\}$$

라하고, 실수 z들의 집합을 R라 할 때 다음의 대응규칙

$$f:D\to R,\ f(x,y)=z$$

을 가지는 함수를 이변수함수라 한다.

- D을 함수 f의 정의역, R을 함수 f의 치역이라고 한다.
- 두 변수 x, y을 독립변수, z을 종속변수라 한다.
- 이변수함수 $z=f(x,y)$의 그래프는 3차원 공간의 부분집합

$$G=(\mathrm{x},\mathrm{y},\mathrm{z})\mid (\mathrm{x},\mathrm{y})\in \mathrm{D},\ \mathrm{z}=\mathrm{f}(\mathrm{x},\mathrm{y})$$

로 표시하며, G는 3차원 공간의 곡면(surface)을 나타낸다.

참고 이변수함수의 이해를 돕기 위하여 함수 $z = f(x, y) = \sqrt{1-x^2-y^2}$ 을 생각하자. 이 함수가 정의되기 위하여 $1-x^2-y^2 \geq 0 \Leftrightarrow x^2+y^2 \leq 1$이 성립해야 한다. 따라서 정의역은 $D = \{(x,y) \mid x^2+y^2 \leq 1\}$ 즉 원점이 중심이고, 반지름이 1인 원판이다. 이제 원판의 경계점을 대입하면 함수값이 0이고, 원판의 중심 $(0,0)$을 대입하면 함수값이 1이고 이 값이 최댓값이 된다. 따라서 곡면의 그래프는 다음과 같은, 즉 반지름이 1인 구면의 상반부이다.

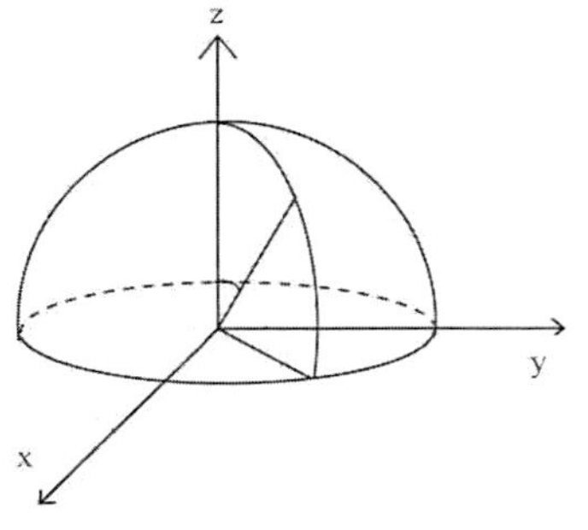

이제 이변수함수를 미분하는 방법을 주제로 공부하자. 일변수함수 $y = f(x)$의 독립변수는 x이므로 미분의 기호는 $\frac{d}{dx}$를 사용했다.

하지만 이변수함수 $z = f(x,y)$의 독립변수는 두 개 즉 x, y이므로 동시에 미분을 시행할 수가 없다. 그래서 변수 x에 관한 미분 즉 x의 편미분, 또는 변수 y에 관한 미분 즉 y의 편미분을 각각 나누어서 생각해야 한다. 이것을 식으로 정의하며 다음과 같다.

(1) x의 편미분(기호: $\frac{\partial f}{\partial x}$)은

$$\frac{\partial f}{\partial x} = \lim_{h \to 0} \frac{f(x+h,\, y) - f(x,\, y)}{h}$$

이고, 기호는 이것 이외에 f_x , $f_x(x, y)$등으로 나타낸다.

(2) y의 편미분(기호: $\frac{\partial f}{\partial y}$)은

$$\frac{\partial f}{\partial y} = \lim_{h \to 0} \frac{f(x,\, y+h) - f(x,\, y)}{h}$$

이고, 기호는 이것 이외에 f_y , $f_y(x, y)$등으로 나타낸다.

예제 32 다음 이변수함수의 편미분을 구하시오.

$$f(x,y) = 24xy - 6x^2y$$

풀이 x의 편미분은 $\frac{\partial f}{\partial x} = 24y - 12xy$이고, y의 편미분은 $\frac{\partial f}{\partial y} = 24x - 6x^2$ 이다.

참고 3변수함수 $u = f(x, y, z) = x^2 + xy + yz^2$을 생각한다면 이것은 그래프는 4차원 공간의 부분집합으로 나타나고, 이것의 독립변수는 3개이므로 다음과 같이 3개의 편미분이 존재한다.

(1) $\frac{\partial f}{\partial x} = 2x + y$ (2) $\frac{\partial f}{\partial y} = x + z^2$ (3) $\frac{\partial f}{\partial z} = 2yz$

3.2 경사하강법

설명 주제 1 **손실함수**(Loss function)

데이터의 실제값과 예측값 사이의 오차를 최소화하는 적절한 모델인 손실함수에 대하여 알아보자.

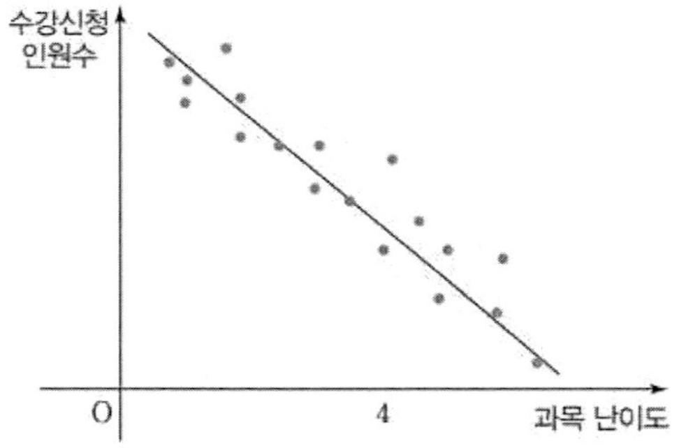

과목난이도에 따른 수강 신청 인원수를 나타낸 위의 그래프를 살펴보자.

만약에 이 자료를 나타내는 적절한 모델을 찾을 수 있다면 새로운 과목을 개설시 난이도를 바탕으로 수강 신청 인원을 예상할 수 있을 것이다.

수강 신청 자료들의 중간을 가로지르도록 임의로 선형모델

$$y = -3x + 15$$

을 가정해보자.

이때 과목의 난이도가 $x = 4$ 라고 한다면 예측되는 수강인원 수는 $y = 3$ ($x = 4$ 를 선형모델에 대입)이 될 것이다.

그런데 실제 관측된 수강 인원수가 $x=4$ 일 때 $y=2.5$ (파란색 점)이면

오차 = 실제값 - 예측값 = 2.5-3 = -0.5

만큼 차이가 있다. 이러한 오차들로 표현된 함수를 손실함수(Loss function)라 한다.

참고 손실함수는 만들어진 모델의 예측값이 실제값과 어느 정도 차이가 있는지를 확인하는 함수이다. 이 손실함수 값이 작을수록 더 적합한 모델이라고 평가할 수 있다.

손실함수를 정의하는 여러 가지 방법 중에서 가장 기본적인 방법인 잔차제곱합(Residual sum of squares, RSS)에 대하여 알아보자.

주어진 n 개의 관측자료

$$\{(X_i, Y_i) \mid i=1,2,3,\cdots,n\}$$

에 대하여 임의로 정한 선형모델(즉 예측모델)을

$$y=ax+b \text{ 또는 } y_i=ax_i+b \quad (i=1,2,\cdots,n)$$

라 가정하면, 이것으로 추론한 예측값을

$$y_1, y_2, \cdots, y_n$$

라고 하자. 실제 자료의 관찰로부터 얻은 실제값은

$$Y_1, Y_2, \cdots, Y_n$$

이다.

그러면 이 모델에 대한 손실함수 $L(a,b)$는 잔차제곱합으로 다음과 같이 정의한다.

$$\begin{aligned} L(a,b) &= (Y_1-y_1)^2+(Y_2-y_2)^2+\cdots+(Y_n-y_n)^2 \\ &= (Y_1-(ax_1+b))^2+(Y_2-(ax_2+b))^2+\cdots+(Y_n-(ax_n+b))^2 \end{aligned}$$

참고 손실함수를 (실제값-예측값)의 합으로 하면 0이 나오는 때도 있으므로, (실제값-예측값)^2 의 합으로 하여 최적의 모델을 찾는다.

예제 33 4명의 학생 A, B, C, D 를 대상으로 집에서 학교까지 거리에 따른 학교생활의 만족도를 조사하였다.

	집에서 학교까지 거리 (km)	학교생활 만족도 (점)
A	1	4
B	3	2
C	5	3
D	7	1

위 분포를 참조하여 집에서 학교까지의 거리에 따른 학교생활 만족도 점수를 예측할 수 있는 모델을 만들고자 한다. 유리와 준표의 예측식을 만들고, 손실함수의 값을 구하여 최적화된 예측식을 찾으시오.

풀이 변수 x 를 집에서 학교까지의 거리, 변수 y 를 학교생활 만족도 점수라고 하자.

유리의 모델(예측식) : $y=-x+5$		준표의 모델(예측식): $y=-\frac{1}{2}x+\frac{9}{2}$	
x=1	예측값 y=4, 실제값 Y=4	x=1	예측값 y=4, 실제값 Y=4
x=3	예측값 y=2, 실제값 Y=2	x=3	예측값 y=3, 실제값 Y=2
x=5	예측값 y=0, 실제값 Y=3	x=5	예측값 y=2, 실제값 Y=3
x=7	예측값 y=-2, 실제값 Y=1	x=7	예측값 y=1, 실제값 Y=1
$L(-1,5)$ $=(4-4)^2+(2-2)^2+(3-0)^2+(1+2)^2$ $=18$		$L(-1/2,9/2)$ $=(4-4)^2+(2-3)^2+(3-2)^2+(1-1)^2$ $=2$	

따라서 유리의 모델식 손실함수의 값은 18이고, 준표의 모델식 손실함수의 값은 2이므로 준표의 모델이 더 최적화된 모델이다.

설명 주제 2 경사하강법과 학습률

경사하강법은 함수의 최적화 방법의 하나이며, 여기서 최적화란 함수의 최댓값 또는 최솟값을 찾는 것을 의미한다.

앞의 선형모델에서의 최적화란 손실함수 $L(a,b)$ 의 최솟값을 찾는 것이다.

참고 보통은 이차함수의 최적화 즉 최대값 또는 최소값 문제는 미분을 이용하지만, 변수가 많아지거나 수리적 어려움(임계점을 구하기 힘든 경우 등)으로 최적화하기 어려울 때가 있다. 이 경우에 수치적 방법을 통하여 반복적으로 최적화를 찾아가는 방법이 경사하강법이고, 경사하강법의 기본 과정은 함수의 기울기(경사)를 구하여 기울기가 낮은 쪽으로 계속

이동시켜서 극값(기울기가 0)에 이르게 하는 방법이다.

●●●

이번에는 학습률에 대하여 알아보자.

경사하강법에서 학습률이란 한번 학습할 때 얼마나 변화를 주는지에 대한 상수이다. 보통은 기호로 η 을 많이 사용한다.

예를 들면, 부산에서 목적지(서울)까지 가는데 이동을 한다고 합시다. 서울 방향으로 10km씩 순간이동 하면 빨리 갈 것이지만, 1m씩 순간이동을 한다면 너무 오래 걸리고, 그리고 1000km씩 순간이동을 한다면 서울을 지나쳐 버린다. 이처럼 순간이동의 거리에 영향을 주는 상수가 학습률이다.

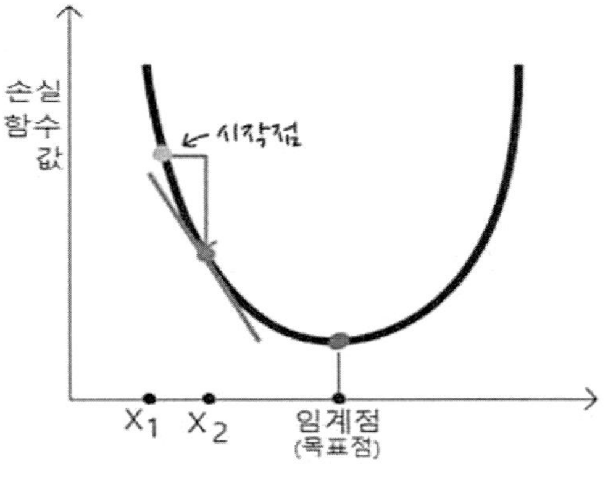

위 그림처럼 경사하강법의 예를 살펴보자.

학습률 $\eta = 0.01$ 로 주고, 시작점 x_1 , 시작점에서 기울기 $f'(x_1) = -2.5$라고 하자.

다음 점 x_2 은

$$x_2 = x_1 - \eta f'(x_1) = x_1 + 0.025$$

로 이동한다. 학습률에 따라서 이동하는 크기가 달라진다.

참고 학습률이 낮으면 점이 조금씩 이동하고, 학습률이 높으면 점이 빨리 이동한다. 그렇지만 학습률이 너무 크면 임계점을 지나칠 수도 있고, 반대로 학습률이 너무 작으면 임계점에 도달하지 못할 수도 있다.

●●●

이제 학습률을 적용한 경사하강법의 알고리즘을 소개한다.

(정리) 경사하강법의 알고리즘

손실함수 $y=f(x)$에 대하여

(1단계) 초기값 x_1을 설정하고, 학습률 η을 설정한다.

(2단계) $f'(x_1) \neq 0$이면 $\eta f'(x_1)$을 구한 후 $x_2 = x_1 - \eta f'(x_1)$로 이동한다.

만약에 $f'(x_1) = 0$이면 x_1이 바로 임계점(목표점)이다.

(3단계) 임의의 $i \geq 1$와 점 x_i에 대하여, $f'(x_i) \neq 0$이면

$x_{i+1} = x_i - \eta f'(x_i)$

로 이동하고, 만약에 $f'(x_i) = 0$이면 x_i이 바로 임계점(목표점)이다.

위의 단계를 반복한다면,

$$x_1,\ x_2,\ \cdots \rightarrow \text{임계점}\,(x^*),\ \ f'(x^*) = 0$$

가 될 것이고, 따라서 최솟값 $f(x^*)$을 얻는다.

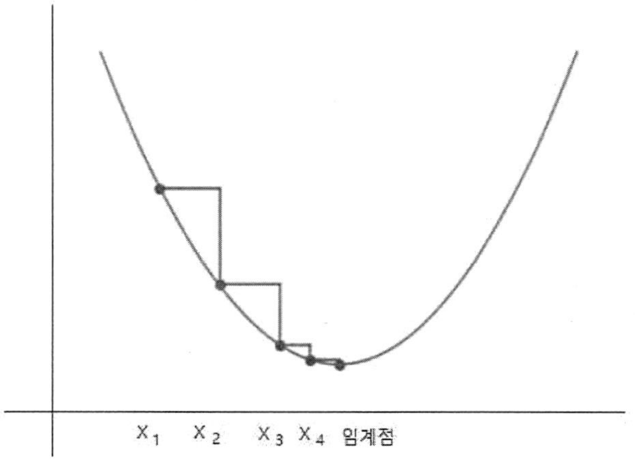

참고 (기울기 $f'(x)$의 부호에 따른 유의점)

점 $x_k \rightarrow x_{k+1}$로 이동시에 $f'(x_k) < 0$ 이면

$$\text{이동점}\ \ x_{k+1} = x_k - \eta f'(x_k)$$

은 점 x_k보다 오른쪽에 위치하며, 즉 다음과 같다.

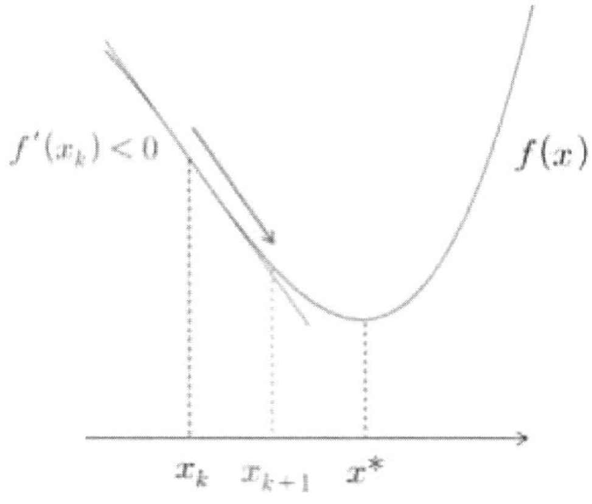

2. 점 $x_k \rightarrow x_{k+1}$ 로 이동시에 $f'(x_k) > 0$ 이면

$$\text{이동점 } x_{k+1} = x_k - \eta f'(x_k)$$

은 점 x_k 보다 왼쪽에 위치하며, 즉 다음과 같다.

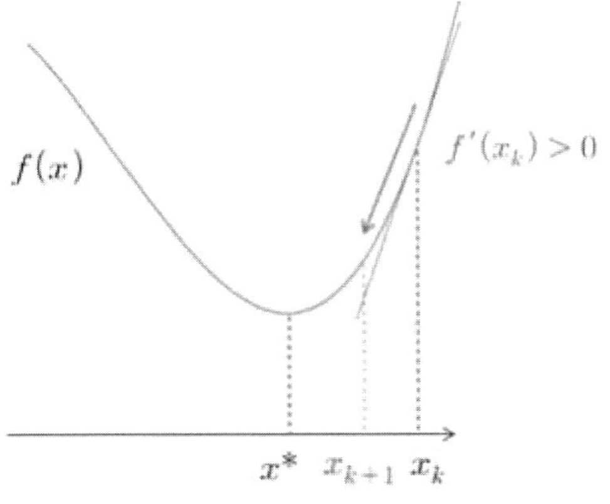

경사하강법으로 최적의 모델을 찾는 방법으로 손실함수의 값 중에서 최솟값을 찾아야 한다. 물론 모델식 $y = ax + b$ 의 a, b 을 계속 적으로 변형하고 그것의 손실함수 값을 계산하여 그중 제일 작은 값으로 최적의 모델을 발견할 수도 있다.

이렇게 찾아진 모델 식

$$y = ax + b$$

의 a, b 를 이 모델식의 가중치라 한다. 이제 이 적합한 가중치를 찾는 원리에 대하여 알아보자. 앞에서 정의한 다음의 손실함수는 변수 a, b 를 가지는 이차함수이다.

$$L(a,b) = (Y_1 - y_1)^2 + (Y_2 - y_2)^2 + \cdots + (Y_n - y_n)^2$$

$$= (Y_1 - (ax_1 + b))^2 + (Y_2 - (ax_2 + b))^2 + \cdots + (Y_n - (ax_n + b))^2$$

그리고 손실함수는 이 변수 함수이므로 편미분의 극대-극소정리를 활용한다면 손실함수의 가장 작은 값(최적값)을 가지는 가중치 a, b 의 값을 발견할 수 있다. 그리고 앞에서 배운 경사하강법으로 가중치 a, b 를 구해보자.

먼저 점 (X_i, Y_i)의 4개 관측자료

$$A(1,5),\ B(3,4),\ C(5,3),\ D(6,1)$$

를 생각하자.

예를 들어, $a = -1, b = 4$ 일 때 모델 식은 $y = -x + 4$ 이고, 이것을 손실함수에 대입하면

$$L(-1, 4) = 38$$

을 얻는다.

이제 경사하강법을 통하여 손실함수의 값을 더 작게 해보자.

임의 점 A_k가 A_{k+1}로 이동시에 즉

$$A_k(a_k, b_k) \rightarrow A_{k+1}(a_{k+1}, b_{k+1})$$

일 때 두 변수 a, b 에 대한 편미분

$$\frac{\partial}{\partial a} L(a_k, b_k) \neq 0, \quad \frac{\partial}{\partial b} L(a_k, b_k) \neq 0$$

이면, 이동점 $A_{k+1}(a_{k+1}, b_{k+1})$은 다음과 같이 나타난다.

$$\begin{pmatrix} a_{k+1} \\ b_{k+1} \end{pmatrix} = \begin{pmatrix} a_k \\ b_k \end{pmatrix} - \eta \begin{pmatrix} \frac{\partial}{\partial a} L(a_k, b_k) \\ \frac{\partial}{\partial b} (a_k, b_k) \end{pmatrix}$$

따라서 위 4개의 점에 대한 손실함수는

$$L(a, b) = (5 - (a + b))^2 + (4 - (3a + b))^2 + (3 - (5a + b))^2 + (1 - (6a + b))^2$$

이고, 각 변수 a, b 에 대한 편미분은

$$\frac{\partial}{\partial a} L(a, b) = 2(a + b - 5) + 6(3a + b - 4) + 10(5a + b - 3) + 12(6a + b - 1)$$

$$\frac{\partial}{\partial b} L(a, b) = 2(a + b - 5) + 2(3a + b - 4) + 2(5a + b - 3) + 2(6a + b - 1)$$

이다.

위 식에 초깃값으로 $a_1 = a = -1,\ b_1 = b = 4$ 를 대입하면

$$\frac{\partial}{\partial a} L(-1,\, 4) = -98 \quad , \qquad \frac{\partial}{\partial b} L(-1, 4) = -24$$

만약에 학습률 $\eta = 0.001$ 로 주어진다면 이동한 점은 다음과 같다.

$$\begin{pmatrix} a_{k+1} \\ b_{k+1} \end{pmatrix} = \begin{pmatrix} a_k \\ b_k \end{pmatrix} - \eta \begin{pmatrix} \dfrac{\partial}{\partial a} L(a_k, b_k) \\ \dfrac{\partial}{\partial b} (a_k, b_k) \end{pmatrix}$$

$$\Leftrightarrow \begin{pmatrix} a_2 \\ b_2 \end{pmatrix} = \begin{pmatrix} a_1 \\ b_1 \end{pmatrix} - 0.001 \begin{pmatrix} -98 \\ -24 \end{pmatrix} = \begin{pmatrix} -0.902 \\ 4.024 \end{pmatrix}$$

새로운 모델 식은

$$y = -0.902\,x + 4.024 \approx -0.9\,x + 4$$

이고, 이것의 손실함수의 값은

$$L(-0.9\,, 4) = (5-3.1)^2 + (4-1.3)^2 + (3+0.5)^2 + (1+1.4)^2 = 28.91$$

이다. 따라서 주어진 4개 자료를 표현하는 모델 식은 처음의 모델 식

$y = -x+4$ 보다는 두 번째 모델 식 $y = -0.9\,x+4$

이 더 최적화된 모델이라 할 수 있다.

예제 34 이 변수 함수

$$L(a, b) = a^2 + 2ab - b^2$$

에 대한 편미분을 구하고, $a=2$, $b=3$ 일 때 편미분의 값을 구하시오.

풀이 각 변수 a, b 에 대한 편미분을 구하자.

$$\frac{\partial L}{\partial a}(a,b) = 2a + 2b, \qquad \frac{\partial L}{\partial b}(a,b) = 2a - 2b$$

따라서

$$\frac{\partial L}{\partial a}(2,3) = 2\times 2 + 2\times 3 = 10 \qquad \frac{\partial L}{\partial b}(2,3) = 2\times 2 - 2\times 3 = -2$$

이다.

3.3 활성화함수

경사하강법을 활용하여 적절한 임계점을 구하고 적절한 모델을 찾아서 입력하면 그에 따른 출력값이 나온다. 활성화 함수는 입력값이 들어오면 그 결과값에 따라 활성화가 될지 아닐지를 결정하여 출력값을 출력신호로 고치는 역할을 한다. 즉 활성화 함수는 들어오는 신호

가 작으면 결과값이 작거나 무시하는 반면에, 일정 기준 이상의 큰 신호가 들어오면 그대로 결과값을 반영하는 함수이다.

설명 주제 1 **시그모이드 함수**

선형모델은 모든 출력값을 그대로 반영하므로 활성화 함수의 특징을 표현하기가 어렵다. 그래서 비선형 모델함수에 활성 함수가 주로 사용되며, 활성화 함수에 대표적으로 사용되는 비선형모델 함수에는 시그모이드 함수, ReLU 함수, 소프트맥스 함수 등이 있다.
다음은 시그모이드 함수(Sigmoid function)의 식과 그래프를 나타낸다.
이 그래프의 특징을 살펴보자.

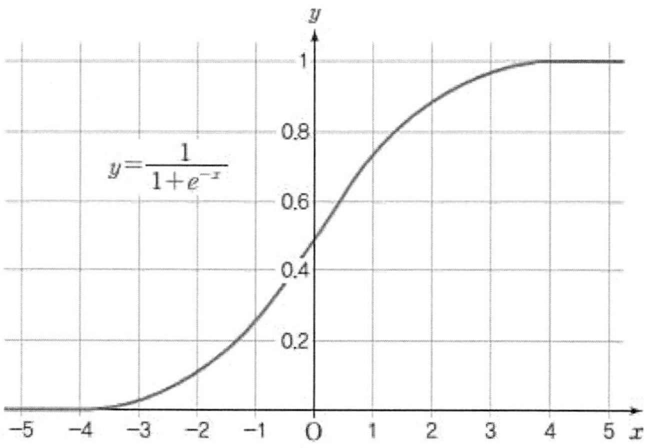

시그모이드 함수식: $y=\dfrac{1}{1+e^{-x}}$

참고 (특징)

$$\lim_{x\to\infty}\frac{1}{1+e^{-x}}=1 \quad , \quad \lim_{x\to-\infty}\frac{1}{1+e^{-x}}=0$$

2. $f(x)+f(-x)=\dfrac{1}{1+e^{-x}}+\dfrac{1}{1+e^{x}}=\dfrac{e^{x}}{1+e^{x}}+\dfrac{1}{1+e^{x}}=1$

3. 점 $(0, \frac{1}{2})$에 대칭인 증가함수이다.

예제 35 다음 시그모이드 함수를 미분하시오.

$$y = \frac{1}{1+e^{-x}}$$

풀이 $y' = \frac{1 \times (1+e^{-x})'}{(1+e^{-x})^2} = \frac{e^{-x}}{(1+e^{-x})^2}$

설명 주제 2 ReLU **함수**

다음은 ReLU (Rectified linear Unit) 함수의 그래프이다. 그래프의 특징을 살펴보자.

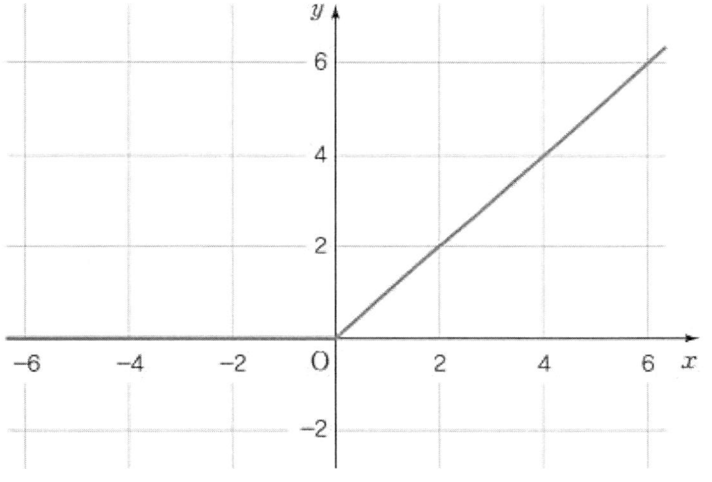

그래프의 함수식은 다음과 같다.

$$f(x) = \begin{cases} x & (x \geq 0) \\ 0 & (x < 0) \end{cases}$$

참고 (특징)

(1) 부분적으로 활성화($x \geq 0$)가 가능하다.

(2) 기울기 소실이 발생하지 않는다. 기울기 소실이란 기울기 값이 0이 되어 사라지는 현상이다. 기울기 값은 인공지능 학습에 영향을 미치는 요소로 0이 되면 학습에 의미가 없다.

(3) 미분이 쉽다.

(4) 0보다 작은 값(활성화 되지 않은)을 다룰때는 주의가 필요.

설명 주제 3 **소프트맥스 함수**

소프트맥스 함수는 시그모이드 함수를 일반화한 함수로 시그모이드 함수의 특징을 가지면서 다중 클래스 분류에 사용할 수 있는 함수이다.

입력한 값에 대한 출력값들의 합이 1이 되도록 하여 각각의 확률로 표현하는 것이다.

[소프트맥스(Softmax) 함수의 정의]

입력한 클래스가 n개인 입력이 $(x_1, x_2, \cdots, x_n)$이고, $g = e^{x_1} + e^{x_2} + e^{x_3} + \cdots + e^{x_n}$ 일 때 이에 대한 출력은 다음으로 정의한다.

$$\left(\frac{e^{x_1}}{g}, \frac{e^{x_2}}{g}, \frac{e^{x_3}}{g}, \cdots, \frac{e^{x_n}}{g}\right)$$

참고 예를 들어, 3개의 클래스로 분류한 $A = (-1, 1, 2)$가 있다면, A를 입력하면 출력값은

$$B = \left(\frac{e^{-1}}{e^{-1}+e+e^2}, \frac{e}{e^{-1}+e+e^2}, \frac{e^2}{e^{-1}+e+e^2}\right) = (0.0351, 0.2595, 0.7054)$$

이다. 각각의 클래스 분류값들이 0과 1사이인 확률의 형태로 나온다. 그리고 모든 클래스의 값들을 더하면 1이 나와 확률의 총합이 1인 것과 같은 상황임을 알 수 있다.

예제 36 하나의 색이 주어졌을 때, 각각의 색의 농도는 다음과 같다.

$$A = (\text{빨간색 농도, 노란색 농도, 검은색 농도})$$

각 수치가 클수록 해당 색깔 성분이 많이 포함된 것으로 생각하자. 어떤 물감 A의 색깔 농도가 $(0, 1, 2)$라고 할 때, 이물감의 색을 소프트맥스 함수를 활용하여 확률로 표현하시오.

풀이 물감 A의 농도를 입력시, 소프트맥스 함수의 결과 값은

$$B = \left(\frac{1}{1+e+e^2}, \frac{e}{1+e+e^2}, \frac{e^2}{1+e+e^2}\right) = (0.0900, 0.2447, 0.6652)$$

이다. 따라서 빨간색 농도는 0.0900, 노란색의 농도는 0.2447, 검은색의 농도는 0.6652로 해석할 수 있다.

나눔문제

예제 1. $x=1$ 에서 함수 $f(x)=x^2+x$ 의 미분계수를 구하시오.

예제 2. 다음의 함수를 미분하시오.

(1) $f(x)=\ln(x^2+4)$

(2) $g(x) = \sin(\tan x)$

예제 3. 다음의 방정식에 대하여 $\dfrac{dy}{dx}$ 을 구하시오.

$$x^2+2y^2-xy-3x-4y=5$$

예제 4. 곡선 $y=x^3+2x-1$ 의의 점 $(1,2)$ 에서의 접선의 방정식을 구하시오.

예제 5. 다음 함수의 증가구간과 감소구간을 구하시오.

$$f(x)=2x^3-9x^2+12x+4$$

예제 6. 다음 함수의 극값을 구하시오.

$$f(x)=-2x^3-3x^2+1$$

예제 7. 구간 $[-1,2]$ 에서 함수 $f(x) = 3x^4-4x^3$ 의 최댓값과 최솟값을 구하시오.

예제 8. 이변수함수 $z=f(x,y)=\dfrac{xy}{y+x}$ 일 때 $x\dfrac{\partial f}{\partial x}+y\dfrac{\partial f}{\partial y}=z$ 임을 보이시오.

CHAPTER 02 행렬처리

▶▶ 1. 대각화와 LU 분해

인공지능에서 원 데이터가 가지는 특징은 벡터의 방향은 변하지 않지만, 크기는 변하는 방식으로 특성의 개수를 줄인다. 여기에 사용되는 내용이 고윳값과 고유벡터이다. 즉 고유벡터는 선형변환 시 방향은 변하지 않고 크기만 변하는 벡터이다.

1.1 연립 1차 방정식의 해

연립 1차 방정식

$$a_{11}x_1 + a_{12}x_2 + a_{13}x_3 = b_1$$

$$a_{21}x_1 + a_{22}x_2 + a_{23}x_3 = b_2$$

$$a_{31}x_1 + a_{32}x_2 + a_{33}x_3 = b_3$$

을 행렬로 바꾸면

$$\begin{pmatrix} a_{11} & a_{12} & a_{13} \\ a_{21} & a_{22} & a_{23} \\ a_{31} & a_{32} & a_{33} \end{pmatrix} \begin{pmatrix} x_1 \\ x_2 \\ x_3 \end{pmatrix} = \begin{pmatrix} b_1 \\ b_2 \\ b_3 \end{pmatrix}$$

이고, $A = \begin{pmatrix} a_{11} & a_{12} & a_{13} \\ a_{21} & a_{22} & a_{23} \\ a_{31} & a_{32} & a_{33} \end{pmatrix}$, $X = \begin{pmatrix} x_1 \\ x_2 \\ x_3 \end{pmatrix}$, $B = \begin{pmatrix} b_1 \\ b_2 \\ b_3 \end{pmatrix}$라 두면, 간단히 다음과 같다.

$$AX = B$$

(정리) 역행렬 이용

$AX = B$가 단 하나의 해 (즉 $X = A^{-1}B$)을 가질 필요충분조건은 $Det(A) \neq 0$ 이다.

따라서 $Det(A) \neq 0$를 만족한다면 유일한 하나의 해 X는

$$AX = B \quad \Leftrightarrow \quad X = A^{-1}B$$

이다.

(정리) Cramer 공식

연립 1차 방정식 $AX=B$ 에서 행렬식 $|A|=Det(A)\neq 0$ 라 가정하자. 그리고 행렬 A의 i 열을 행렬 B 로 대치한 새로운 행렬을 A_i 라 하면 단 하나의 해는 다음과 같다.

$$x_1=\frac{|A_1|}{|A|},\ x_2=\frac{|A_2|}{|A|},\ x_3=\frac{|A_3|}{|A|}$$

예제 1 다음 연립방정식을 역행렬을 이용하여 구하시오.

$$\begin{cases} -x \qquad\quad + 3z = 2 \\ 7x + y - z = -1 \\ 2x + 3y \qquad = 3 \end{cases}$$

풀이 먼저 주어진 문제를 행렬로 나타내고, 계수행렬 A의 역행렬을 구하면 다음과 같다.

$$\begin{pmatrix} -1 & 0 & 3 \\ 7 & 1 & -1 \\ 2 & 3 & 0 \end{pmatrix}\begin{pmatrix} x \\ y \\ z \end{pmatrix}=\begin{pmatrix} 2 \\ -1 \\ 3 \end{pmatrix} \quad A^{-1}=\frac{1}{54}\begin{pmatrix} 3 & 9 & -3 \\ -2 & -6 & 20 \\ 19 & 3 & -1 \end{pmatrix}$$

그리고 $X=A^{-1}B$ 을 계산하면 해를 얻을 수 있다.

$$\begin{pmatrix} x \\ y \\ z \end{pmatrix}=\frac{1}{54}\begin{pmatrix} 3 & 9 & -3 \\ -2 & -6 & 20 \\ 19 & 3 & -1 \end{pmatrix}\begin{pmatrix} 2 \\ -1 \\ 3 \end{pmatrix}=\frac{1}{54}\begin{pmatrix} -12 \\ 62 \\ 32 \end{pmatrix}$$

예제 2 Cramer(크레머) 공식을 이용하여 다음 연립방정식을 풀어라.

$$\begin{aligned} x_1 - x_2 + \ x_3 &= 0 \\ x_1 + \ x_2 - 2x_3 &= 1 \\ x_1 + 2x_2 + \ x_3 &= 6 \end{aligned}$$

풀이 주어진 문제를 행렬로 나타내고, 계수행렬 A의 행렬식의 값은 다음과 같다.

$$|A|=\begin{vmatrix} 1 & -1 & 1 \\ 1 & 1 & -2 \\ 1 & 2 & 1 \end{vmatrix}=9$$

그리고 크레머 공식 $x_1=\frac{|A_1|}{|A|},\ x_2=\frac{|A_2|}{|A|},\ x_3=\frac{|A_3|}{|A|}$ 을 계산하면 다음과 같다.

$$x_1=\frac{\begin{vmatrix}0&-1&1\\1&1&-2\\6&2&1\end{vmatrix}}{9}=1,\quad x_2=\frac{\begin{vmatrix}1&0&1\\1&1&-2\\1&6&1\end{vmatrix}}{9}=2\quad x_3=\frac{\begin{vmatrix}1&-1&0\\1&1&1\\1&2&6\end{vmatrix}}{9}=1$$

참고 만약에 $Det(A)=0$라면 방정식 $AX=B$은 무수히 많은 해를 가진다. 사실 다음

$$x_1+x_2-x_3=1$$

$$2x_1+3x_2+x_3=6$$

$$4x_1+5x_2-x_3=8$$

은 계수행렬의 행렬식을 계산하면 $|A|=0$이 된다. 실제 풀어보면 해가 무수히 많다.

$$x_1=4x_3-3$$
$$x_2=4-3x_3$$
$$x_3\in \mathrm{R}$$

●●●

연립 1차 방정식 $AX=B$ 에서 B가 영행렬인 다음의 연립방정식을 동차방정식이라 한다.

$$a_{11}x_1+a_{12}x_2+a_{13}x_3=0$$

$$a_{21}x_1+a_{22}x_2+a_{23}x_3=0$$

$$a_{31}x_1+a_{32}x_2+a_{33}x_3=0$$

즉 동차방정식은 $AX=0$을 만족한다.
그리고 동차방정식에

$$x_1=x_2=x_3=0$$

을 대입하면

항상 방정식 $AX=0$의 해

가 된다. 따라서 $x_1=x_2=x_3=0$을 동차방정식 $AX=0$의 자명한 해(trivial solution)하고 한다.

(정리)

동차방정식 $AX=0$이 자명한 해 $x_1=x_2=x_3=0$ 이외에 해를 더 가진다면

$$Det(A)=0$$

이다.

(대우) 동차방정식 $AX=0$의 $Det(A)\neq 0$이면 자명한 해 $x_1=x_2=x_3=0$ 인 유일한 해를 가진다.

동차방정식 $AX=0$은 다음과 같다.

$$x_1-2x_2-3x_3=0$$

$$x_1-4x_2-13x_3=0$$

$$-3x_1+5x_2+4x_3=0$$

이것의 해는 다음과 같이 자명한 해 이외에 무수히 많은 해를 더 가진다.

$$x_1=-7x_3$$
$$x_2=-5x_3$$
$$x_3\in \mathrm{R}$$

따라서 $Det(A)=0$가 된다.

1.2 선형변환

정의역과 공역이 모두 X인 함수를 X의 **변환**이라 하며, 편의상 $X=R$ 또는 R^2인 경우를 여기서 다룬다. 변환 $f:R^2\rightarrow R^2$는 점(x,y)가 점$(x^{'},y^{'})$로 대응하는 것을 벡터로 나타내면 다음과 같다.

$$f:R^2\rightarrow R^2,\ \begin{pmatrix}x\\y\end{pmatrix}\mapsto\begin{pmatrix}x^{'}\\y^{'}\end{pmatrix}$$

그리고, 벡터를 사용하여 $\vec{p}=\begin{pmatrix}x\\y\end{pmatrix}$, $\vec{q}=\begin{pmatrix}x^{'}\\y^{'}\end{pmatrix}$ 일 때, $f(\vec{p})=\vec{q}$로 표시할 수 있다.

●●●

변환 $f:R^2\rightarrow R^2$이 두 벡터 $\vec{p}=\begin{pmatrix}x\\y\end{pmatrix}$, $\vec{p}=\begin{pmatrix}x\\y\end{pmatrix}$ 그리고 상수 c 에 대하여 다음의 두 가지 성질을 만족할 때 **선형변환**(linear transformation)이라고 한다.

1. $f(\vec{p}+\vec{q})=f(\vec{p})+f(\vec{q})$
2. $f(c\vec{p})=cf(\vec{p})$

예제 3 원점을 지나는 일차함수 $f(x)=mx$ 는 선형변환임을 보여라.

풀이 임의 두 실수 x_1과 x_2에 대하여

1. $f(x_1+x_2)=m(x_1+x_2)=mx_1+mx_2=f(x_1)+f(x_2)$
2. $f(ax_1)=m(ax_1)=a(mx_1)=af(x_1)$ (단 a는 실수)

이 성립하므로, 선형변환의 정의로부터 $f(x)$는 R의 선형변환이다.

참고 선형변환 $f:R^2\to R^2$를 생각하자. 그러면 $f(\vec{p}+\vec{q})=f(\vec{p})+f(\vec{q})$이 성립하고, 여기에 $\vec{p}=\vec{q}=\vec{0}$ 를 대입하면 다음이 성립한다.

$$f(\vec{0})=f(\vec{0})+f(\vec{0}) \Leftrightarrow f(\vec{0})=\vec{0}$$

이것은 다음을 의미한다.

모든 선형변환은 원점을 고정한다.

●●●

이제 앞에서 정의한 선형변환을 행렬로 표현해보자.

임의 벡터 $\begin{pmatrix}x\\y\end{pmatrix}$ 는 다음과 같이 표현할 수 있다.

$$\begin{pmatrix}x\\y\end{pmatrix}=x\begin{pmatrix}1\\0\end{pmatrix}+y\begin{pmatrix}0\\1\end{pmatrix}$$

선형변환 $f:R^2\to R^2$ 가 주어지면, 위의 식은 다음과 같이 표현된다.

$$f(\begin{pmatrix}x\\y\end{pmatrix})=x\,f(\begin{pmatrix}1\\0\end{pmatrix})+y\,f(\begin{pmatrix}0\\1\end{pmatrix})$$

만약에 다음을 가정해보자.

$$f(\begin{pmatrix}1\\0\end{pmatrix})=\begin{pmatrix}a\\c\end{pmatrix},\quad f(\begin{pmatrix}0\\1\end{pmatrix})=\begin{pmatrix}b\\d\end{pmatrix}$$

그러면

$$f(\begin{pmatrix}x\\y\end{pmatrix})=x\,f(\begin{pmatrix}1\\0\end{pmatrix})+y\,f(\begin{pmatrix}0\\1\end{pmatrix})=x\begin{pmatrix}a\\c\end{pmatrix}+y\begin{pmatrix}b\\d\end{pmatrix}=\begin{pmatrix}ax+by\\cx+dy\end{pmatrix}=\begin{pmatrix}a&b\\c&d\end{pmatrix}\begin{pmatrix}x\\y\end{pmatrix}$$

이 성립한다. 즉 임의의 선형변환은 다음과 같이 행렬로 표현할 수 있다.

$$f(\begin{pmatrix} x \\ y \end{pmatrix}) = \begin{pmatrix} x' \\ y' \end{pmatrix} \Leftrightarrow \begin{pmatrix} a & b \\ c & d \end{pmatrix}\begin{pmatrix} x \\ y \end{pmatrix} = \begin{pmatrix} x' \\ y' \end{pmatrix}$$

참고 위에서 중요한 것은 선형변환 f 에 대응하는 행렬을 어떻게 알 수 있는가이다. 이것을 알려면 선형변환 f 에 의한 단위 벡터의 상이 무엇인지를 알아야 한다. 즉

$$f(\begin{pmatrix} 1 \\ 0 \end{pmatrix}) = \begin{pmatrix} a \\ c \end{pmatrix} \text{ 와 } f(\begin{pmatrix} 0 \\ 1 \end{pmatrix}) = \begin{pmatrix} b \\ d \end{pmatrix}$$

의 대응 관계를 잘 알아야 한다. 이렇게 얻어진

$$\text{행렬 } A = \begin{pmatrix} a & b \\ c & d \end{pmatrix}$$

를 선형변환 f의 행렬표현이라 한다.

대표적인 선형변환의 3가지의 예는 다음과 같다.

1. 닮음변환 : $\begin{pmatrix} k & 0 \\ 0 & k \end{pmatrix}$
2. 회전변환 : $\begin{pmatrix} \cos\theta & -\sin\theta \\ \sin\theta & \cos\theta \end{pmatrix}$
3. 대칭변환 : $\begin{pmatrix} \cos 2\theta & \sin 2\theta \\ \sin 2\theta & -\cos 2\theta \end{pmatrix}$, 여기서 기울기가 $m = \tan\theta$인 직선 $y = mx$에 대한 대칭변환이다.

(정리)

선형변환 f이 1-1 대응이고, 여기에 대응하는 행렬표현을 A라 하자.

(1) $Det(A) \neq 0$일 때 f는 직선을 직선으로 옮긴다.

(2) $Det(A) = 0$일 때 f는 직선을 원점을 지나는 직선 또는 한 점으로 옮긴다.

1.3 고윳값과 고유벡터

정사각행렬 $A = \begin{pmatrix} a_{11} & a_{12} \\ a_{21} & a_{22} \end{pmatrix}$와 단위행렬 $I = \begin{pmatrix} 1 & 0 \\ 0 & 1 \end{pmatrix}$에 대하여

$$Ax = \lambda x \Leftrightarrow Ax - \lambda x = 0 \Leftrightarrow (A - \lambda I)x = 0 \Leftrightarrow \begin{pmatrix} a_{11} - \lambda & a_{12} \\ a_{21} & a_{22} - \lambda \end{pmatrix} x = 0 \quad (*)$$

을 만족할 때

1. 실수 λ를 행렬 A의 **고윳값**이라 하고,
2. 고윳값 λ에 대응하는 비자명한 해 x (벡터)를 행렬 A의 **고유벡터**라 한다.

●●●

식(*)은 동차방정식이므로, 이것이 비자명한 해를 가지려면 동차방정식의 계수행렬의 행렬식이 0이 되어야 한다. 즉 다음이 성립할 때 식(*)의 비자명한 해 x 가 존재한다.

$$Det(A-\lambda I)=0 \Leftrightarrow \begin{vmatrix} a_{11}-\lambda & a_{12} \\ a_{21} & a_{22}-\lambda \end{vmatrix}=0 \quad (**)$$

식(**)을 행렬 A의 **특성방정식**이라 하며, 이것을 풀어서 계산하면 다음과 같다.

$$\lambda^2-(a_{11}+a_{22})\lambda+(a_{11}a_{22}-a_{21}a_{21})=0 \quad (***)$$

따라서 식(*)의 고윳값과 고유벡터 λ, x 를 구하기 위하여 다음의 절차를 따른다.

(1) 식(**) 또는 식(***) 즉 특성방정식의 해(고윳값)를 구한다.

(2) 특성방정식으로 얻어진 고윳값을 식(*)에 대입하여 동차방정식의 비자명한 해(고유벡터)를 구한다.

예제 4 행렬 $A=\begin{pmatrix} 1 & 2 & -1 \\ 1 & 0 & 1 \\ 4 & -4 & 5 \end{pmatrix}$의 고윳값과 고유벡터를 구하시오.

풀이 고윳값은 다음으로부터 얻어진다.

$$Det(A-\lambda I)=\begin{vmatrix} 1-\lambda & 2 & -1 \\ 1 & -\lambda & 1 \\ 4 & -4 & 5-\lambda \end{vmatrix}=(1-\lambda)(2-\lambda)(3-\lambda)=0$$

$$\therefore \lambda_1=1,\ \lambda_2=2,\ \lambda_3=3$$

이제 각각의 고윳값에 대한 고유벡터를 구하자. 그리고 $x=\begin{pmatrix} a_1 \\ a_2 \\ a_3 \end{pmatrix}$라 두자.

(1) 고윳값 $\lambda_1=1$ 일 때 3×3행렬에 대한 식(*) $(A-\lambda I)x=0$을 사용하면

$$\begin{pmatrix} 0 & 2 & -1 \\ 1 & -1 & 1 \\ 4 & -4 & 4 \end{pmatrix}\begin{pmatrix} a_1 \\ a_2 \\ a_3 \end{pmatrix}=\begin{pmatrix} 0 \\ 0 \\ 0 \end{pmatrix}$$

$$\begin{cases} 2a_2-a_3=0 \\ a_1-a_2+a_3=0 \end{cases}$$

$$a_2=t,\ a_3=2t,\ a_1=-t$$

$$x=\begin{pmatrix} a_1 \\ a_2 \\ a_3 \end{pmatrix}=t\begin{pmatrix} -1 \\ 1 \\ 2 \end{pmatrix}$$

따라서 고윳값 $\lambda_1 = 1$ 일 때 고유벡터는 $\begin{pmatrix} -1 \\ 1 \\ 2 \end{pmatrix}$ 이다.

(2) 고윳값 $\lambda_2 = 2$ 일 때 3×3행렬에 대한 식(*) $(A-\lambda I)x = 0$을 사용하면

$$\begin{pmatrix} -1 & 2 & -1 \\ 1 & -2 & 1 \\ 4 & -4 & 3 \end{pmatrix}\begin{pmatrix} a_1 \\ a_2 \\ a_3 \end{pmatrix} = \begin{pmatrix} 0 \\ 0 \\ 0 \end{pmatrix}$$

$$\begin{cases} a_1 - 2a_2 + a_3 = 0 \\ 4a_1 - 4a_2 + 3a_3 = 0 \end{cases}$$

$$a_2 = t,\ a_3 = 4t,\ a_1 = -2t$$

$$x = \begin{pmatrix} a_1 \\ a_2 \\ a_3 \end{pmatrix} = t\begin{pmatrix} -2 \\ 1 \\ 4 \end{pmatrix}$$

따라서 고윳값 $\lambda_2 = 2$일 때 고유벡터는 $\begin{pmatrix} -2 \\ 1 \\ 4 \end{pmatrix}$ 이다.

(3) 고윳값 $\lambda_3 = 3$일 때 3×3행렬에 대한 식(*) $(A-\lambda I)x = 0$을 사용하면

$$\begin{pmatrix} -2 & 2 & -1 \\ 1 & -3 & 1 \\ 4 & -4 & 2 \end{pmatrix}\begin{pmatrix} a_1 \\ a_2 \\ a_3 \end{pmatrix} = \begin{pmatrix} 0 \\ 0 \\ 0 \end{pmatrix}$$

$$\begin{cases} 2a_1 - 2a_2 + a_3 = 0 \\ a_1 - 3a_2 + a_3 = 0 \end{cases}$$

$$a_2 = t,\ a_3 = 4t,\ a_1 = -t$$

$$x = \begin{pmatrix} a_1 \\ a_2 \\ a_3 \end{pmatrix} = t\begin{pmatrix} -1 \\ 1 \\ 4 \end{pmatrix}$$

따라서 고윳값 $\lambda_3 = 3$ 일 때 고유벡터는 $\begin{pmatrix} -1 \\ 1 \\ 4 \end{pmatrix}$ 이다.

1.4 행렬의 대각화

정방행렬에서 대각 부분의 성분을 제외한 모든 성분이 0인 행렬을 **대각행렬**이라 한다.

$$\begin{pmatrix} d_{11} & 0 & \cdots & 0 \\ 0 & d_{22} & 0 & 0 \\ 0 & 0 & \ddots & 0 \\ 0 & \cdots & 0 & d_{nn} \end{pmatrix}$$

A 를 정방행렬, D 를 대각행렬, P 를 가역행렬(역행렬이 존재하는 행렬)이라 할 때 이들의 관계가 다음식을 만족할 때 행렬 A 는 **대각화가능**이라 하고, P 는 A 를 **대각화** 한다고 한다.

$$P^{-1}AP = D \quad \text{또는} \quad A = PDP^{-1}$$

대각화판별

주어진 $n \times n$정방행렬 A를 $P^{-1}AP = D$로 대각화 하려면 가역행렬 P를 잘 알아야 한다. 사실, 행렬 A가 n개의 서로 다른 고유벡터를 갖는다면, 이 고유벡터들로 이루어진 가역행렬 P는 행렬 A를 대각화 할 수 있다.

※(수학적 표현) n개의 서로 다른 고유벡터란 n개의 1차 독립인 고유벡터를 의미한다.

●●●

A를 $n \times n$ 정방행렬이라 하고, A의 n개의 서로 다른 고윳값이 존재하며 이것을

$$\lambda_1, \lambda_2, \cdots, \lambda_n$$

라 하자. 그리고 각각의 고윳값에 대응하는 고유벡터를

$$v_1, v_2, \cdots, v_n$$

라 하자. 즉 다음과 같이 두자.

$$v_1 = \begin{pmatrix} d_{11} \\ d_{21} \\ \vdots \\ d_{n1} \end{pmatrix}, \quad v_2 = \begin{pmatrix} d_{12} \\ d_{22} \\ \vdots \\ d_{n2} \end{pmatrix}, \quad \cdots \quad, \quad v_n = \begin{pmatrix} d_{1n} \\ d_{2n} \\ \vdots \\ d_{nn} \end{pmatrix}$$

그러면 고유벡터들로 이루어진 행렬 P 와 고윳값들로 이루어진 행렬 D , 즉

$$P = \begin{pmatrix} d_{11} & d_{12} & \cdots & d_{1n} \\ d_{21} & d_{22} & \cdots & d_{2n} \\ \vdots & \vdots & \ddots & \vdots \\ d_{n1} & d_{n2} & \cdots & d_{nn} \end{pmatrix}, D = \begin{pmatrix} \lambda_1 & 0 & \cdots & 0 \\ 0 & \lambda_2 & 0 & 0 \\ 0 & 0 & \ddots & 0 \\ 0 & \cdots & 0 & \lambda_n \end{pmatrix}$$

는 다음의 관계를 만족한다.

$$P^{-1}AP = D \Leftrightarrow A = PDP^{-1}$$

예제 5 행렬 $A = \begin{pmatrix} 3 & 1 \\ 1 & 3 \end{pmatrix}$을 대각화하는 행렬 P 를 구하시오.

풀이

$$Det(A-\lambda I)=\begin{vmatrix}3-\lambda & 1\\ 1 & 3-\lambda\end{vmatrix}=\lambda^2-6\lambda+8=(\lambda-4)(\lambda-2)=0$$

따라서 A의 고윳값은 $\lambda_1=4,\ \lambda_2=2$ 이다.

이제 고유벡터를 구하기 위해서 $x=\begin{pmatrix}a_1\\a_2\end{pmatrix}$라 두자.

(1) $\lambda_1=4$일 때

$$\begin{pmatrix}3-\lambda_1 & 1\\ 1 & 3-\lambda_1\end{pmatrix}x=0 \Rightarrow \begin{pmatrix}3-\lambda_1 & 1\\ 1 & 3-\lambda_1\end{pmatrix}\begin{pmatrix}a_1\\a_2\end{pmatrix}=0 \Rightarrow \begin{pmatrix}-1 & 1\\ 1 & -1\end{pmatrix}\begin{pmatrix}a_1\\a_2\end{pmatrix}=0$$

$$\begin{cases}-a_1+a_2=0\\ a_1-a_2=0\end{cases}$$

$$a_1=t,\ a_2=t$$

$$x=\begin{pmatrix}a_1\\a_2\end{pmatrix}=t\begin{pmatrix}1\\1\end{pmatrix}$$

따라서 고윳값 $\lambda_1=4$일 때 고유벡터는 $v_1=\begin{pmatrix}1\\1\end{pmatrix}$이다.

(1) $\lambda_2=2$일 때

$$\begin{pmatrix}3-\lambda_2 & 1\\ 1 & 3-\lambda_2\end{pmatrix}x=0 \Rightarrow \begin{pmatrix}3-\lambda_2 & 1\\ 1 & 3-\lambda_2\end{pmatrix}\begin{pmatrix}a_1\\a_2\end{pmatrix}=0 \Rightarrow \begin{pmatrix}1 & 1\\ 1 & 1\end{pmatrix}\begin{pmatrix}a_1\\a_2\end{pmatrix}=0$$

$$\begin{cases}a_1+a_2=0\\ a_1+a_2=0\end{cases}$$

$$a_2=t,\ a_1=-t$$

$$x=\begin{pmatrix}a_1\\a_2\end{pmatrix}=t\begin{pmatrix}-1\\1\end{pmatrix}$$

따라서 고윳값 $\lambda_2=2$일 때 고유벡터는 $v_2=\begin{pmatrix}-1\\1\end{pmatrix}$이다.

행렬 A가 서로 다른 2개의 고유벡터를 가지므로 대각화 가능하다.
그리고 행렬 P 는 다음과 같다.

$$P=(v_1\ v_2)=\begin{pmatrix}1 & -1\\ 1 & 1\end{pmatrix}$$

실제로 대각화를 해보면 다음과 같다.

$$P^{-1}A\ P=\begin{pmatrix}\frac{1}{2} & \frac{1}{2}\\ -\frac{1}{2} & \frac{1}{2}\end{pmatrix}\begin{pmatrix}3 & 1\\ 1 & 3\end{pmatrix}\begin{pmatrix}1 & -1\\ 1 & 1\end{pmatrix}=\begin{pmatrix}4 & 0\\ 0 & 2\end{pmatrix}$$

실제로 위에서 대각화의 성분들은 고윳값들로 이루어짐을 알 수 있다.

$$D = \begin{pmatrix} \lambda_1 & 0 \\ 0 & \lambda_2 \end{pmatrix} = \begin{pmatrix} 4 & 0 \\ 0 & 2 \end{pmatrix}$$

예제 6 행렬 $A = \begin{pmatrix} -3 & 2 \\ -2 & 1 \end{pmatrix}$을 대각화하는 행렬 P 를 구하시오.

풀이

$$Det(A - \lambda I) = \begin{vmatrix} -3-\lambda & 2 \\ -2 & 1-\lambda \end{vmatrix} = (\lambda+1)^2 = 0$$

따라서 A의 고윳값은 $\lambda = -1$ 이고, 대응하는 고유벡터는 $v_1 = \begin{pmatrix} 1 \\ 1 \end{pmatrix}$ 하나이다.

행렬 A는 2개의 서로 다른 고유벡터를 가지지 못한다. 따라서 행렬 A는 대각화 할 수 없다.

[주의] 만약에 3×3행렬 A에 대하여 $Det(A - \lambda I) = \lambda(\lambda - a)^2 = 0$라 하자. 그러면 고윳값은

$$\lambda_1 = 0, \quad \lambda_2 = a$$

로 2개가 존재한다. 하지만 대응하는 고유벡터는 2개가 아니라 3개가 될 수도 있으며, 고유벡터가 3개이면 물론 대각화도 가능하다.

예제 7 행렬 $A = \begin{pmatrix} 1 & 2 & -1 \\ 1 & 0 & 1 \\ 4 & -4 & 5 \end{pmatrix}$는 대각화 가능한지를 판별하시오.

풀이 앞에서 풀이한 예제 4번의 결과를 가져오면 다음과 같다.

$$\lambda_1 = 1, \lambda_2 = 2, \lambda_3 = 3 \Rightarrow v_1 = \begin{pmatrix} -1 \\ 1 \\ 2 \end{pmatrix}, v_2 = \begin{pmatrix} -2 \\ 1 \\ 4 \end{pmatrix}, v_3 = \begin{pmatrix} -1 \\ 1 \\ 4 \end{pmatrix}$$

행렬 A는 서로 다른 3개의 고유벡터를 가지기 때문에 다음과 같이 대각화 가능하다.

$$P^{-1}AP = \begin{pmatrix} -1 & -2 & -1 \\ 1 & 1 & 1 \\ 2 & 4 & 4 \end{pmatrix}^{-1} \begin{pmatrix} 1 & 2 & -1 \\ 1 & 0 & 1 \\ 4 & -4 & 5 \end{pmatrix} \begin{pmatrix} -1 & -2 & -1 \\ 1 & 1 & 1 \\ 2 & 4 & 4 \end{pmatrix} = \begin{pmatrix} 1 & 0 & 0 \\ 0 & 2 & 0 \\ 0 & 0 & 3 \end{pmatrix}$$

●●●

행렬 A가 대각화 가능하다면, 다음을 만족하는 가역행렬 P와 대각행렬 D가 존재한다.

$$A = PDP^{-1}$$

그리고

$$A^2 = (PDP^{-1})(PDP^{-1}) = PD^2P^{-1}$$

$$A^3 = (PDP^{-1})(PDP^{-1})(PDP^{-1}) = PD^3P^{-1}$$

계속하면

$$A^n = (PDP^{-1})(PDP^{-1})\cdots(PDP^{-1}) = PD^nP^{-1}$$

이 성립하며, 이것을 정리하면 다음과 같다.

> **(정리)**
>
> 대각화 가능한 행렬 A에 대하여 다음이 성립한다.
>
> $$A^n = PD^nP^{-1}$$

예제 8 행렬 $A = \begin{pmatrix} 3 & 1 \\ 1 & 3 \end{pmatrix}$일 때, A^n을 구하시오.

풀이 앞의 예제 5번의 결과에서 다음을 얻는다.

$$P^{-1}AP = \begin{pmatrix} \frac{1}{2} & \frac{1}{2} \\ -\frac{1}{2} & \frac{1}{2} \end{pmatrix} \begin{pmatrix} 3 & 1 \\ 1 & 3 \end{pmatrix} \begin{pmatrix} 1 & -1 \\ 1 & 1 \end{pmatrix} = \begin{pmatrix} 4 & 0 \\ 0 & 2 \end{pmatrix}$$

이것을 역행렬의 성질을 이용하여 행렬 A에 대하여 정리하면 다음을 얻는다.

$$A = \begin{pmatrix} 1 & -1 \\ 1 & 1 \end{pmatrix} \begin{pmatrix} 4 & 0 \\ 0 & 2 \end{pmatrix} \begin{pmatrix} \frac{1}{2} & \frac{1}{2} \\ -\frac{1}{2} & \frac{1}{2} \end{pmatrix}$$

따라서

$$A^n = \begin{pmatrix} 1 & -1 \\ 1 & 1 \end{pmatrix} \begin{pmatrix} 4 & 0 \\ 0 & 2 \end{pmatrix}^n \begin{pmatrix} \frac{1}{2} & \frac{1}{2} \\ -\frac{1}{2} & \frac{1}{2} \end{pmatrix} = \begin{pmatrix} 1 & -1 \\ 1 & 1 \end{pmatrix} \begin{pmatrix} 4^n & 0 \\ 0 & 2^n \end{pmatrix} \begin{pmatrix} \frac{1}{2} & \frac{1}{2} \\ -\frac{1}{2} & \frac{1}{2} \end{pmatrix}$$

이 성립한다.

1.5 행렬의 LU 분해

n차 정방행렬에서 주 대각선의 위로 또는 아래로 모두 0인 행렬을 하삼각행렬(L, Lower triangular matrix) 또는 상삼각행렬(U, Upper triangular matrix)이라고 하며, 그것의 행렬식은 주 대각선 원소들을 모두 곱한 값이다.

$$L=\begin{pmatrix} l_{11} & 0 & \cdots & 0 \\ l_{21} & l_{22} & 0 & 0 \\ \vdots & \vdots & \ddots & \vdots \\ l_{n1} & l_{n2} & \cdots & l_{nn} \end{pmatrix} \quad U=\begin{pmatrix} u_{11} & u_{12} & \cdots & u_{1n} \\ 0 & u_{22} & \cdots & u_{2n} \\ \vdots & \vdots & \ddots & \vdots \\ 0 & 0 & \cdots & u_{nn} \end{pmatrix}$$

$$Det(\text{하삼각행렬}) = l_{11}\, l_{22} \cdots\ l_{nn}$$

$$Det(\text{상삼각행렬}) = u_{11}\, u_{22} \cdots\ u_{nn}$$

그리고 가역인 정방행렬 A를

$$A = LU$$

형태로 고치는 것을 LU 분해 (LU decomposition)라 한다.

●●●

연립 1차 방정식

$$a_{11}x_1 + a_{12}x_2 + a_{13}x_3 = b_1$$

$$a_{21}x_1 + a_{22}x_2 + a_{23}x_3 = b_2$$

$$a_{31}x_1 + a_{32}x_2 + a_{33}x_3 = b_3$$

에서 계수와 상수항으로 만들어진 행렬

$$\begin{pmatrix} a_{11} & a_{12} & a_{13} & b_1 \\ a_{21} & a_{22} & a_{23} & b_2 \\ a_{31} & a_{32} & a_{33} & b_3 \end{pmatrix}$$

을 연립 1차 방정식의 **확대행렬**(argmented matrix)이라고 한다.

●●●

이제 연립 1차 방정식의 해를 확대행렬을 이용하여 구하는 방법에 대하여 알아보자. 다음 간단한 연립방정식의 풀이 과정을 확대행렬의 관점에서 살펴본다.

$$\begin{cases} 3x+7y=2 & (\text{식}1) \\ 2x+5y=-1 & (\text{식}2) \end{cases} \qquad \begin{pmatrix} 3 & 7 & 2 \\ 2 & 5 & -1 \end{pmatrix}$$: 주어진 연립방정식의 확대행렬

(식1) ×2, (식2)×3 : (식1)에 2을 곱하고, (식2)에 3을 곱한다.

$$\begin{cases} 6x+14y=4 & (\text{식}3) \\ 6x+15y=-3 & (\text{식}4) \end{cases} \qquad \begin{pmatrix} 6 & 14 & 4 \\ 6 & 15 & -3 \end{pmatrix}$$

(식3)×(-1) + (식4) : (식3)에-1을 곱해서 (식4)에 더해준다.

$$\begin{cases} 6x+14y=4 & (\text{식}5) \\ 0x+\ 1y=-7 & (\text{식}6) \end{cases} \qquad \begin{pmatrix} 6 & 14 & 4 \\ 0 & 1 & -7 \end{pmatrix}$$

(식6)×(-14) + (식5) : (식6)에 -14을 곱해서 (식5)에 더해준다.

$$\begin{cases} 6x+0y=102\ (\text{식}7) \\ 0x+1y=-7\ \ (\text{식}8) \end{cases} \qquad \begin{pmatrix} 6 & 0 & 102 \\ 0 & 1 & -7 \end{pmatrix}$$

(식7)× $\frac{1}{6}$: (식7)에 1/6을 곱한다.

$$\begin{cases} 1x+0y=17 \\ 0x+1y=-7 \end{cases} \qquad \begin{pmatrix} 1 & 0 & 17 \\ 0 & 1 & -7 \end{pmatrix}$$

따라서 주어진 연립 1차 방정식의 해는 $x=17,\ \ y=-7$ 이다.

연립방정식의 해를 구하는 과정에서 사용된 공통적인 조작은 다음과 같고, 이를 **기본 행 연산**이라 한다.

기본 행 연산 법칙

(1) 한 행에 0이 아닌 상수를 곱한다.

(2) 행렬의 두 행을 바꾼다.

(3) 한 행에 상수를 곱하여 다른 행에 더한다.

연립방정식에 기본 행 연산 (1) ~ (3)을 반복적용하여 연립방정식을 해를 구하는 과정을 **가우스 소거법**(Gaussian elimination)이라 한다.

●●●

이제 가우스 소거법을 통하여 주어진 행렬을 LU 분해하는 방법에 대하여 알아보자.

행렬 $A=\begin{pmatrix} 3 & -6 \\ 5 & -8 \end{pmatrix}$에 대하여 다음과 같이 생각하자.

$$\begin{pmatrix} 1 & 0 \\ 0 & 1 \end{pmatrix} A = \begin{pmatrix} 3 & -6 \\ 5 & -8 \end{pmatrix}$$

행렬 A의 2행1열의 성분을 기본행렬을 통하여 0으로 만드는 것부터 시작하자.

좌측 단위행렬과 우측 A 행렬에 대하여 다음의 기본행렬을 차례로 적용 해주면

1행×(-5),2행×(3),1행+2행,1행×(-1/15)

$$\Rightarrow \begin{pmatrix} \frac{1}{3} & 0 \\ -5 & 3 \end{pmatrix} A = \begin{pmatrix} 1 & -2 \\ 0 & 6 \end{pmatrix}$$

이 된다. 좌측의 행렬을 역행렬을 이용하여 오른쪽으로 넘기면

$$A = \begin{pmatrix} 3 & 0 \\ 5 & \frac{1}{3} \end{pmatrix} \begin{pmatrix} 1 & -2 \\ 0 & 6 \end{pmatrix}$$

이 되고, 이것은 행렬A의 LU 분해이다.

●●●

가우스 소거법 없이 주어진 행렬을 LU 분해하는 공식을 소개한다.

여기서 $n=4$인 정방행렬 A에 대하여 LU 분해하는 공식을 설명한다.

$$A = \begin{pmatrix} a_{11} & a_{12} & a_{13} & a_{14} \\ a_{21} & a_{22} & a_{23} & a_{24} \\ a_{31} & a_{32} & a_{33} & a_{34} \\ a_{41} & a_{42} & a_{43} & a_{44} \end{pmatrix} \quad L = \begin{pmatrix} l_{11} & 0 & 0 & 0 \\ l_{21} & l_{22} & 0 & 0 \\ l_{31} & l_{32} & l_{33} & 0 \\ l_{41} & l_{42} & l_{43} & l_{44} \end{pmatrix} \quad U = \begin{pmatrix} 1 & u_{12} & u_{13} & u_{14} \\ 0 & 1 & u_{23} & u_{24} \\ 0 & 0 & 1 & u_{34} \\ 0 & 0 & 0 & 1 \end{pmatrix}$$

위 3개의 행렬이 $A=LU$을 만족하기 위한 LU 각각의 성분의 값은 다음과 같다.

$$l_{11} = a_{11} \quad u_{12} = \frac{a_{12}}{l_{11}} \quad u_{13} = \frac{a_{13}}{l_{11}}$$

$$l_{21} = a_{21} \quad l_{22} = a_{22} - (l_{21})(u_{12}) \quad u_{23} = \frac{1}{l_{22}}(a_{23} - (l_{21})(u_{13}))$$

$$l_{31} = a_{31} \quad l_{32} = a_{32} - (l_{31})(u_{12}) \quad l_{33} = a_{33} - (l_{31}\ l_{32})(u_{13}\ u_{23})$$

$$l_{41} = a_{41} \quad l_{42} = a_{42} - (l_{41})(u_{12}) \quad l_{43} = a_{43} - (l_{41}\ l_{42})(u_{13}\ u_{23})$$

$$u_{14} = \frac{a_{14}}{l_{11}}$$

$$u_{24} = \frac{1}{l_{22}}(a_{24} - (l_{21})(u_{14}))$$

$$u_{34} = \frac{1}{l_{33}}(a_{34} - (l_{31}\ l_{32})(u_{14}\ u_{24}))$$

$$l_{44} = a_{44} - (l_{41}\ l_{42}\ l_{43})(u_{14}\ u_{24}\ u_{34})$$

참고로 일반적인 $n \times n$ 행렬에 대한 LU 분해 공식은 아래를 참고 바란다.

(정리) LU 분해 공식

(1) $l_{ij} = a_{ij} - \sum_{k=1}^{j-1} l_{ik}\, u_{kj} \quad (j \le i,\ i = 1,2,3,\cdots,n,\ l_{i1} = a_{i1})$

(2) $u_{ij} = \frac{1}{l_{ii}}\left(a_{ij} - \sum_{k=1}^{i-1} l_{ik}\, u_{kj}\right) \quad (i \le j,\ j = 2,3,\cdots,n)$

예제 9 다음 행렬의 LU 분해를 구하시오.

$$A = \begin{pmatrix} -1 & 1 & -4 \\ 2 & 2 & 0 \\ 3 & 3 & 2 \end{pmatrix}$$

풀이

$$L = \begin{pmatrix} l_{11} & 0 & 0 \\ l_{21} & l_{22} & 0 \\ l_{31} & l_{32} & l_{33} \end{pmatrix} \quad U = \begin{pmatrix} 1 & u_{12} & u_{13} \\ 0 & 1 & u_{23} \\ 0 & 0 & 1 \end{pmatrix}$$

이 $A = LU$ 를 만족하는 성분은 다음과 같다.

$l_{11} = a_{11} = -1 \quad u_{12} = \frac{a_{12}}{l_{11}} = -1 \quad u_{13} = \frac{a_{13}}{l_{11}} = 4$

$l_{21} = a_{21} = 2 \quad l_{22} = a_{22} - (l_{21})(u_{12}) = 2 - 2(-1) = 4$

$u_{23} = \frac{1}{l_{22}}(a_{23} - (l_{21})(u_{13})) = \frac{1}{4}(-8) = -2$

$l_{31} = a_{31} = 3 \quad l_{32} = a_{32} - (l_{31})(u_{12}) = 6$

$l_{33} = a_{33} - (l_{31}\ \ l_{32})(u_{13}\ \ u_{23}) = 2 - (3\ \ 6)(4\ \ -2) = 2 - (12 - 12) = 2$

따라서 행렬 A의 LU 분해는 다음과 같다.

$$A = \begin{pmatrix} -1 & 1 & -4 \\ 2 & 2 & 0 \\ 3 & 3 & 2 \end{pmatrix} = \begin{pmatrix} -1 & 0 & 0 \\ 2 & 4 & 0 \\ 3 & 6 & 2 \end{pmatrix}\begin{pmatrix} 1 & -1 & 4 \\ 0 & 1 & -2 \\ 0 & 0 & 1 \end{pmatrix}$$

나눔문제

예제 1. 행렬을 이용하여 다음 연립방정식의 해를 구하시오.

$$\begin{cases} x_2 + 4x_3 = 2 \\ x_1 + 2x_2 + 3x_3 = -3 \\ 5x_1 + 6x_2 = 5 \end{cases}$$

예제 2. 다음 선형 연립방정식을 행렬을 이용하여 구하시오.

$$\begin{cases} 2x_1 - 3x_2 = 1 \\ 4x_1 - 6x_2 = 2 \end{cases}$$

예제 3. 다음의 동차방정식이 $x_1 = x_2 = 0$ 이외의 근을 가질 때 실수 k의 값을 구하시오.

$$\begin{pmatrix} k-3 & 6 \\ 1 & k-2 \end{pmatrix}\begin{pmatrix} x_1 \\ x_2 \end{pmatrix} = \begin{pmatrix} 0 \\ 0 \end{pmatrix}$$

예제 4. 다음 연립방정식을 가우스 소거법으로 해를 구하시오.

$$\begin{cases} x_1 - x_2 + 2x_3 + x_4 = 2 \\ 5x_1 + 8x_2 + 6x_3 + 3x_4 = 10 \\ 4x_1 + 2x_2 + 5x_3 + 3x_4 = 3 \\ 3x_1 + 2x_2 + x_3 + 4x_4 = 1 \end{cases}$$

예제 5. 일차변환 $T : R^2 \to R^2$ 에 의해 두 점 $(1, -1)$, $(2, 0)$ $\to$ $(2,3)$, $(6,10)$로 각각 변환될 때 변환행렬을 구하고, 점 $(1, 1)$의 변화되는 좌표를 구하시오.

예제 6. 다음의 점을 원점 O를 중심으로 주어진 각 θ 만큼 회전시킨 점의 좌표를 구하시오.

(1) $P(3, 4)$, $\theta = \dfrac{\pi}{3}$

(2) $P(1, -5)$, $\theta = \dfrac{\pi}{4}$

▶▶2. 주성분 분석(PCA, Principal Component Analysis)

다음은 $m \times n$ 행렬

$$A = \begin{pmatrix} a_{11} & a_{12} & \cdots & a_{1n} \\ a_{21} & a_{22} & \cdots & a_{2n} \\ \vdots & \vdots & \ddots & \vdots \\ a_{m1} & a_{m2} & \cdots & a_{mn} \end{pmatrix}$$

이고, 이것의 행벡터(row vectors)와 열벡터(column vectors)는 다음과 같다.

$$\text{행벡터}\begin{cases} r_1 = (a_{11}, a_{12}, \cdots, a_{1n}) \\ r_2 = (a_{21}, a_{22}, \cdots, a_{2n}) \\ \vdots \qquad\qquad \vdots \\ r_m = (a_{m1}, a_{m2}, \cdots, a_{mn}) \end{cases}$$

$$\text{열벡터}\left\{ c_1 = \begin{pmatrix} a_{11} \\ a_{21} \\ \vdots \\ a_{m1} \end{pmatrix}, c_2 = \begin{pmatrix} a_{12} \\ a_{22} \\ \vdots \\ a_{m2} \end{pmatrix}, \cdots, c_n = \begin{pmatrix} a_{1n} \\ a_{2n} \\ \vdots \\ a_{mn} \end{pmatrix} \right.$$

●●●

A가 $n \times n$ 정방행렬이고, 다음을 만족할 때 **대칭행렬**이라 한다.

$$A^T = A$$

그리고, 정방행렬 A가 다음을 만족할 때 **직교행렬**이라 한다.

$$A^{-1} = A^T$$

대칭행렬 A의 서로 다른 고윳값에 대한 고유벡터들은 서로 직교한다.
대칭행렬 A의 단위 고유벡터를 열벡터로 가지는 행렬은 직교행렬이다.

예제 10 대칭행렬 $A = \begin{pmatrix} 3 & 1 \\ 1 & 3 \end{pmatrix}$의 직교하는 고유벡터와 직교행렬을 구하시오.

풀이 $Det(A - \lambda I) = (\lambda - 4)(\lambda - 2) = 0$이므로 고윳값은

$$\lambda_1 = 4, \ \lambda_2 = 2$$

이다. 그리고 각각의 고유벡터는

$$v_1 = \begin{pmatrix} 1 \\ 1 \end{pmatrix}, \ v_2 = \begin{pmatrix} 1 \\ -1 \end{pmatrix}$$

이다. 따라서

$$v_1 \cdot v_2 = 0$$

이므로 두 고유벡터는 서로 직교한다. 다음 단위 고유벡터를 구하자.

$$u_1 = \frac{v_1}{|v_1|} = \frac{1}{\sqrt{2}}\begin{pmatrix}1\\1\end{pmatrix}, \quad u_2 = \frac{v_2}{|v_2|} = \frac{1}{\sqrt{2}}\begin{pmatrix}1\\-1\end{pmatrix}$$

은 단위 고유벡터이며, 이것을 열벡터로 하는

$$B = \begin{pmatrix} \frac{1}{\sqrt{2}} & \frac{1}{\sqrt{2}} \\ \frac{1}{\sqrt{2}} & -\frac{1}{\sqrt{2}} \end{pmatrix}$$

는

$$B^{-1} = B^T$$

을 만족하므로, B는 직교행렬이다.

참고 임의의 $m \times n$ $(m \geq n)$ 행렬 X에 대하여, X^TX는 $n \times n$ 행렬이고 대칭행렬이다.

2.1 주성분 분석의 이해

차원의 축소와 변수추출 기법으로 많이 사용되는 주성분 분석(Principal Component Analysis, PCA)에 대하여 알아보자. 많은 변수가 있을 때, 이 변수들을 조합해 새로운 변수를 만드는 기법으로, 많은 변수의 자료를 보다 적은 변수의 자료로 요약하여 자료를 명확하게 통계적으로 처리하는 데 도움을 준다. 예를 들어, 10개의 변수를 정리해서 2개의 변수로 표현할 수 있다면 자료를 더욱 명쾌하게 설명할 수 있을 것이다.

●●●

(주성분 분석의 이해)

다음의 표는 4개의 변수와 7개의 관측지(데이터 수)로 이루어진 7×4 행렬 자료이다.

번호	신장(x_1)	앉은키(x_2)	체중(x_3)	가슴둘레(x_4)
1	145.9	78.2	39.7	56.2
2	154.4	81.2	42.0	60.5
3	157.8	84.0	45.0	61.0

4	153.1	84.4	51.2	64.7
5	161.3	86.1	46.3	61.2
6	156.7	85.8	57.7	67.4
7	170.0	89.8	56.5	65.5

위 자료에 대한 주성분 분석하는 과정은 다음과 같다.

1. 4개의 변수를

신장(x_1), 앉은키(x_2), 체중(x_3), 가슴둘레(x_4)

라고 하면, 7×4행렬을 4개의 열벡터로 생각할 수 있다, 즉 이것을

$$\text{행벡터 } X = (\, x_1,\ x_2,\ x_3,\ x_4 \,)$$

로 생각하자. 사실 벡터 X는 7×4 크기의 행렬이다.

2. 위 4개의 변수에 가중치 a, b, c, d 를 주자, 즉

$$\text{열벡터 } Y = \begin{pmatrix} a \\ b \\ c \\ d \end{pmatrix}$$

로 생각하자.

3. 그러면 4개의 변수 각각에 가중치를 부여한 결과 Z 는

$$Z = Y^T X^T = a x_1 + b x_2 + c x_3 + d x_4$$

이다. 여기서 얻어진 벡터 Z 의 의미는 벡터 X 를 Y 라는 새로운 축에 사영(projection)시킨 결과이다.

4. 원래의 데이터 행렬X 의 분산을 최대한 보존해야 하므로, Z 의 분산을 최대화해야 한다. 이를 위한 Y 는 무수히 많을 수 있고, 그리고 Y 값을 무작정 키우기만 해도 Z의 분산을 높일 수 있으므로 다음의 제약식이 필요하다.

$$Y^T Y = a^2 + b^2 + c^2 + d^2 = 1$$

5. $Z = Y^T X^T = a x_1 + b x_2 + c x_3 + d x_4$의 분산이 최대가 되도록

$$Y = \begin{pmatrix} a \\ b \\ c \\ d \end{pmatrix}$$

을 구해서 원래의 자료를 분석하는 것이 **주성분 분석**이다.

만약, 분산이 최대가 되는 값이

$$Z = 0.382\,x_1 + 0.277\,x_2 + 0.784\,x_3 + 0.402\,x_4$$

이라면, 즉

$$Y = \begin{pmatrix} 0.382 \\ 0.277 \\ 0.784 \\ 0.402 \end{pmatrix}$$ 이면, 그에 해당하는(계산된) 표는 다음과 같다.

번호	$Z = Y^T X^T$
1	131.1
2	138.7
3	143.3
4	148.0
5	146.4
6	156.0
7	160.4

그리고 결과를 해석하면,

식 $Z = 0.382\,x_1 + 0.277\,x_2 + 0.784\,x_3 + 0.402\,x_4$

는 여러 신체상의 수치를 모두 더한 것이므로 새로운 변수 Z 에 "몸상태" 라는 이름을 붙일 수 있다. 데이터의 결과를 보면 7번의 "몸상태" 가 가장 좋고, 1번의 "몸상태" 가 가장 안 좋다는 것을 알수 있다.

참고 앞에서 주성분 분석을 위한

$$Z = Y^T X^T = a\,x_1 + b\,x_2 + c\,x_3 + d\,x_4$$

의 분산이 최대가 되도록

$$Y = \begin{pmatrix} a \\ b \\ c \\ d \end{pmatrix}$$

을 결정하는 방법에 대하여 다음의 공분산 행렬의 개념이 필요하다.

2.2 공분산 행렬의 고윳값과 고유벡터

(1) 변수가 p 개이고, 관측치(데이터 수)가 n개인 $n \times p$ 행렬 D 의 자료를 생각하고, p 개의 변수를 p 개의 열벡터들

$$d_1,\ d_2,\ \cdots\ ,\ d_p$$

로 두면, 행벡터 $D=(d_1, d_2, \cdots, d_p)$는 $n \times p$ 행렬 D 이고 다음과 같다.

$$D=(d_1,\ d_2, \cdots\ ,\ d_p)=\begin{pmatrix} d_{11} & d_{12} & \cdots & d_{1p} \\ d_{21} & d_{22} & \cdots & d_{2p} \\ \vdots & \vdots & \ddots & \vdots \\ d_{n1} & d_{n1} & \cdots & d_{np} \end{pmatrix}$$

이해를 돕기 위해 예를 들어 다음의 자료를 생각하자.

이름	키(d_1)	몸무게 (d_2)
1	d_{11}=170	d_{12}=63
2	d_{21}=165	d_{22}=68
3	d_{31}=160	d_{32}=62
4	d_{41}=170	d_{42}=67
5	d_{51}=175	d_{52}=70
평균(E)	168	66

이것의 행렬은 다음과 같다.

$$D=(d_1,\ d_2)=\begin{pmatrix} d_{11} & d_{12} \\ d_{21} & d_{22} \\ d_{31} & d_{32} \\ d_{41} & d_{42} \\ d_{51} & d_{52} \end{pmatrix}=\begin{pmatrix} 170 & 63 \\ 165 & 68 \\ 160 & 62 \\ 170 & 67 \\ 175 & 70 \end{pmatrix}$$

(2) 각각의 변수별로 평균을 0으로 맞추기 위하여,

$$X=D-E(D)$$

을 실행하자. 이것을 "센트링" 한다고 부르며, 예를 들어, 살펴보자.

이름	편차 키(x_1)	편차 몸무게 (x_2)
1	170-168=2	63-66=-3
2	165-168=-3	68-66=2
3	160-168=-8	62-66=-4
4	170-168=2	67-66=1
5	175-168=7	70-66=4
평균(E)	0	0

다시 이것을 행렬로 표시하면

$$X=(x_1,\, x_2)=\begin{pmatrix} x_{11} & x_{12} \\ x_{21} & x_{22} \\ x_{31} & x_{32} \\ x_{41} & x_{42} \\ x_{51} & x_{52} \end{pmatrix}=\begin{pmatrix} 2 & -3 \\ -3 & 2 \\ -8 & -4 \\ 2 & 1 \\ 7 & 4 \end{pmatrix}$$

이고, 그리고 일반적으로 표현하면 다음과 같다.

$$X=(x_1, x_2, \cdots, x_p)=\begin{pmatrix} x_{11} & x_{12} \cdots & x_{1p} \\ x_{21} & x_{22} \cdots & x_{2p} \\ \vdots & \vdots \ \ \ddots & \vdots \\ x_{n1} & x_{n1} \cdots & x_{np} \end{pmatrix}$$

(3) 행렬 X 을 이용하여 공분산 행렬(Σ)을 구하면

$$(X^T)_{p\times n} \cdot (X)_{n\times p} = \Sigma_{p\times p}$$

이고, 그리고 공분산 행렬 $\Sigma = X^T X$ 는 대칭행렬이다.

예를 들면,

$$X^T X=\begin{pmatrix} 2 & -3 & -8 & 2 & 7 \\ -3 & 2 & -4 & 1 & 4 \end{pmatrix}\begin{pmatrix} 2 & -3 \\ -3 & 2 \\ -8 & -4 \\ 2 & 1 \\ 7 & 4 \end{pmatrix}=\begin{pmatrix} 130 & 50 \\ 50 & 46 \end{pmatrix}=\Sigma$$

는 대칭행렬이다.

공분산 행렬은 샘플 데이터 수가 많을수록 결괏값이 더 커지기 때문에, 이를 방지하기 위하여 공분산 행렬의 각성분을 (데이터 수)-1로 나누어준다.

이것을 행렬 X 에 대한 $p\times p$ 공분산 행렬(Σ)이라 부르며, 다음과 같다.

$$\frac{X^T X}{n-1} = \Sigma$$

앞의 예를 이어서, 공분산 행렬은 다음과 같다.

$$\Sigma = \frac{X^T X}{n-1} = \frac{1}{4}\begin{pmatrix}130 & 50\\ 50 & 46\end{pmatrix} = \begin{pmatrix}32.5 & 12.5\\ 12.5 & 11.5\end{pmatrix}$$

(4) 공분산 행렬은 $p \times p$ 대칭행렬이므로 p 개의 고윳값과 고유벡터를 가진다.

그래서 Σ의 고유벡터인 행렬을 A, Σ의 고윳값을 대각성분으로 가지는 대각화 행렬을 Λ 라 할 때 다음과 같이 쓸 수가 있다.

$$A^{-1} \Sigma A = \Lambda \iff \Sigma = A \Lambda A^{-1}$$

(5) Σ 는 대칭행렬이므로

$$\Sigma^T = \Sigma$$

이 성립하고, 이것을 이용하면 다음의 식을 얻는다.

$$\Sigma^T = (A \Lambda A^{-1})^T = (A^{-1})^T \Lambda A^T = A \Lambda A^{-1} = \Sigma$$

따라서

$$A^T = A^{-1}$$

을 만족하므로, 행렬 A는 직교행렬이다.

필요에 따라서 A 를 정규직교행렬로도 만들 수 있기에 우리는 A 를 정규직교행렬이라고 가정한다.

(6) 공분산 행렬 Σ 에 대하여, 가장 큰 고윳값과 고유벡터를 각각

$$\lambda_1, \quad v_1$$

이라고 하면, 새로운 변수는 아래와 같고,

$$Z_1 = (v_1)^T X^T$$

그리고 이것의 분산은

$$\underline{Var(Z_1) = Var(v_1^T X^T) = v_1^T \Sigma v_1}$$

이다 (아래 정리 참고).

고유벡터의 정의로부터

$$\Sigma v_1 = \lambda_1 v_1$$

이 성립하므로

$$Var(Z_1) = v_1^T \Sigma v_1 = v_1^T \lambda_1 v_1 = \lambda_1 v_1^T v_1 = \lambda_1$$

이 성립한다.

이것의 의미는 공분산 행렬 Σ 의 제1 고유벡터로 만든 새로운 변수 Z_1 의 분산은 그 고유벡터에 해당하는 고윳값 λ_1이라는 뜻이다.

이 방법을 확장하면, Σ 의 i 번째 큰 고윳값과 고유벡터를 각각

$$\lambda_i,\ v_i$$

라 두면, 새로운 변수 Z_i 가 얻어지고, 분산은

$$Var(Z_i) = \lambda_i$$

와 같습니다.

따라서 Σ 의 고윳값 전체의 합과 원데이터 X의 분산은 서로 같습니다, 즉

$$\sum_{i=1}^{p} Var(x_i) = \sum_{i=1}^{p} Var(Z_i) = \lambda_1 + \lambda_2 + \cdots + \lambda_p$$

(정리)

위의 과정에서 데이터 행렬 X 의 한 개의 단위 벡터를 v_1 에 대하여

$$Var(Z_1) = Var(v_1^T X^T) = v_1^T \Sigma\ v_1$$

이 성립한다.

증명 다음

$$Var(v_1^T X^T) = Var((X v_1)^T) = Var(X v_1)$$

이 성립하므로, 최종적으로

$$Var(Xv_1) = v_1^T \Sigma\ v_1$$

이 성립함을 보이면 증명이 끝난다. 따라서

$$\begin{aligned} Var(X v_1) &= \frac{1}{n-1}\sum_{i=1}^{n}(X v_1 - E(X v_1))^2 \quad (n\text{은 데이터 개수}) \\ &= \frac{1}{n-1}\sum_{i=1}^{n}(X v_1)^2 \quad (\text{행렬 } X\text{의 각 열의 평균은 } 0\text{이므로}) \\ &= \frac{1}{n-1}(X v_1)^T(X v_1) = \frac{1}{n-1} v_1^T (X^T X)\, v_1 = v_1^T \left(\frac{X^T X}{n-1}\right) v_1 = v_1^T \Sigma\ v_1 \end{aligned}$$

예제 11 3개의 변수와 5개의 관측지로 이루어진 데이터 D 는 다음과 같이 주어졌을 때, 이것을 주성분 분석하시오.

이름	변수 d_1	변수 d_2	변수 d_3
1	0.2	5.6	3.56
2	0.45	5.89	2.4
3	0.33	6.37	1.95
4	0.54	7.9	1.32
5	0.77	7.87	0.98

풀이 1. 주어진 데이터로부터 행렬

$$D = (d_1, d_2, d_3) = \begin{pmatrix} 0.2 & 5.6 & 3.56 \\ 0.45 & 5.89 & 2.4 \\ 0.33 & 6.37 & 1.95 \\ 0.54 & 7.9 & 1.32 \\ 0.77 & 7.89 & 0.98 \end{pmatrix}$$

을 얻는다. 이제 각열의 평균을 구하면 다음과 같다.

1열의 평균은 $E(d_1) = 0.458$,2열의 평균은 $E(d_2) = 6.726$,

3열의 평균은 $E(d_3) = 2.042$

2. D를 센터링하여 얻어진 데이터 X 는 다음과 같다.

이름	변수 x_1	변수 x_2	변수 x_3
1	-0.258	-1.126	1.518
2	-0.008	-0.836	0.358
3	-0.128	-0.356	-0.092
4	0.082	1.174	-0.722
5	0.312	1.144	-1.062

이것을 다시 행렬로 표현하면, 즉

$$X = (x_1, x_2, x_3) = \begin{pmatrix} -0.258 & -1.126 & 1.518 \\ -0.008 & -0.836 & 0.358 \\ -0.128 & -0.356 & -0.092 \\ 0.082 & 1.174 & -0.722 \\ 0.312 & 1.144 & -1.062 \end{pmatrix}$$

이다.

그리고 이것의 전치행렬 X^T 는

$$X^T = \begin{pmatrix} -0.258 & -0.008 & -0.128 & 0.082 & 0.312 \\ -1.126 & -0.836 & -0.356 & 1.174 & 1.144 \\ 1.518 & 0.358 & -0.092 & -0.722 & -1.062 \end{pmatrix}$$

이다.

3. X 의 공분산 행렬은 다음과 같다.

$$\Sigma = \frac{X^T X}{5-1} = \begin{pmatrix} 0.0468 & 0.1990 & -0.1993 \\ 0.1990 & 1.1951 & -1.0096 \\ -0.1993 & -1.0096 & 1.0225 \end{pmatrix}$$

4. 공분산 행렬은 3×3 대칭행렬이므로 3개의 고윳값과 고유벡터를 가진다. 그래서 Σ 의 고유벡터인 행렬을 A, Σ의 고윳값을 대각성분으로 가지는 대각화 행렬을 Λ 라 할 때 다음과 같이 쓸 수가 있다.

$$A^{-1} \Sigma A = \Lambda \Leftrightarrow \Sigma = A \Lambda A^{-1}$$

여기서,

$$A = (v_1, v_2, v_3) = \begin{pmatrix} 0.5699 & 0.7798 & 0.2590 \\ 0.5765 & -0.6041 & 0.5502 \\ -0.5855 & 0.1643 & 0.7938 \end{pmatrix}$$

$$\Lambda = \begin{pmatrix} \lambda_1 & 0 & 0 \\ 0 & \lambda_2 & 0 \\ 0 & 0 & \lambda_3 \end{pmatrix} = \begin{pmatrix} 2.7596 & 0 & 0 \\ 0 & 0.1618 & 0 \\ 0 & 0 & 0.0786 \end{pmatrix}$$

이고, 위에서 고윳값 $\lambda_1 = 2.7596$ 에 해당하는 고유벡터는

$$v_1 = \begin{pmatrix} 0.5699 \\ 0.5765 \\ -0.5855 \end{pmatrix}$$

임을 의미한다.

5. 행렬 A 는 각각의 열벡터들의 제곱

$$v_1^2 = v_2^2 = v_3^2 = 1$$

이므로 정규직교행렬이다.

6. 이제 가장 큰 고윳값에 해당하는 고유벡터를 이용하여 새로운 변수 Z_1 을 다음과 같이 만들 수 있다.

$$Z_1 = (v_1)^T X^T = (0.5699,\ 0.5765,\ -0.5855) \begin{pmatrix} x_1 \\ x_2 \\ x_3 \end{pmatrix} = 0.5699\, x_1 + 0.5765\, x_2 - 0.5855\, x_3$$

그리고 단계2에서 센터링한 데이터의 각 열의 자료를 위 식에 대입하면

$$Z_1 = \begin{pmatrix} -1.685 \\ -0.696 \\ -0.224 \\ 1.146 \\ 1.459 \end{pmatrix}$$

을 얻는다. 같은 방법으로, 새로운 변수

$$Z_2 = (v_2)^T X^T = (0.7798,\ -0.6041,\ 0.1643)\begin{pmatrix} x_1 \\ x_2 \\ x_3 \end{pmatrix} = 0.7798\,x_1 - 0.6041\,x_2 + 0.1643\,x_3$$

$$Z_2 = \begin{pmatrix} 0.294 \\ 0.361 \\ 0.057 \\ -0.452 \\ -0.260 \end{pmatrix}$$

와 또 새로운 변수

$$Z_3 = (v_3)^T X^T = (0.259,\ 0.5502,\ 0.7938)\begin{pmatrix} x_1 \\ x_2 \\ x_3 \end{pmatrix} = 0.259\,x_1 + 0.5502\,x_2 + 0.7938\,x_3$$

$$Z_3 = \begin{pmatrix} 0.519 \\ -0.178 \\ -0.302 \\ 0.094 \\ -0.133 \end{pmatrix}$$

을 얻는다.

위의 식을 하나로 표현하면 다음과 같다.

$$Z = A^T X^T \Leftrightarrow \begin{pmatrix} Z_1 \\ Z_2 \\ Z_3 \end{pmatrix} = \begin{pmatrix} v_1^T & v_2^T & v_3^T \end{pmatrix}\begin{pmatrix} x_1 \\ x_2 \\ x_3 \end{pmatrix}$$

7. 데이터 X의 새로운 데이터 Z의 주성분 분석은 다음과 같다.

이름	Z_1	Z_2	Z_3
1	-1.68496	0.294026	0.518641
2	-0.69612	0.361434	-0.17786
3	-0.22432	0.056754	-0.30205
4	1.146274	-0.45238	0.094049
5	1.459126	-0.25983	-0.13278

그리고 다음에서 주성분 분석의 의미를 설명한다.

먼저, i 번째 주성분 Z_i의 분산은 $Var(Z_i)=\lambda_i$ 이고, Σ 의 고윳값 전체의 합과 원데이터 X 의 분산은 서로 같습니다, 즉

$$\sum_{i=1}^{3} Var(x_i) = \sum_{i=1}^{3} Var(Z_i) = \lambda_1 + \lambda_2 + \lambda_3 = 2.7596 + 0.1618 + 0.0786 = 3$$

이 성립한다. 그리고 새로운 데이터 Z 의 공분산 행렬 즉

$$\Sigma(Z) = \frac{Z^T Z}{5-1}$$

을 구해보면

$$\Sigma(Z) = \begin{pmatrix} \lambda_1 & 0 & 0 \\ 0 & \lambda_2 & 0 \\ 0 & 0 & \lambda_3 \end{pmatrix} = \begin{pmatrix} 2.7596 & 0 & 0 \\ 0 & 0.1618 & 0 \\ 0 & 0 & 0.0786 \end{pmatrix}$$

이 성립한다.

위 식에서 열벡터들 사이에 공분산 즉

$$Cov(Z_i, Z_j) = 0, \ i \neq j$$

이므로, 원래 데이터의 변수들 사이에는 독립성이 만족하지 않아도, 공분산 행렬의 고유벡터로 사영하여 얻어진, 즉 PCA 변환에 의해 얻어진 새로운 변수들 사이에는 서로 독립이라는 것이다. 이는 Σ 의 고유벡터는 서로 직교하며, X 가 이 고유벡터로 사영하여 새로운 축 즉 주성분으로 선형변환 되었기 때문이다.

가장 큰 고윳값과 고유벡터

$$\lambda_1, \ v_1$$

을 사용하여 얻은 새로운 변수, 즉 분산이 최대가 되는 식

$$Z_1 = (v_1)^T X^T = (0.5699, \ 0.5765, \ -0.5855) \begin{pmatrix} x_1 \\ x_2 \\ x_3 \end{pmatrix} = 0.5699\,x_1 + 0.5765\,x_2 - 0.5855\,x_3$$

만 남기고 나머지 새로운 변수들 Z_2 와 Z_3 을 생략하더라도, 아래 식처럼

$$\frac{\lambda_1}{\lambda_1 + \lambda_2 + \lambda_3} = \frac{2.7596}{2.7596 + 0.1618 + 0.0786} = \frac{2.7596}{3} = 0.920 \ (\text{약 } 92\%)$$

은 원래 데이터 X 의 분산을 92% 정도 보존하면서도 3개인 변수(3차원 데이터)를 1개인 변수(1차원 데이터)로 줄일 수 있다.

다시 말해, 3개의 주성분 중에서 첫 번째 주성분을 선택해도 원래 데이터의 설명력을 어느 정도 보존할 수 있다는 것이다.

(정리)

센터링된 변수벡터 $X=(x_1,x_2,\cdots,x_p)$와 그것의 공분산 행렬 Σ 을 가지고, 고윳값

$$\lambda_1 \geq \lambda_2 \geq \cdots \geq \lambda_p \geq 0$$

와 각 고윳값에 해당하는 고유벡터

$$v_1, v_2, \cdots, v_p$$

을 가진다면 i 번째 주성분은

$$Z_i = v_i^T X^T = (v_{1i})x_1 + (v_{2i})x_2 + \cdots (v_{pi})x_p, \quad v_i = \begin{pmatrix} v_{1i} \\ v_{2i} \\ v_{3i} \end{pmatrix}$$

이고, i 번째 주성분 Z_i 의 분산은

$$Var(Z_i) = v_i^T \Sigma\, v_i = \lambda_i, \quad i = 1,2,\cdots,p$$

이며, 그리고 서로 다른 주성분과의 공분산은 다음과 같다.

$$Cov(Z_i, Z_j) = v_i^T \Sigma\, v_j = 0, \quad i \neq j$$

그리고 Σ 의 고윳값 전체의 합과 원데이터 X 의 분산은 서로 같습니다, 즉

$$\sum_{i=1}^{p} Var(x_i) = \sum_{i=1}^{p} Var(Z_i) = \lambda_1 + \lambda_2 + \cdots + \lambda_p$$

예제 12 두 변수 x_1, x_2에 대하여 관측치를 얻은 후 공분산 행렬이 다음과 같을 때 주성분을 구하시오.

$$\Sigma = \begin{pmatrix} 7 & 1 \\ 1 & 7 \end{pmatrix}$$

풀이 먼저 Σ의 고윳값을 구하자.

$$|\Sigma - \lambda I| = \begin{vmatrix} t-\lambda & 1 \\ 1 & 7-\lambda \end{vmatrix} = (\lambda-6)(\lambda-8) = 0 \quad \therefore\ \lambda_1 = 8,\ \lambda_2 = 6$$

이제 각각의 고윳값에 해당하는 고유벡터를 구하자.

$$(\Sigma - \lambda_1 I)\begin{pmatrix} k_1 \\ k_2 \end{pmatrix} = 0 \Rightarrow \begin{pmatrix} -1 & 1 \\ 1 & -1 \end{pmatrix}\begin{pmatrix} k_1 \\ k_2 \end{pmatrix} = \begin{pmatrix} 0 \\ 0 \end{pmatrix} \Rightarrow w_1 = \begin{pmatrix} k_1 \\ k_2 \end{pmatrix} = \begin{pmatrix} 1 \\ 1 \end{pmatrix}$$

따라서 단위고유벡터 v_1 는

$$v_1 = \begin{pmatrix} \frac{1}{\sqrt{2}} \\ \frac{1}{\sqrt{2}} \end{pmatrix}$$

이다. 그리고 두 번째 고윳값에 해당하는 고유벡터를 구하자.

$$(\Sigma - \lambda_2 I)\begin{pmatrix} k_1 \\ k_2 \end{pmatrix} = 0 \ \Rightarrow \begin{pmatrix} 1 & 1 \\ 1 & 1 \end{pmatrix}\begin{pmatrix} k_1 \\ k_2 \end{pmatrix} = \begin{pmatrix} 0 \\ 0 \end{pmatrix} \ \Rightarrow w_2 = \begin{pmatrix} k_1 \\ k_2 \end{pmatrix} = \begin{pmatrix} 1 \\ -1 \end{pmatrix}$$

단위고유벡터 v_2 는

$$v_2 = \begin{pmatrix} \dfrac{1}{\sqrt{2}} \\ -\dfrac{1}{\sqrt{2}} \end{pmatrix}$$

이다.

따라서 첫 번째 주성분, 두 번째 주성분은 다음과 같다.

$$Z_1 = v_1^T X^T = \frac{1}{\sqrt{2}} x_1 + \frac{1}{\sqrt{2}} x_2$$

$$Z_2 = v_2^T X^T = \frac{1}{\sqrt{2}} x_1 - \frac{1}{\sqrt{2}} x_2$$

첫 번째 주성분이

$$\frac{8}{8+6} = 0.571 \ \ (57\%)$$

로 전체 분산의 57% 정도를 차지한다. 주성분의 기하학적 의미는 다음과 같다.

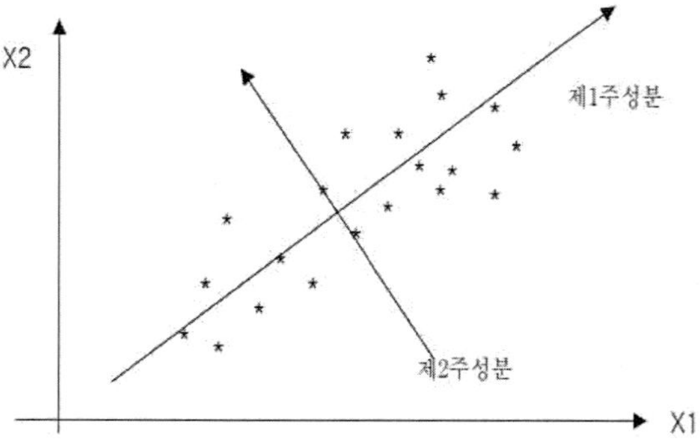

나눔문제

예제 1. 다음 행렬의 고윳값과 고유벡터를 구하시오.

$$R=\begin{pmatrix}1 & r\\ r & 1\end{pmatrix} \quad (r>1)$$

예제 2. 다음의 식을

$$Z_1=\frac{X_1-\mu_1}{\sqrt{\sigma_{11}}},\quad Z_2=\frac{X_2-\mu_2}{\sqrt{\sigma_{22}}},\ \cdots\ ,\ Z_p=\frac{X_p-\mu_p}{\sqrt{\sigma_{pp}}}$$

벡터로 표현하면 다음과 같음을 보이시오.

$$Z=(V^{1/2})^{-1}(X-\mu),\ E(Z)=0,\quad Cov(Z)=I$$

$$\text{여기서}\quad V^{\frac{1}{2}}=\begin{pmatrix}\sqrt{\sigma_{11}} & 0 & \cdots & 0\\ 0 & \sqrt{\sigma_{22}} & \cdots & 0\\ \vdots & \vdots & \ddots & \vdots\\ 0 & 0 & \cdots & \sqrt{\sigma_{pp}}\end{pmatrix}$$

▶▶3. 합성곱 신경망(CNN, Convolutional Neural Network)

인공 신경망에 필터링을 사용하여 이미지를 더욱 효과적으로 처리하고, 특정 이미지들을 분류하는 등 데이터 처리를 행렬로 이용할 수 있다. 이러한 방법을 합성 곱 신경망(CNN, Convolutional Neural Network)이라고 하며, 합성 곱 신경망은 이미지 처리에 탁월한 성능을 보이는 신경망이다.

사람의 뇌가 자극을 받아 뉴런과 신경세포로 보내는 것과 같이 합성 곱 신경망은 주어진 숫자 및 이미지를 행렬로 표시하고 다양한 행렬을 곱하여 판단하는 과정을 거치게 된다.

●●●

인공지능의 합성 곱 신경망은 크게 합성 곱(Convolution) 연산과 풀링(Pooling) 연산으로 구성됩니다.

3.1 합성곱 연산(Convolution operation)

어떤 사람의 손글씨를 분류하는 문제가 있다고 했을 때, 정자로 쓴 손글씨와 휘갈겨 쓴 손글씨를 2차원 행렬로 표현하면 다음과 같다.

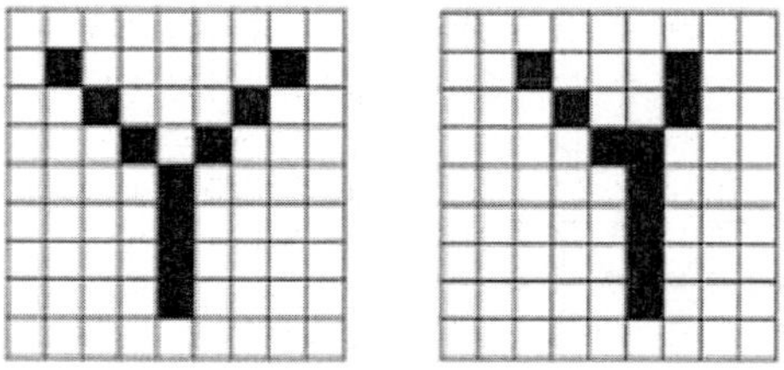

기계의 입장에서 픽셀마다 색의 위치가 다르게 나타나므로, 이미지가 위와 같이 같은 대상이라도 휘어지거나 이동이 되었거나, 방향의 뒤틀림 등 다양한 변화에 기계는 민감하게 반응한다는 단점이 있다. 예를 들어 위 손글씨를 1차원 벡터로 다음과 같이 변환한다고 생각해보자.

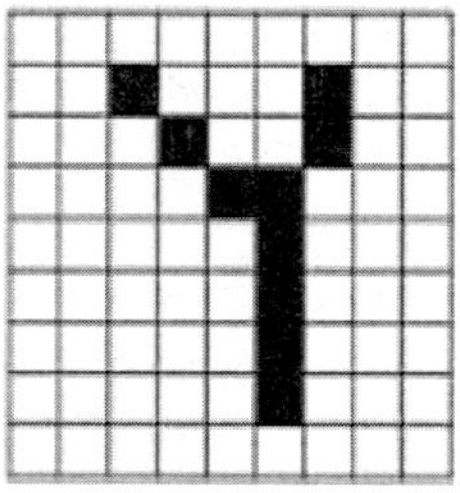

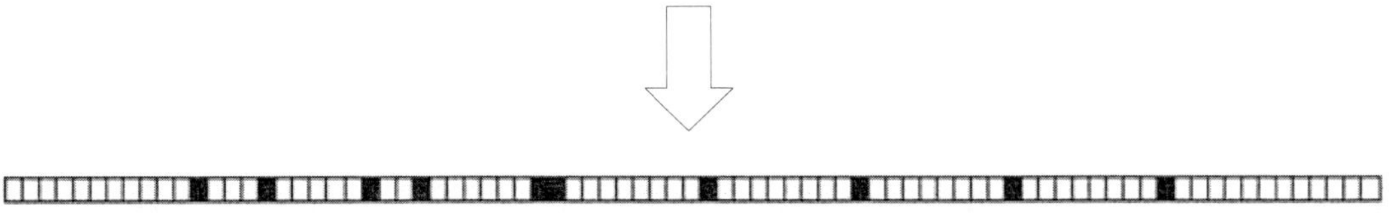

위의 변환은 9×9 행렬을

1행1열의 위치에서 1행2열, … 1행9열, 2행1열, … 2행9열, … 9헬9열

을 순차적으로 1차원 배열한 결과이다.

1차원 벡터의 결과는 2차원을 1차원으로 축소하였다는 장점은 있지만 변화된 결과로 원래의 이미지를 상상하기는 어려워 보인다. 다시 말해 차원을 축소하여 단순화하는 과정에서 픽셀들과의 상관관계 즉 공간적 구조가 사라진 상태라는 것이다. 이미지의 공간적인 구조 정보를 보존하면서 기계가 학습할 방법이 필요해졌고, 이것이 합성 곱 신경망이다.

다음에서 합성 곱 신경망에서 중요한 합성 곱 연산에 대하여 알아본다.

●●●

(합성 곱 연산)

합성 곱은 커널(kernal) 또는 필터(filter)라는 행렬을 이용한다.

이미지를 행렬로 바꾼, 이미지 행렬의 가장 왼쪽 위부터 가장 오른쪽 아래까지의 소행열들을 필터 행렬과 곱한 후, 그 행렬의 원소를 더한 값을 출력하는 것을 의미한다.

여기에서 필터 행렬은 주로 3×3 또는 5×5 행렬을 사용한다.

쉽게 예를 통하여 알아보기로 하자.

다음은 임의로 주어진 하나의 필터 행렬이다.

1	0	1
1	0	1
0	1	0

그리고 하나의 이미지를 생각하고, 그것을 색을 숫자로 구분하여 표현한 이미지 행렬은 다음과 같다.

1	2	3	4	5
2	1	0	1	2
3	0	1	1	0
1	4	1	1	2
2	1	1	0	0

아래는 3×3 크기의 필터 행렬과 5×5 크기의 이미지 행렬에 합성 곱 연산을 수행하는 과정을 보여준다.

1. 먼저, 필터 행렬과 곱을 할 수 있는 이미지 행렬의 가장 왼쪽 위로부터 3×3 소행렬을 생각하자, 그리고 소행렬과 필터 행렬을 서로 곱하여 나온 행렬의 모든 원소를 더한 결괏값을 구하면 된다. 아래에서 그림으로 살펴보자.

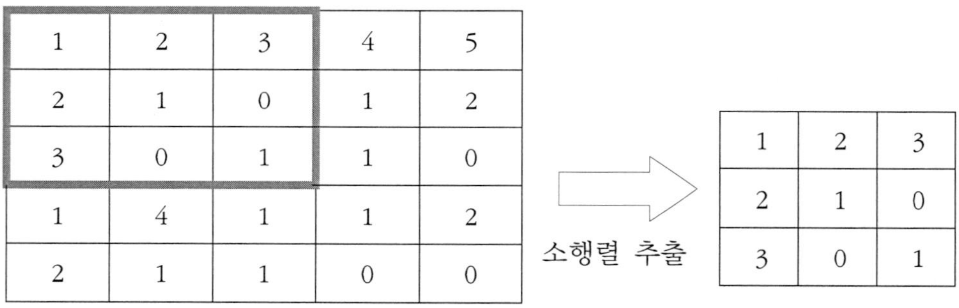

이미지 행렬 추출된 소행렬

이제 추출된 소행렬과 필터 행렬을 곱한 결과는 다음과 같다.

$$\begin{pmatrix} 1\,2\,3 \\ 2\,1\,0 \\ 3\,0\,1 \end{pmatrix}\begin{pmatrix} 1\,0\,1 \\ 1\,0\,1 \\ 0\,1\,0 \end{pmatrix} = \begin{pmatrix} 3\,3\,3 \\ 3\,0\,3 \\ 3\,1\,3 \end{pmatrix}$$

그리고 얻어진 행렬을 원소를 전부 더하면 결괏값은 22가 된다.

각각의 과정은 그림과 같다.

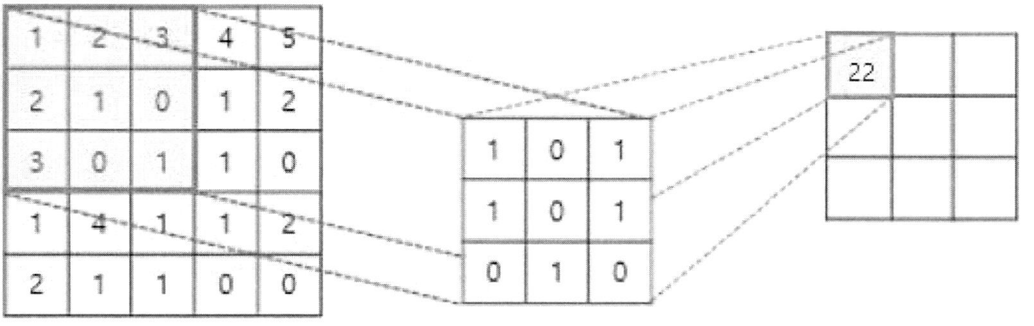

[이미지 행렬의 소행렬] [필터 행렬] [결괏값]

다시 설명하면, 위에서 이미지 행렬에서 가로와 세로로 한 칸씩 이동하면 총 9개의 3×3 소행렬을 구할수 있고, 9개의 결괏값을 얻는다.

그래서 결괏값을 대입할 9칸이 필요하며, 이것을 3×3 행렬(결괏값 행렬)로 만들어서 1행1열에 결괏값 22를 저장한다.

2. 가로로 한 칸 이동하여 얻어진 2번째 소행렬과 필터 행렬과의 곱은

$$\begin{pmatrix} 2&3&4 \\ 1&0&1 \\ 0&1&1 \end{pmatrix}\begin{pmatrix} 1&0&1 \\ 1&0&1 \\ 0&1&0 \end{pmatrix} = \begin{pmatrix} 5&4&5 \\ 1&1&1 \\ 1&1&1 \end{pmatrix}$$

이고, 그리고 얻어진 행렬을 원소를 전부 더하면 20이 된다.

그 과정은 그림과 같다.

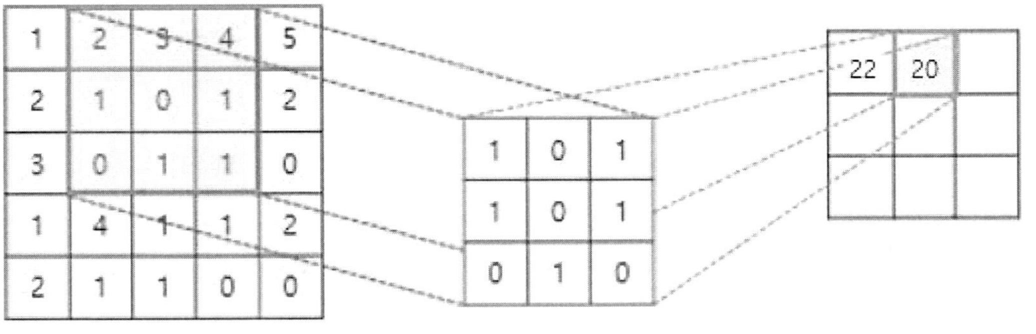

3. 같은 방법으로 가로와 세로로 한 칸씩 이동하여 만들어진 9개의 소행렬 중에서 나머지 7개의 결과는 다음과 같다.

$$\begin{pmatrix} 3&4&5 \\ 0&1&2 \\ 1&1&0 \end{pmatrix}\begin{pmatrix} 1&0&1 \\ 1&0&1 \\ 0&1&0 \end{pmatrix} = \begin{pmatrix} 7&5&7 \\ 1&2&1 \\ 2&0&2 \end{pmatrix}$$ 결괏값은 27

$$\begin{pmatrix} 2&1&0 \\ 3&0&1 \\ 1&4&1 \end{pmatrix}\begin{pmatrix} 1&0&1 \\ 1&0&1 \\ 0&1&0 \end{pmatrix} = \begin{pmatrix} 3&0&3 \\ 3&1&3 \\ 5&1&5 \end{pmatrix}$$ 결괏값은 24

$\begin{pmatrix} 1\,0\,1 \\ 0\,1\,1 \\ 4\,1\,1 \end{pmatrix}\begin{pmatrix} 1\,0\,1 \\ 1\,0\,1 \\ 0\,1\,0 \end{pmatrix} = \begin{pmatrix} 1\,1\,1 \\ 1\,1\,1 \\ 5\,1\,5 \end{pmatrix}$ 결괏값은 17 $\begin{pmatrix} 0\,1\,2 \\ 1\,1\,0 \\ 1\,1\,2 \end{pmatrix}\begin{pmatrix} 1\,0\,1 \\ 1\,0\,1 \\ 0\,1\,0 \end{pmatrix} = \begin{pmatrix} 1\,2\,1 \\ 2\,0\,2 \\ 2\,2\,2 \end{pmatrix}$ 결괏값은 14

$\begin{pmatrix} 3\,0\,1 \\ 1\,4\,1 \\ 2\,1\,1 \end{pmatrix}\begin{pmatrix} 1\,0\,1 \\ 1\,0\,1 \\ 0\,1\,0 \end{pmatrix} = \begin{pmatrix} 3\,1\,3 \\ 5\,1\,5 \\ 3\,1\,3 \end{pmatrix}$ 결괏값은 25 $\begin{pmatrix} 0\,1\,1 \\ 4\,1\,1 \\ 1\,1\,0 \end{pmatrix}\begin{pmatrix} 1\,0\,1 \\ 1\,0\,1 \\ 0\,1\,0 \end{pmatrix} = \begin{pmatrix} 1\,1\,1 \\ 5\,1\,5 \\ 2\,0\,2 \end{pmatrix}$ 결괏값은 18

$\begin{pmatrix} 1\,1\,0 \\ 1\,1\,2 \\ 1\,0\,0 \end{pmatrix}\begin{pmatrix} 1\,0\,1 \\ 1\,0\,1 \\ 0\,1\,0 \end{pmatrix} = \begin{pmatrix} 2\,0\,2 \\ 2\,2\,2 \\ 1\,0\,1 \end{pmatrix}$ 결괏값은 12

그리고 합성 곱 연산을 시행하여 얻어진 결괏값 행렬은 다음과 같다.

22	20	27
24	17	14
25	18	12

[결괏값 행렬]

위의 결괏값 행렬은 데이터의 특성이 유지되고, 행렬의 크기가 축소되었다는 것을 알 수 있다. 위의 예제에서 필터 행렬의 크기는 사용자가 정할 수 있으며, 이미지 행렬로부터 소행렬을 얻기 위한 가로와 세로의 이동 범위가 한 칸이었지만, 필요에 따라서 사용자가 정할 수 있다. 이러한 이동 범위를 스트라이드(stride)라고 부른다.

(결괏값 행렬의 크기공식)

위의 예제를 일반화하여 이미지 행렬과 필터, 스트라이드가 주어진다면 결괏값 행렬의 크기를 구하는 공식을 만들어 보자.

(정리)

r : 이미지 행렬의 행의 개수, c : 이미지 행렬의 열의 개수,

k_r : 필터 행렬의 행의 개수, k_c : 필터 행렬의 열의 개수, s : 스트라이드 수라 하면

결괏값 행렬 $O_r \times O_c$ 의 행의 개수 O_r , 열의 개수 O_c 는 $O_r = \dfrac{r - k_r}{s} + 1$

$O_c = \dfrac{c - k_c}{s} + 1$ 이다. 만약에 각각에서 소수점이 생긴다면 버림을 취한다.

위 예제에서 이미지 행렬, 필터 행렬, 스트라이드 수는 각각

$$r=5,\ c=5,\ k_r=3,\ k_c=3,\ s=1$$

이므로,

$$O_r=(5-3+1)=3 \text{ 이고 } O_c=(5-3+1)=3,$$

즉 결괏값 행렬의 크기는 3×3 행렬임을 알 수 있다. 따라서 결괏값이 9개 나온다는 사실도 쉽게 알 수 있다.

3.2 풀링 연산(Pooling operation)

만약에 아래의 경우에 4×4 이미지 행렬과 2×2 필터 행렬, 스트라이드 수 2를 생각한다면, 위의 공식에 의해서 결괏값 행렬의 크기는 4×4가 된다. 하지만 풀링의 연산을 사용한다면 결괏값의 크기를 줄일 수 있다. 그래서 결괏값 행렬의 크기를 줄일 때 필요한 연산이 풀링 연산이다. 풀링 연산에는 최대값 풀링과 평균값 풀링이 있고, 다음은 최대값 풀링의 예시이다. 결괏값 행렬의 크기는 2×2이다.

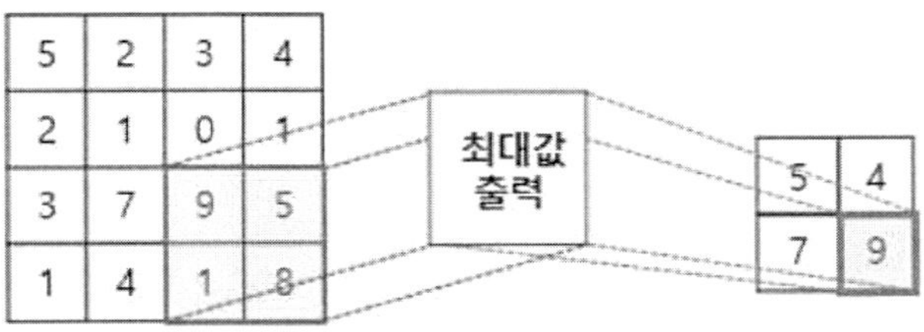

참고 평균값 풀링은 추출하는 소행렬의 평균값을 구하는 연산이고, 합성 곱 연산과 풀링 연산의 공통점은 필터와 스트라이드 수가 존재한다는 것이다. 차이점은 필터에 행렬이 적용되지 않는다는 것이다.

나눔문제

예제 1. 이미지 행렬과 필터 행렬에 대하여 스트라이드 수를 1로 할 때 결괏값을 구하시오.

0	0	0	0	0	0
0	1	2	3	0	0
0	0	1	2	3	0
0	3	0	1	2	0
0	2	3	0	1	0
0	0	0	0	0	0

⊛

2	0	1
0	1	2
1	0	2

CHAPTER 03 통계

▶▶ 1. 통계학의 기본

통계는 일상생활이나 분석하고자 하는 여러 현상에 대하여 관측한 자료를 일정한 체계 또는 숫자로 요약정리하여 나타낸 결과이다. 자료를 요약하는 기초적인 통계를 **기술통계**(descriptive statistic)라고 한다. 기술통계는 숫자로 표시하는 방법 즉 평균, 표준편차, 중위수, 최빈값 등이 있고, 그림으로 표시하는 막대그래프, 원그래프, 꺾은 선 그래프 등이 있다. 통계학이란 통계로부터 의미 있는 정보를 수집, 정리, 분석하여 올바른 정보를 추출하고, 이를 토대로 불확실한 사실에 대해 합리적인 의사결정을 할 수 있게 하는 학문이다. 통계학은 수리통계학과 응용통계학으로 크게 나뉜다. 수리통계학은 통계학에서 논의되는 기본적인 이론을 다루며(예: 확률론, 추론 등), 그리고 응용통계학은 수리통계학에서 정립된 이론을 바탕으로 실제 자료 분석에 응용하는 방법(예: 회귀분석, 분산분석, 범주형 자료분석, 시계열 분석, 다변량 분석 등)을 연구한다.

1.1 기본 용어

모집단

통계적인 연구 또는 조사 대상이 되는 관측 가능한 개체로 된 집단전체를 의미한다. 모집단에서 알아내야 하는 정보를 모수라 한다.

일정의 사회집단 전체를 대상으로 하는 대규모의 전수조사를 센서스(census)라 하며, 통계청에서 실시하는 인구 총조사는 5년마다 실시하고 있으며, 시간과 비용이 너무 많이 소요되는 단점이 있다. 모집단의 특성을 나타내는 수치를 **모수**라 하며, 이에는 대표적으로 모평균, 모분산 등이 있다.

표본

관심의 대상이 되는 관측값 또는 측정값들 일부분을 의미하며, 모집단에서 선택된 모집단의 부분집합이다.

모집단에서 추출한 일부분의 데이터만으로 모집단의 특성을 알아내는 연구 방법이 필요하며, 이것이 통계학을 공부하는 목적입니다. 예를 들면, 대통령 선거의 당첨자를 예측하기 위하여 여론조사를 하는 경우, 모집단은 한국인 유권자 전체가 되며, 지역별로 유권자 일부를 조사하는 것은 표본이다.

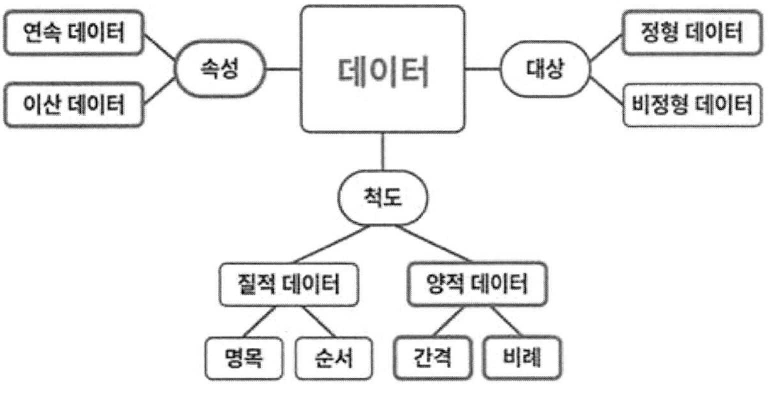

현대 통계학은 형식이 정해진 정형 데이터 외에도, 트위터의 짧은 문자의 정보, 여러 형식의 이미지 정보, 센서 정보 등 형식이 다양한 빅데이터들도 분석대상으로 한다.
이처럼 형식이 정해진 데이터를 정형 데이터, 형식이 정해지지 않은 데이터를 비정형 데이터라고 부르며, 데이터는 위의 그림과 같이 세부적으로 분류된다.

양적 데이터와 질적 데이터

나이와 신장 데이터는 수량으로 나타나지만, 성별과 건강 상태 데이터는 단어로 표시된다. 수량으로 나타나는 데이터를 양적 데이터, 성별이나 건강 상태와 같이 성질이나 상태로 나타나는 데이터를 질적 데이터라고 한다.

양적 데이터를 숫자형 데이터, 질적 데이터를 범주형 데이터라고도 한다.
코딩을 이용하면 질적 데이터를 숫자로 변형할 수 있다.
예를 들면, 1=현금, 2=개인수표, 3=신용카드, 4=선물카드 등은 지불수단을 숫자로 코딩한 예이다. 하지만 그 데이터가 양적 데이터가 되는 것은 아니다.

연속 데이터와 이산 데이터

나이와 신장은 모두 양적 데이터지만, 나이는 서로 간에 떨어져 있는 정숫값이고, 신장은 "172.5cm"와 같이 연속적인 실숫값이다. 나이와 같이 서로 간에 떨어져 있는 데이터를 이산 데이터, 신장과 같이 연속적인 실숫값을 가지는 데이터를 연속 데이터라 한다.

참고 다음은 자료를 수집하기 위한 설문의 예시이다.

[명목측정] 다음과 같은 설문을 수행할 때 명목형 데이터를 얻게 된다.

- 지난달 보험을 청구했는가?

1. 예 2. 아니오

핸드폰 이용 통신사는?

1. SKT 2. KT 3. LG U+ 4. 기타

[순서측정] 다음과 같은 설문을 수행할 때 순서형 데이터를 얻게 된다.

- 어떤 크기의 자동차를 주로 운전하는가?

1. 대형 2. 소형 3. 경차

마이크로소프트 액세스를 얼마나 자주 사용하나?

1. 자주 2. 때때로 3. 드물게 4. 사용안함

[간격측정] 간격형 데이터는 어떤 서비스나 제품에 대한 고객들의 만족도를 숫자로 평가하는 조사에서 자주 발생한다. 이 경우 사용되는 척도 포인트는 주로 숫자(예: 1 ~ 10)로 표현되는데, 사용되는 숫자는 임의적이며 '0' 값은 의미를 갖지 않는다. 그러나 각 척도 포인트 사이의 거리는 의미가 있다. 4등급과 6등급 간의 차이는 7등급과 9등급 간의 차이와 같다. 숫자 간의 간격은 거리를 의미하기 때문에 평균 계산과 같은 수학적 계산을 할 수 있다. 그러나 이 척도에서 '0'이 갖는 의미가 존재하지 않기 때문에, 서비스를 8로 평가한 고객이 4로 평가한 고객에 비해 만족도가 2배 더 높다고 말할 수 없다. 즉 간격형 데이터에서의 비율은 의미가 없다. 의미 있는 '0'이 존재하지 않는다는 점이 간격형 데이터의 핵심특징이다.

간격형 데이터의 특별한 경우가 서베이 연구에서 자주 사용하는 리커트 척도(Likert scale)

이다. 이 척도는 보통 어떤 주장에 대해 응답자가 자신의 찬성/반대의 견해를 5단계 또는 7단계의 언어로 표현된 응답 문항에서 고르는 식이다.
예를 들면 다음과 같다.
대학에 진학할 고등학생들은 수학 공부를 필수로 해야 한다. 하나를 고르시오.
☐ 매우 그렇다 ☐ 대체로 그렇다 ☐ 그저 그렇다
☐ 대체로 아니다 ☐ 매우 아니다
마케팅 교수를 어떻게 평가하는가? 하나를 고르시오.
☐ 최악 ☐ 부족 ☐ 보통 ☐ 양호 ☐ 탁월

[비례측정] 비례형 데이터는 앞의 3가지 타입의 데이터가 가진 성질을 모두 보유하고 있을 뿐만 아니라 의미 있는 '0' 을 추가로 보유하고 있다. '0' 의 존재로 데이터값의 비율이 의미가 있다. 예를 들면, 순익 2000만 달러는 1000만 달러의 두 배다.
모든 데이터는 양수일 필요는 없다 즉 음수값을 가질 수 있다.
하지만 비례형 데이터라 해서 0이 반드시 관찰될 필요는 없다.
예를 들어 신생아 몸무게는 0이 될 수 없지만, 비례형 데이터가 분명하다. 그 이유는 8파운드 신생아는 6파운드 신생아와 비교하면 33% 더 무겁기 때문이다. 즉 비율이 존재한다. 중요한 것은 '0' 이 절대적 기준 척도라는 점이다.
켈빈(Kelven)온도는 섭씨 및 화씨와 달리 비례형 측정이다, 그 이유는 0이 분자 진동이 멈추는 점을 나타내기 때문이다. 반면에 섭씨온도에서는 0은 단지 편의적이다. 즉 30도씨가 15도씨에 비해 "두배 높은 온도" 는 아니라는 것이다.

1.2 데이터 정리

통계학에서 데이터를 정리하는 것은 아주 중요하다. 특히, 데이터를 분류할 때 없어서는 안 될 도수분포표와 히스토그램에 대하여 알아본다.

도수분포표

도수분포표는 n 개의 데이터 값을 k 개의 계급으로 분류한 표를 말한다. 계급경계는 각 계급을 나누는 절사점이며, 계급의 폭은 모두 같아야 하며, 계급경계가 서로 겹쳐서는 안 된다.

주어진 자료에 대하여 도수분포표를 만들기 위해서는 계급의 수와 계급의 폭을 정하는 것이 중요하다. 다음은 정리되지 않은 자료(왼쪽 그림)를 도수분포표(오른쪽 그림)로 나타낸 예이다.

학생들의 키

(단위 : cm)

144	168	148	129
162	130	153	154
167	135	128	140
134	159	149	145
138	151	146	150

학생들의 키

키(cm)	학생 수(명)
120이상~130미만	2
130 ~ 140	4
140 ~ 150	6
150 ~ 160	5
160 ~ 170	3
합 계	20

그리고 계급의 수와 폭에 따라서 도수분포표의 모양이 달라지므로 적절한 기준이 필요하며 그 기준을 단계별로 알아보자.

1단계] 자료를 정한다. 주로 정리되지 않은 자료가 여기에 해당한다.
2단계] 주어진 자료에서 최댓값(max)과 최솟값(min)을 정한다.
3단계] 범위를 정한다 : 최댓값-최솟값(즉 max-min)을 시행한다.
4단계] 계급의 계수를 정숫값으로 정한다. 즉 스터지스 규칙이라는 기준을 따른다.
(스터지스 규칙) $k = 1 + \log_2(\text{자료 개수})$ or $k = 1 + 3.3\log(\text{자료 개수})$

5단계] 계급 간격(폭) : $U = \dfrac{\max - \min}{k}$ (정숫값)

6단계] 계급 구간 :

$\min + U = U_1$: 계급1

$U_1 + U = U_2$: 계급2

$U_2 + U = U_3$: 계급3

⋮ 계속

설명 예제 1 다음은 대학에서 임의로 선정한 남학생 55명의 신장(단위 cm)을 기록한 것이다.

170	178	171	168	173	178	171	174	170	170	175
170	169	166	162	170	171	175	175	171	171	170
172	179	164	170	181	178	180	177	166	169	168
165	163	175	166	178	165	168	167	177	168	177
174	174	176	179	169	173	167	170	173	170	162

이것의 도수분포표를 작성해보자. 자료의 개수는 55개이고, 최댓값은 180, 최솟값은 162, 계급의 개수는 $3.3\log(55)+1=6.7$ 이지만 정숫값으로 5, 6, 7개 중에서 취할 수 있고, 우리는 계급의 수를 5로 정한다. 계급의 폭은 $\frac{180-162}{5}=3.6$이지만, 우리는 정숫값인 4로 정한다. 그러면 도수분포표는 다음과 같다.

계급구간(cm)	도수
161.5 이상 165.5 미만	6
165.5 이상 169.5 미만	12
169.5 이상 173.5 미만	18
173.5 이상 177.5 미만	11
177.5 이상 181.5 미만	8
합계	55

●●●

다음은 도수분포표를 시각화하는 히스토그램에 대하여 알아본다.

히스토그램

히스토그램은 도수분포표를 그래프로 나타낸 것이다. 히스토그램은 막대 도표로서 Y축은 각 계급의 빈도수(또는 퍼센트), 그리고 X축은 각 계급의 경계를 눈금으로 표시한다. 막대 사이에 공간은 없어야 한다.

다음에서 왼쪽은 도수분포표이고, 오른쪽은 히스토그램이다.

계급 구간	도수
0-5	8
6-10	9
11-15	4
16-20	3
21-25	1
합계	25

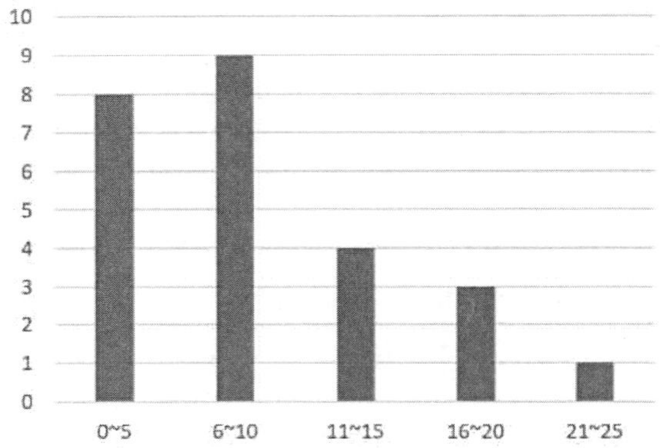

참고 아래의 그림은 히스토그램 막대의 끝점들을 연결한 곡선으로 이것을 도수분포 다각형(또는 도수분포 곡선)이라고 합니다. 사실 이산 데이터의 경우에는 계급의 폭을 줄이는 데 한계가 있어서 막대들의 끝점을 연결하여 도수분포 다각형을 그릴 수 있고, 연속 데이터의 경우에는 계급의 폭을 무한히 줄일 수 있으므로 히스토그램은 하나의 곡선을 생성하며, 이 곡선을 도수분포 곡선이라 부른다.

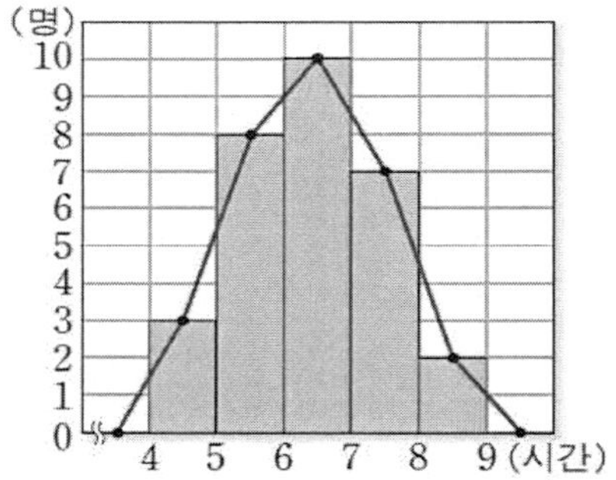

1.3 기술 통계량과 변동성 측정

평균

n 개의 데이터 $\{x_1, x_2, x_3, \cdots, x_n\}$이 주어졌을 때 평균 $\overline{x}$ 또는 $E(x)$ 는

$$E(x) = \overline{x}\,(\text{평균}) = \frac{x_1 + x_2 + \cdots + x_n}{n} = \frac{1}{n}\sum_{i=1}^{n} x_i$$

다음은 자동차 100대당 결함 개수표 (33개 자동차 브랜드의 2010년 기준)이다.

브랜드	결함	브랜드	결함	브랜드	결함
Porsche	83	Audi	111	Chrysler	122
Acura	86	Cadillac	111	Suzuki	122
Mercedes-Benz	87	Chevrolet	111	GMC	126
Lexus	88	Nissan	111	Kia	126
Ford	93	BMW	113	Jeep	129
Honda	95	Mercury	113	Dodge	130
Hyundai	102	Buick	114	Jaguar	130
Lincoln	106	Mazda	114	MINI	133
Infiniti	107	Scion	114	Volkswagen	135
Volvo	109	Toyota	117	Mitsubishi	146
Ram	110	Suburu	121	Land Rover	170

$n = 33$개 자동차 브랜드의 표본에 대해 평균($\overline{x}$)은 다음과 같다.

$$\overline{x} = \frac{83+86+87+\cdots+135+146+170}{33} = \frac{3785}{33} = 114.697$$

평균은 아래 그림과 같이 양쪽의 균형을 잡아주는 균형점 또는 지렛대와 같다. 그림에서 삼각형 표시가 평균점이다.

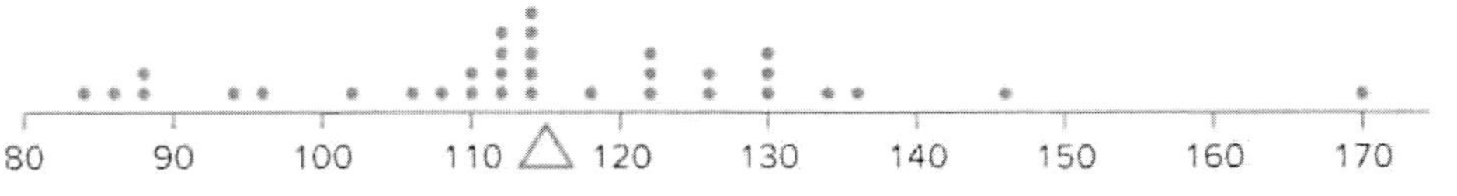

(평균의 특성) 평균이 균형점인 이유는 평균에서 모든 데이터 점까지의 거리를 합하면 다음과 같이 항상 0이 되기 때문이다. 즉 다음의 식이 성립한다.

$$\sum_{i=1}^{n}(x_i - \overline{x}) = (x_1 - \overline{x}) + (x_2 - \overline{x}) + \cdots + (x_n - \overline{x}) = 0$$

설명 예제 2 다음의 4개의 자료를 생각하자.

$$\{1, 2, 3, 4\}$$

그러면 평균은 $\overline{x} = \frac{1+2+3+4}{4} = \frac{10}{4} = 2.5$ 이고, 평균과의 오차의 합은

$$\sum_{i=1}^{4}(x_i - \overline{x}) = (1-2.5)+(2-2.5)+(3-2.5)+(4-2.5)$$
$$= -1.5 - 0.5 + 0.5 + 1.5 = 0$$

이 성립한다.

중앙값

중앙값은 데이터를 크기 순서대로 나열할 때 가운데 위치하는 숫자를 의미한다. 데이터의 개수가 홀수일 때는 가운데 위치하는 유일한 숫자가 중앙값이며, 짝수개의 데이터가 있을 시 가운데 위치하는 2개의 평균값을 중앙값으로 한다. 이것을 수식으로 표현하면 다음과 같다. n 개의 자료를 순서대로 나열한 것을 $x_1, x_2, \cdots, x_n$ 이라 할 때

$$\text{중앙값} = \begin{cases} x_{\frac{n+1}{2}} & : n\text{이 홀수} \\ \dfrac{x_{\frac{n}{2}} + x_{\frac{n}{2}+1}}{2} & : n\text{이 짝수} \end{cases}$$

설명 예제 3 다음의 중앙값은 (15+17)/2 = 16이다.

11 12 15 17 21 32

그리고 다음의 중앙값은 25이다.

12 23 23 25 27 34 41

마지막으로 다음의 중앙값은 78이다.

51 66 71 78 78 78 81 82 82 91 99

참고 좌측 절반의 관측치가 중앙값보다 작을 것으로 생각하기 쉽지만, 사실이 아니다. 위의 자료를 보면 단 3개의 데이터 값만이 78 아래이고, 5개의 값이 78보다 위이다.

절사평균

절사평균은 평균의 장점과 중앙값의 장점이 있는 대푯값입니다. 계산은 일반적인 평균과 같이 계산하되 (최상위+최하위) 데이터의 k%를 제거한 다음, 평균을 구하면 된다. 즉, 최상위 및 최하위 각각 $\frac{k}{2}$%을 제거한 다음 평균을 구한다는 것이다.

설명 예제 4 5개의 자료에 대하여 40%의 절사평균이라는 것은 제거개수를 x 라 하면

$$\frac{x}{5} = 0.4 \quad \Rightarrow \quad x = 2$$

이다. 이것의 의미는

(최상위+최하위) = 2

이므로 최상위 1명과 최하위 1명을 제외한 3개의 자료의 평균을 의미한다.

자료의 범위

범위는 데이터의 최댓값과 최솟값의 차이를 말한다.

범위 = 최댓값 - 최솟값

범위가 넓으면 변동성이 크다고 말할 수 있지만, 최댓값과 최솟값의 오직 두 개의 극단적인 데이터값만을 고려한다는 단점이 있다.

표본자료의 분산과 표준편차

분산은 변동성의 척도로 가장 널리 사용되는 방법이다. 분산(기호 s^2)은 데이터가 퍼져 있는 정도의 기준으로 평균($\overline{x}$)을 사용하며, 계산방법은 n개의 데이터 중에서 각 데이터와 평균($\overline{x}$)과의 차이를 제곱하여 합한 값의 평균이다. 수식으로 표현하면 다음과 같다.

$$s^2 = \frac{1}{n-1} \sum_{i=1}^{n} (x_i - \overline{x})^2 \quad \text{(분산)}$$

$$s = \sqrt{s^2} \quad \text{(표준편차)}$$

위 식에서 $n-1$ 를 자유도라 부른다. 그 의미는 n 개의 자료와 그 자료의 평균 $\overline{x}$ 가 주어져 있다면, n개의 자료 중 임의의 자료 한 개는 $n-1$ 의 자료와 주어진 평균 $\overline{x}$ 로 나타낼 수 있기에 자료의 자유도는 $n-1$이 된다. 변동성을 기술함에 있어서 **표준편차**는 데이터값들이 평균에서 얼마나 떨어져 있는지를 하나의 숫자로 나타낸 것이다.

설명 예제 5 4개의 데이터 1, 2, 3, 4의 자유도는 4이지만, 만약에 그것의 평균 10/4=2.5가 같이 주어진다면 4개의 데이터 1, 2, 3, 4중에서 하나는 몰라도 평균을 이용하면 찾을 수 있다. 따라서 자유도는 3인 것이다.

설명 예제 6 1. 자료 $\{1,2,3,4\} \Rightarrow$ 자유도는 4

2. 자료 $\{1,2,3,4\}$, $E(x) = 2.5 \Rightarrow$ 자유도는 3

3. 자료 $\{1,2,3,4\}$, $\overline{x} = 2.5$, $s = 1.3$, $s^2 = 1.67 \Longrightarrow$ 자유도는 2

설명 예제 7 통계학의 다섯 차례 퀴즈 점수는

$$\{40,\ 55,\ 75,\ 95,\ 95\}$$

이다. 표준편차를 구하는 절차는 다음과 같다. 먼저 평균점수를 보면

$$\bar{x} = \frac{360}{5} = 72$$

이다. 그리고 표준편차는

$$s = \sqrt{\frac{2380}{5-1}} = \sqrt{595} = 24.39$$

이다.

참고 참고로, 평균을 구하지 않고도 표준편차를 구하는 다음의 식을 소개한다.

$$(\text{표준편차})\ s = \sqrt{\frac{\sum_{i=1}^{n} x_i^2 - \frac{(\sum_{i=1}^{n} x_i)^2}{n}}{n-1}} = \sqrt{\frac{28300 - \frac{(360)^2}{5}}{5-1}} = \sqrt{595} = 24.39$$

참고 [표준편차의 특성]

표준편차는 평균으로부터의 편차를 제곱해서 나온 것이기 때문에 음수가 나올 수 없다. 모든 관측치가 평균과 같다면 당연히 표준편차는 0이 된다. 즉 변동성이 없다. 분산과 표준편차는 모든 데이터에 같은 값을 더해주거나 빼 주어도 변하지 않는다. 하지만 모든 데이터에 같은 값 c을 곱해주면, 기존분산에 c^2을 곱한 것이 이 자료의 분산이 되며, 표준편차는 기존의 표준편차에 c을 곱한 것이 된다. 즉, $E(cx) = cE(x)$, $s^2(cx) = c^2 s(x)$, $s(c) = 0$, $s^2(x-c) = s^2(x)$이 성립한다.

사분위수

사분위수는 정렬된 데이터를 대략 같은 크기로 4개의 그룹으로 나누었을 때의 분기점들로서 Q_1, Q_2, Q_3로 표기한다.

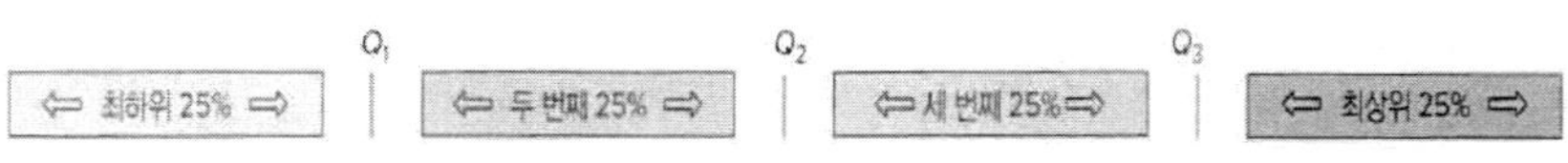

이것은 백분 위수

0%- 25% (Q_1) - 50% (Q_2) - 75% (Q_3) - 100%

로 표시된다.

사분위수 편차는 범위의 문제점을 보완한 척도이며, 다음과 같이 계산된다.

$$\text{사분위수 편차 } Q = \frac{Q_3 - Q_1}{2}$$

참고 주어진 데이터의 사분위수를 정하는 방법은 다음과 같다.

[중앙값 방법]

1단계] 관측치를 정렬한다(오름차순).

2단계] 중앙값 Q_2 을 구한다.

3단계] Q_2 보다 작은 데이터만을 이용하여 중앙값을 구한다.

4단계] Q_2 보다 큰 데이터만을 이용하여 중앙값을 구한다.

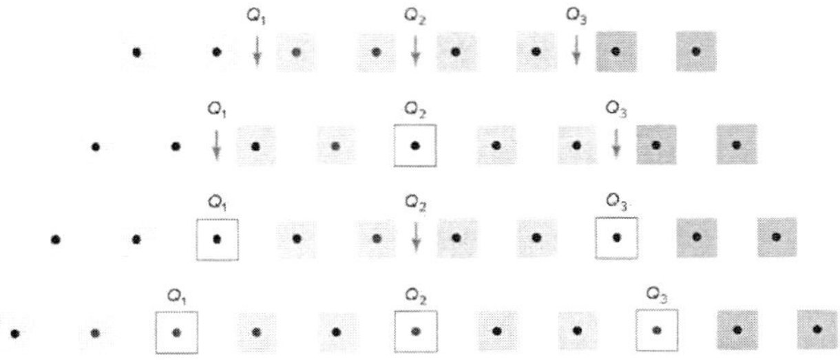

설명 예제 8 어떤 재무분석가가 12종목의 에너지 장비 관련 주식으로 구성된 포트폴리오를 운영하고 있다. 이들의 최근 주가수익(P/E) 비율데이터를 이용하여 사분위수를 구하는 방법은 다음과 같으며, 방법은 [중앙값 방법]을 사용한다.

앞의 중앙값 방법에 따라서 자료가 12개인 짝수개이므로 $Q_2 = \frac{35+36}{2} = 35.5$이고, 다음 $Q_1 = \frac{25+29}{2} = 27$, 그다음 $Q_3 = \frac{39+42}{2} = 40.5$ 이다.

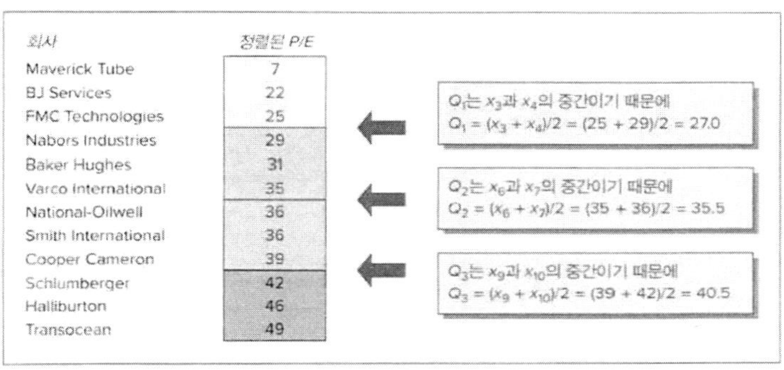

회사	정렬된 P/E
Maverick Tube	7
BJ Services	22
FMC Technologies	25
Nabors Industries	29
Baker Hughes	31
Varco International	35
National-Oilwell	36
Smith International	36
Cooper Cameron	39
Schlumberger	42
Halliburton	46
Transocean	49

Q_1는 x_3과 x_4의 중간이기 때문에 $Q_1 = (x_3 + x_4)/2 = (25 + 29)/2 = 27.0$

Q_2는 x_6과 x_7의 중간이기 때문에 $Q_2 = (x_6 + x_7)/2 = (35 + 36)/2 = 35.5$

Q_3는 x_9과 x_{10}의 중간이기 때문에 $Q_3 = (x_9 + x_{10})/2 = (39 + 42)/2 = 40.5$

왜도 및 첨도

$$\text{왜도(비대칭 정도)} = \frac{n}{(n-1)(n-2)} \sum_{i=1}^{n} \left(\frac{x_i - \overline{x}}{s}\right)^3$$

$$\text{첨도(뾰족함의 정도)} = \frac{n(n+1)}{(n-1)(n-2)(n-3)} \sum_{i=1}^{n} \left(\frac{x_i - \overline{x}}{s}\right)^4 - \frac{3(n-1)^2}{(n-2)(n-3)}$$

참고

(왜도의 형태)

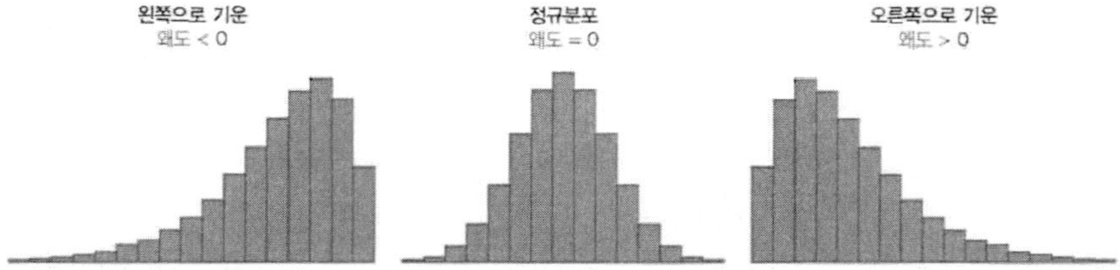

(첨도의 형태)

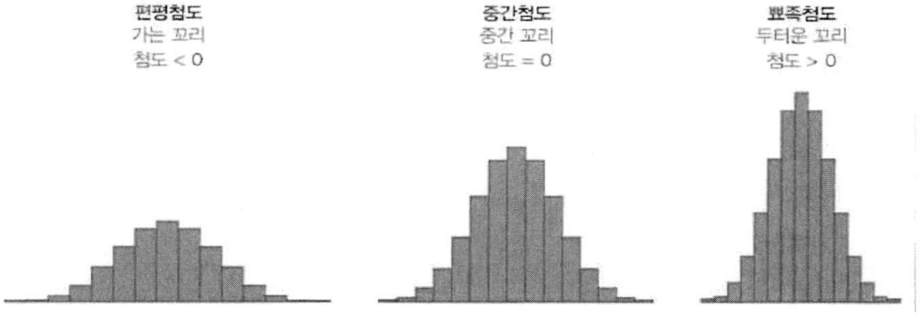

나눔문제

예제 1. 동의대학교 수학과 학생들의 퀴즈 점수에 대한 자료는 다음과 같을 때 학생들의 평균을 구하시오.

	A학생	B학생	C학생	D학생	E학생	F학생	G학생	H학생
점수	95	90	90	70	92	88	80	85

예제 2. 수학의 강의가 A반과 B 두 반에서 진행되었다. A반의 학생 수는 40명이고, 수학의 평균성적은 83점이다. 그리고 B반의 학생 수는 60명이고, 수학의 평균은 87점이다. 전체 수학 수강자의 평균을 구하시오.

▶▶ 2. 확률변수와 확률분포

17세기에 시작된 확률의 시대는 개별 사건에 초점을 맞춘 기간이다. 어떤 통계적 실험을 하여 하나의 사건이 일어났을 때 그 사건이 일어날 가능성을 정량적 수치로 나타낸 것이 바로 확률이다. 이에 비해 19세기에는 개별 사건이 아니라 사건들의 집합에 초점을 맞춘다. 바로 사건이 일어나는 패턴이 어떻게 달라지고, 그 과정에 어떤 규칙이 있는지를 알고 싶어 하는 것이다. 그 변동성과 규칙성을 찾는 일이 바로 통계이다.

변동성과 규칙성은 통계학과 확률이론 사이의 연결고리가 되며, 데이터는 그 변동성과 규칙성을 지니는 변수들로 이루어져 있기에 확률이론의 이해는 중요하다.

2.1 확률

표본공간

확률실험은 결과를 사전에 알 수 없는 어떤 프로세스를 의미한다, 즉 어떤 고객이 매장에 들어섰다고 하면 그가 물건을 살까, 사지 않을까? 그는 얼마를 지급할까?

이런 것들이 **확률실험**이다. 확률실험에서 발생 가능한 모든 결과의 집합을 그 실험의 **표본공간**(sample space)이라 하며, 기호 S 을 사용한다.

설명 예제 9 다음은 표본공간에 대한 예이다.

(1) 시티은행이 고객에게 대출을 해주는 경우 표본공간은 2개만 즉

$$S = \{\text{파산하는 경우, 파산하지 않는 경우}\}$$

이다.

(2) 이마트 고객들의 지불수단을 나타내는 표본공간은

$$S = \{\text{현금, 체크카드, 신용카드, 개인 수표}\}$$

이다.

(3) 주사위를 던질 때 나타나는 수들의 표본공간은

$$S = \{1,\ 2,\ 3,\ 4,\ 5,\ 6\}$$

이다.

(4) 두 개의 주사위를 던질 때 표본공간은 $S = \{(i,j) \mid 1 \le i,\ j \le 6\}$이고, 원소의 개수는 36가지이다. 각각의 결과는 다음과 같이 순서쌍으로 표시하면 다음과 같다.

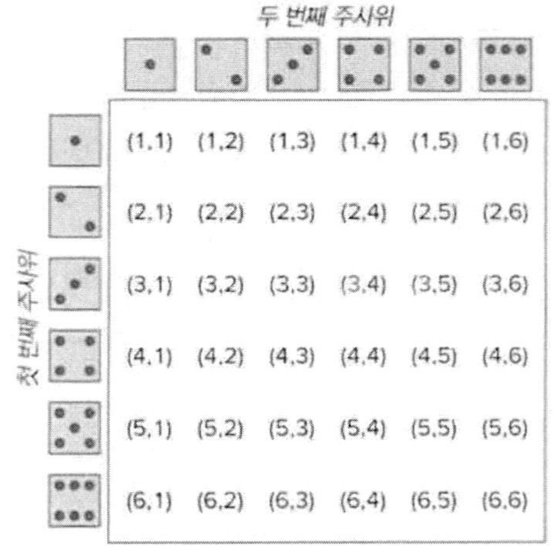

사건

사건이란 표본공간 S 의 결과들로 구성되는 부분집합 $A \subset S$ 을 의미한다.

확률

어떤 사건의 확률은 그 사건이 일어날 상대적 가능성을 측정하는 숫자이다.
어떤 사건 A의 확률을 P(A)라 표시하고, 이것은

$$0 \leq P(A) \leq 1$$

를 만족해야 한다. P(A)=0의 경우 그 사건이 발생할 수 없다는 것을 의미하고, P(A)=1인 경우 그 사건이 발생하는 것이 확실하다는 것을 의미한다.

설명 예제 10 표본공간 S={현금, 체크카드, 신용카드, 개인수표}에서 신용카드로 구매할 확률이 32%, 체크카드 15%, 현금 35%, 개인수표 18%라면, 모든 사건들의 확률의 합은 1이어야 한다, 즉 P(현금) + P(체크카드) + p(신용카드) + P(개인수표) = 0.32 + 0.15 + 0.35 + 0.18 = 1 이다.

참고 (확률의 종류와 계산방법)

확률의 종류에는 크게 고전적 확률(논리적 확률), 경험적 확률(통계적 확률), 공리적 확률, 베이지안 확률로 나눌 수 있으며, 고전적 확률과 경험적 확률에 대하여 정리하면 다음과 같다.

객관적 확률	계산방법	예시
고전적 확률	확률(P) = $\frac{n(A)}{n(S)}$	동전 던지기, 주사위 던지기
경험적 확률	N 번을 실험하여 특정 사건A 가 발생한 횟수를 a 라고 하면 확률(P) = $\frac{a}{N}$	야구의 타율, 농구의 자유투 성공률

설명 예제 11 (1) 2개의 주사위를 던지는 실험에서 발생(출현) 가능한 전체개수는 36가지이고, 실험에서 주사의의 합이 7일 확률은 다음과 같다.

$$\text{P(두 주사위의 합이 7)} = \frac{6}{36} = 0.1667$$

(2) 공업용 부품업체에서 생산직 근로자 280명을 면접하여 70명을 채용했다면, 무작위로 고른 면접자 채용사건 H의 확률은 다음과 같다.

$$P(H) = \frac{70}{280} = 0.25$$

(주관적 확률)

특정 사건이 발생할 가능성은 개인적인 지식(전문가의 의견)과 경험 또는 가치관에 따라 달라질 수 있으며 이를 **주관적 확률**이라 한다.

예를 들면 현대자동차의 새로운 납품업체가 선적 기한인 9월23일을 맞출 확률은?

이럴 때 우리는 전문가의 의견에 의존할 수밖에 없다.

2.2 확률변수와 확률분포(이산형, 연속형)

확률변수와 확률분포

확률변수는 확률실험 표본공간의 각 결과에 숫자(실수)를 배정하는 규칙이나 함수를 의미한다. **확률분포**는 확률변수 값이 취할 수 있는 모든 값에 대해 확률을 대응시켜 도표나 그래프로 표시한 것을 의미한다.

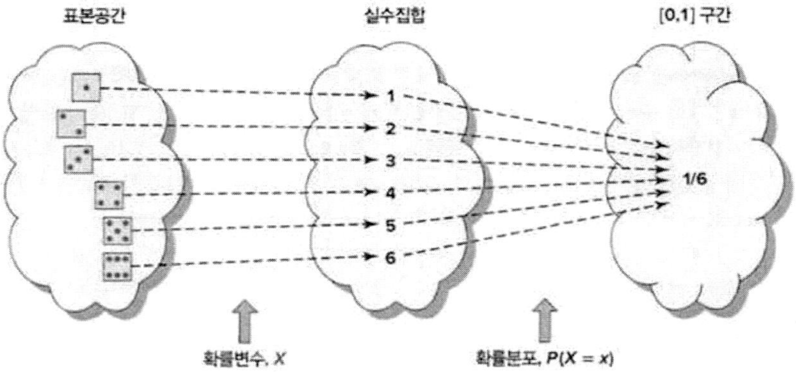

설명 예제 12 (1) 동전 1개를 3번 던질 때 표본공간 S는 다음과 같다. H는 앞면, T는 뒷면을 의미한다.

S={ HHH, HHT, HTH, THH, HTT, THT, TTH, TTT }

확률변수 X를 앞면(H)의 수로 정의하면 확률변수 X는

0, 1, 2, 3

이고, 각각에 대한 확률분포는

P(X=0)=1/8 , P(X=1)=3/8 , P(X=2)=3/8 , P(X=3)=1/8

이다. 이것을 도표와 그래프로 표시하면 다음과 같다.

가능한 사건	*x*	*P(x)*
TTT	0	1/8
HTT, THT, TTH	1	3/8
HHT, HTH, THH	2	3/8
HHH	3	1/8
합계		1

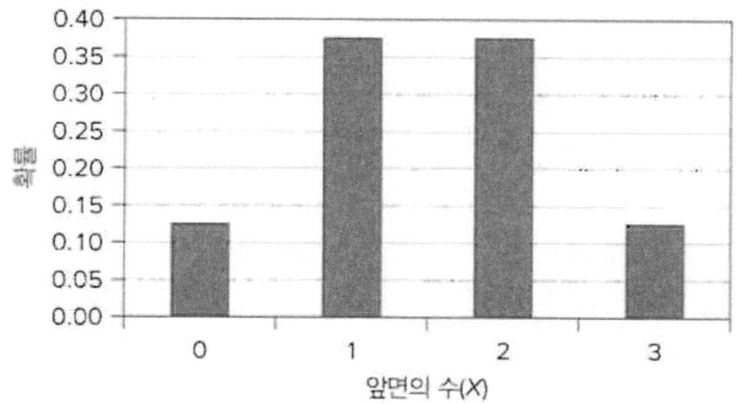

(2) 동전을 2개 던질 때 앞면이 나오는 횟수를 확률변수 X라 하면 확률변수와 확률분포는 다음과 같다.

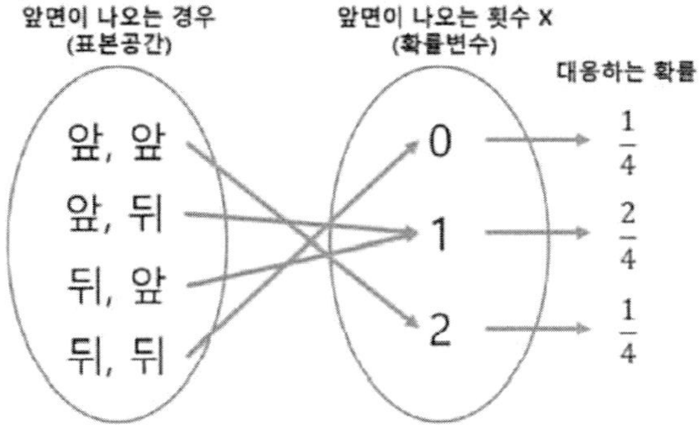

(3) 두 개의 주사위를 던져 나오는 두 눈의 차를 확률변수 X라 하면 표본공간은

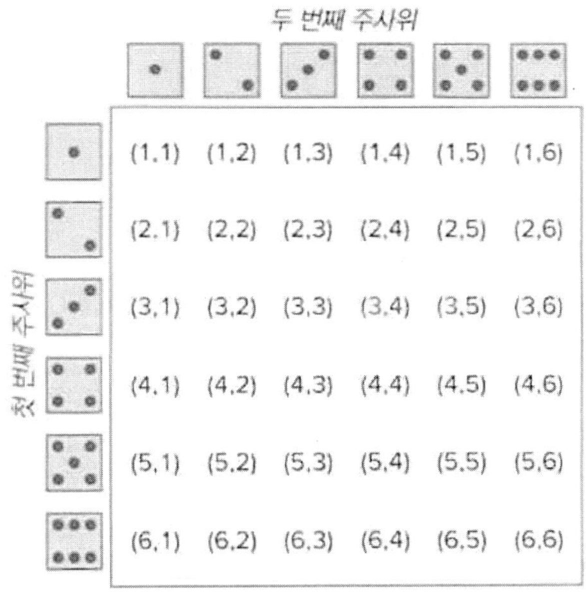

이다. 그리고 확률변수는 X는 다음의 경우를 가지며,

0, 1, 2, 3, 4, 5

그리고 각각의 확률변수를 가지는 사건들은 다음과 같다.

X=0 : (1, 1), (2, 2), (3, 3), (4, 4), (5, 5), (6, 6): 6개

X=1 : (1, 2), (2, 3), (3, 4), (4, 5), (5, 6), (6, 5), (5, 4), (4, 3), (3, 2), (2, 1):10개

X=2 : (1, 3), (2, 4), (3, 5), (4, 6), (6, 4), (5, 3), (4, 2), (3, 1): 8개

X=3 : (1, 4), (2, 5), (3, 6), (6, 3), (5, 2), (4, 1) : 6개

X=4 : (1, 5), (2, 6), (6, 2), (5, 1) : 4개

X=5 : (1, 6), (6, 1) : 2개

이제 각각의 확률분포를 구하하면

P(X=0) = 6/36 P(X=1) = 10/36 P(X=2) = 8/36

P(X=3) = 6/36 P(X=4) = 4/36 P(X=5) = 2/36

이 된다.

(이산확률변수와 연속확률변수)

확률변수는 다음과 같이 이산확률변수와 연속확률변수로 구분되며, 변수가 가질 수 있는 값의 개수가 유한인 경우를 **이산확률변수**, 값의 개수가 무한인 경우를 **연속확률변수**라 한다.

구분	확률변수의 예시	확률변수
이산확률변수	주사위를 던질 때 나온 눈의 수	$X = 1, 2, 3, 4, 5, 6$
	식당 종업원의 수	$X = 0, 1, 2, 3, 4, 5,\cdots$
	두 개의 동전을 던질 때 앞면의 횟수	$X = 0, 1, 2$
연속확률변수	건전지의 사용 가능 시간	$0 \le X \le 23$
	사람들의 몸무게	$20 \le X \le 125$
	한 달 생활비	$50{,}000 \le X \le 500{,}000$

이산확률분포는 다음과 같이 이산확률변수 X에 대한 확률분포를 의미하며, 이산확률분포의 그래프 모양인 히스토그램의 높이는 확률을 의미한다.

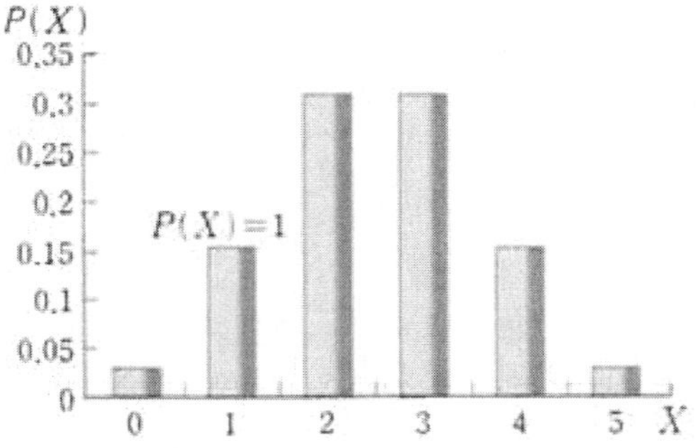

연속확률분포는 연속확률변수 X에 대한 확률분포이며, 연속확률분포의 곡선 그래프 모양을 **확률밀도함수** $f(x)$라 표시한다, 즉 확률밀도함수 $f(x)$는 연속확률분포의 그래프 모양을 나타내는 함수식이다.

참고 주의해야 할 것은, 연속확률변수는 구간을 가지기 때문에 확률밀도함수 $f(x)$의 그래프에서 한 점에 대한 높이는 확률을 의하지 않는다, 즉 함숫값 $f(x)$는 확률을 의미하지 않는다. 이것이 이산확률분포와 연속확률분포의 차이점이다.

연속확률분포에서 **확률**은 확률밀도함수 곡선 밑의 면적으로 계산되며, 즉 연속형 확률변수의 확률을 계산할 경우, 연속확률변수 X가 어떤 구간에 속할 확률을 구간 사이의 면적으로 다음과 같이 정적분으로 계산한다.

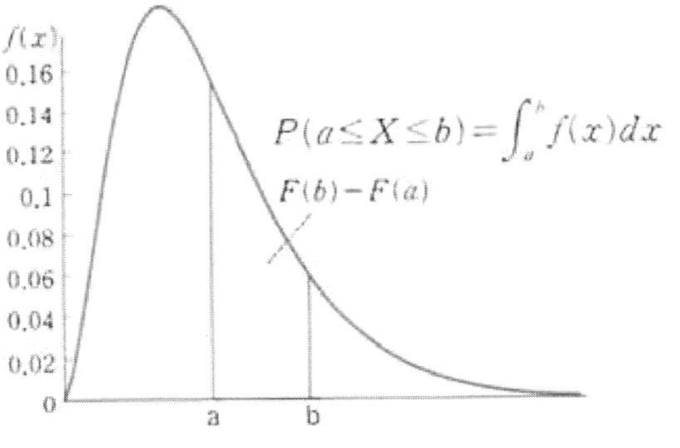

선의 면적은 0이므로, 연속형 확률변수 X가 특정한 값을 가질 때의 확률(면적)은 0이다.

확률변수	이산확률분포의 확률	연속확률분포의 확률
$X = a$	$P(X = a) = P(a)$	$P(a \le X \le a) = \int_a^a f(x)dx = 0$
$a \le X \le b$	$P(a \le X \le b) = \sum_{X=a}^{b} P(X)$	$P(a \le X \le b) = \int_a^b f(x)dx = F(b) - F(a)$

(이산확률함수와 확률밀도함수)

이산확률변수 X에 대한 P(X)를 **이산확률(질량)함수**(또는 이산확률분포함수)라 하고, 연속확률변수 X에 대한 $f(X)$를 **확률밀도함수**(또는 연속확률분포함수)라 한다.

(이산확률분포와 연속확률분포의 종류)

이산확률변수의 확률분포인 이산확률분포의 종류에는 **이항분포(베르누이실험의 n번 반복)**, 포아송분포, 초기하분포 등이 있고, 연속확률변수의 확률분포인 연속확률분포의 종류에는 균등분포, **정규분포**, F-분포, 지수분포 등이 있다.

2.3 확률분포의 평균과 분산

확률분포의 평균(기댓값), 분산, 표준편차

확률분포의 평균은 기댓값이라 하고,

$$E(x),\ E(X)\ ,\ \mu,\ \mu_x,\ \mu_X$$

등으로 표시한다. 이산확률분포의 기댓값은 확률을 가중치로 사용한 가중평균이고, 연속확률분포의 기댓값은 적분개념의 면적이 된다. 확률분포의 분산은

$$Var(X)\ ,\ \sigma^2\ ,\ \sigma_X^2\ ,\ \ \sigma_x^2\ ,\ S^2(x),\ S_x^2$$

등으로 표시한다. 확률분포의 표준편차는

$$\sqrt{Var(X)}\ ,\ \sigma\ ,\ \sigma_X\ ,\ \sigma_x\ ,\ S(x),\ S_x$$

등으로 표시한다.

그리고 각각의 계산식은 다음과 같다.

구분	이산확률분포	연속확률분포
기댓값	$E(X)=\mu_X=\sum_{i=1}^{n} X_i P(X_i)$	$E(X)=\mu_X=\int_{-\infty}^{\infty} x f(x)\,dx$
분산	$Var(X)=\sum_{i=1}^{n}(X_i-E(X))^2\,P(X_i)$ $=\left(\sum_{i=1}^{n} X_i^2\,P(X_i)\right)-E(X)^2$	$Var(X)=\int_{-\infty}^{\infty}(x-E(X))^2 f(x)\,dx$ $=\left(\int_{-\infty}^{\infty} x^2 f(x)dx\right)-E(X)^2$

설명 예제 13 (1) 일요일에 가전제품 수리점에 걸려오는 수리요청 전화는 아래의 수리요청 전화의 확률분포와 같다.

X	0	1	2	3	4	5
$P(X)$	0.05	0.10	0.30	0.25	0.20	0.10

확률변수 X의 기댓값은

$$\mathrm{E(X)} = \mu = \sum_{i=1}^{6} x_i\, p(x_i) = 0P(0) + 1P(1) + 2P(2) + 3P(3) + 4P(4) + 5P(5)$$

$$= 0(0.05) + 1(0.10) + 2(0.30) + 3(0.25) + 4(0.20) + 5(0.10)$$

$$= 2.75$$

이다. 따라서 일요일에 걸려오는 **평균적인 수리요청 전화 횟수는** 2.75**이다**. 참고로 확률분포는 다음과 같다.

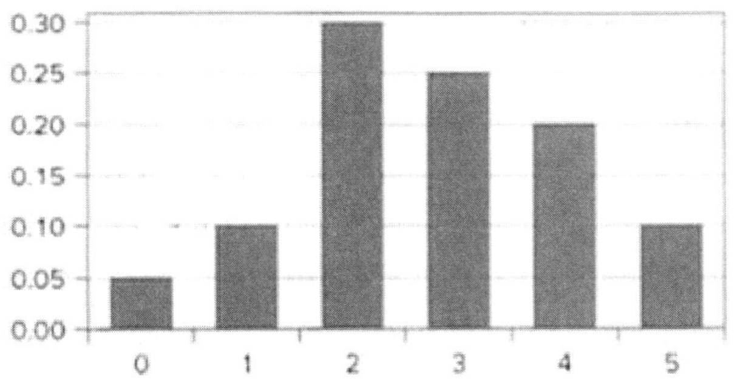

(2) 해운대구에 있는 한 모텔의 객실에 대한 수요는 관광객이 많은 8월에 집중된다. 지금까지 경험으로 보아 객실 수요는 변동이 매우 심하다. 확률변수 X=예약된 객실 수 즉 X=0, 1, 2, 3, 4, 5, 6, 7이고, 8월 중 객실 수요는 다음과 같다.

x	$P(x)$	$xP(x)$	$x-\mu$	$[x-\mu]^2$	$[x-\mu]^2P(x)$
0	0.05	0.00	−4.71	22.1841	1.109205
1	0.05	0.05	−3.71	13.7641	0.688205
2	0.06	0.12	−2.71	7.3441	0.440646
3	0.10	0.30	−1.71	2.9241	0.292410
4	0.13	0.52	−0.71	0.5041	0.065533
5	0.20	1.00	+0.29	0.0841	0.016820
6	0.15	0.90	+1.29	1.6641	0.249615
7	0.26	1.82	+2.29	5.2441	1.363466
합계	1.00	$\mu = 4.71$			$\sigma^2 = 4.225900$

위 표에서 기댓값, 분산, 표준편차는 다음과 같다.

$$E(X) = 4.71,\ \ Var(X) = 4.2259,\ \ \sigma = \sqrt{4.2259} = 2.0557$$

따라서 8월에 예약되는 방의 평균 개수는 4.71개이고, 표준편차 2.06의 의미는 평균 근처에서 상당한 변동이 존재한다는 것을 보여준다. 이것은 아래 그림에서 확인할 수 있다.

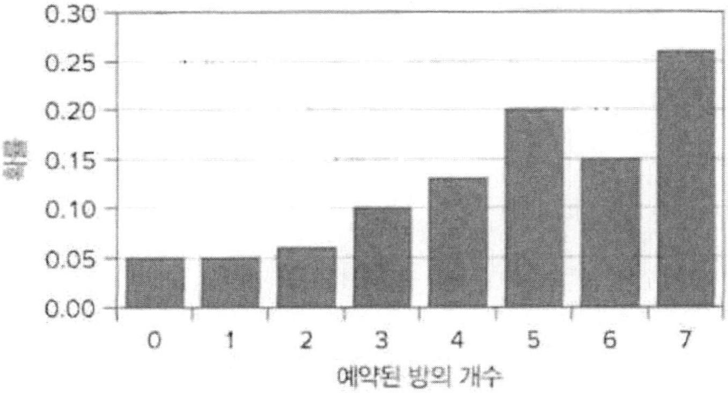

(3) 컴퓨터 메모리 생산업체는 하루에 100개의 메모리를 생산하는데 불량품의 개수는 매일 변동한다. 지난 100일 동안 조사한 불량품의 개수는 아래와 같다.

불량품 개수(X)	0	1	2	3	4
빈도	5	25	40	25	5
상대도수(확률)	0.05	0.25	0.4	0.25	0.05

불량품 개수가 0인 경우는 100일 중 5일 동안이고, 불량품 개수가 3개인 경우는 100일 중 25일이라는 의미이다. 따라서 기댓값, 분산, 표준편차는 위 표에서

$$E(X) = \sum x_i P(x_i) = 2$$

이고, 분산은

$$Var(X) = \sum x_i^2 P(x_i) - (E(X))^2 = 4.9 - 4 = 0.9$$

이다. 따라서 표준편차는

$$\sqrt{0.9} = 0.9486833$$

이 된다.

(4) 두 개의 동전 던지기에서 앞면이 나타나는 횟수에 대한 기댓값과 분산을 계산하고 그래프로 표시해보자. 앞에서 한 것과 같이 두 개의 동전을 던질 때 앞면이 나타난 횟수는 0, 1, 2가 된다. 앞면이 나타난 횟수를 확률변수 X라 하면 확률분포는 다음과 같다.

X	확률 $P(X)$	$X \times P(X)$	$X^2 \times P(X)$
0	$P(0)=\frac{1}{2}\times\frac{1}{2}=\frac{1}{4}$	$0\times P(0)=0$	$0^2\times p(0)=0$
1	$P(1)=\left(\frac{1}{2}\times\frac{1}{2}\right)+\left(\frac{1}{2}\times\frac{1}{2}\right)=\frac{1}{2}$	$1\times P(1)=1\times\frac{1}{2}=\frac{1}{2}$	$1^2\times P(1)=1\times\frac{1}{2}=\frac{1}{2}$
2	$P(2)=\frac{1}{2}\times\frac{1}{2}=\frac{1}{4}$	$2\times P(2)=2\times\frac{1}{4}=\frac{1}{2}$	$2^2\times P(2)=4\times\frac{1}{4}=1$
합계	1	1	$\frac{3}{2}$

따라서 기댓값은

$$E(X)=1$$

이고, 분산은

$$\frac{3}{2}-1^2=\frac{1}{2}$$

이다. 이것을 그래프로 표시하면 다음과 같다.

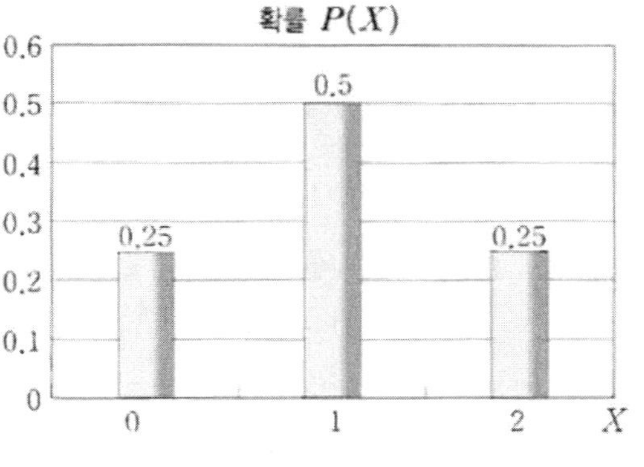

2.4 이항분포, 정규분포, 표준정규분포 그리고 확률계산

베르누이 실험과 이항분포

(1) 오직 두 가지 사상(성공과 실패)을 가진 확률실험을 **베르누이 실험**이라고 한다. 보통은 성공에 대한 확률을 p 라하고, 실패확률을 $q=1-p$ 로 표기한다.

(2) 이항분포는 베르누이 실험이 n 번 반복될 때 정의된다. 다시 말해, 오직 두 가지

사상(성공과 실패)의 실험을 n 회 반복적으로 시행한다고 할 때 성공할 횟수 (또는 실패할 횟수)를 나타내는 확률변수 X 가 갖게 될 확률분포를 **이항분포**라 한다.

(3) 한 번의 실행에서 사건 A가 일어날 확률(성공할 확률)이 p 이고, 실패할 확률 $q=1-p$ 일 때, n 번 독립시행에서 사건 A가 일어나는 횟수를 확률변수 X 라 하면 이산확률함수는 다음과 같다.

$$P(X=x) = {}_nC_x\, p^x (1-p)^{n-x} = \frac{n!}{x!(n-x)}\, p^x (1-p)^{n-x} \quad (x=0,1,2,\cdots,n)$$

이러한 이항분포를 기호로 $B(n,p)$와 같이 나타낸다.

설명 예제 14 한 개의 동전을 3번 던지는 실험에서 앞면이 나타나는 횟수의 확률분포는 다음과 같고, 이때 이항분포 $B(3,\ 0.5)$을 따른다.

확률변수 X	$P(X=x) = \frac{3!}{x!(3-x)!}(0.5)^x (0.5)^{3-x}$
0	$P(0)=0.125$
1	$P(1)=0.375$
2	$P(2)=0.375$
3	$P(3)=0.125$

이것을 그래프로 표시하면 다음과 같다.

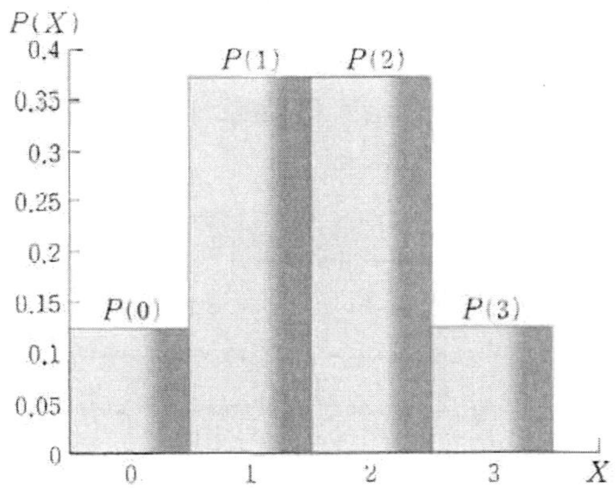

이항분포 $B(n,p)$의 기댓값, 분산, 표준편차

$$E(X) = np \quad Var(X) = np(1-p) \quad \sigma(X) = \sqrt{np(1-p)}$$

설명 예제 15 (1) 동전을 10번 던졌을 경우 앞면이 나타난 횟수를 X라 할 때 X에 대한 확률분포표를 작성하고 기댓값과 분산을 계산하시오. 동전 던지기 실험은 오직 두 가지 사상 즉 앞면 또는 뒷면을 나타내고, 앞면이 나타날 확률은 $p=0.5$ 이다. 매번 시행은 독립적으로 이루어지므로 앞면이 나타난 횟수 X는 이산확률변수이며 이항분포 $B(10,\ 0.5)$을 따른다. 그리고 이산확률함수는

$$P(X=x) = \frac{10!}{x!(10-x)!}(0.5)^x(1-0.5)^{10-x}, \quad x=0,1,2,\ \cdots,10$$

이다. 그리고 확률분포는 아래 표와 같으며, 기댓값은

$$E(X) = np = 10 \times 0.5 = 5$$

이고, 분산은

$$Var(X) = np(1-p) = 10 \times 0.5 \times 0.5 = 2.5$$

이다. 그리고 표준편차는 $\sqrt{Var(X)} = \sqrt{2.5} = 1.581139$ 이다.

(2) 동전을 10번 던졌을 때 앞면이 나타난 횟수를 X라 할 때 앞면이 정확히 7회 나타날 확률과 0에서 7까지의 누적확률을 구하시오. 이산확률함수가

$$P(X=x) = \frac{10!}{x!(10-x)!}(0.5)^x(1-0.5)^{10-x}, \quad x=0,1,2,\ \cdots,10$$

이므로, $P(X=7) = \binom{10}{7}(0.5)^7(1-0.5)^{10-7} = 0.117188$ 이다. 그리고 7회까지 누적확률은

$$\begin{aligned} P(X \le 7) &= P(X=0) + P(X=1) + \ \cdots \ + P(X=7) \\ &= \sum_{x=0}^{7}\binom{10}{x}(0.5)^x(1-0.5)^{10-x} \\ &= 0.945313 \end{aligned}$$

이다.

●●●

(연속확률분포: 정규분포와 표준정규분포, 그리고 확률계산)

연속확률분포에는 주로 연속균등분포, 정규분포, 표준정규분포, 정규분포 근사, 지수분포

등을 배우며, 여기서 우리는 **정규분포와 표준정규분포**를 공부한다.

정규분포

연속확률변수 X의 확률밀도함수(PDF) $f(x)$가 다음과 같이 정의된 확률분포를 **정규분포**라 한다.

$$\text{PDF}: \quad f(x) = \frac{1}{\sigma\sqrt{2\pi}} e^{-\frac{1}{2}\left(\frac{x-\mu}{\sigma}\right)^2}, \quad (-\infty < x < \infty)$$

여기서

$$\mu: \text{평균},\ \sigma: \text{표준편차},\ e = 2.7183,\ \pi = 3.14159$$

이러한 이유로 정규분포를 간단히 $N(\mu,\sigma)$ 또는 $N(\mu,\sigma^2)$로 표현한다. 그리고 연속확률변수 X가 정규분포를 따른다는 표시는 $X \sim N(\mu,\sigma)$ 또는 $X \sim N(\mu,\sigma^2)$로 사용한다.

다음 그래프에서 보듯이 정규분포는 평균 μ와 표준편차 σ에 의해 결정된다.

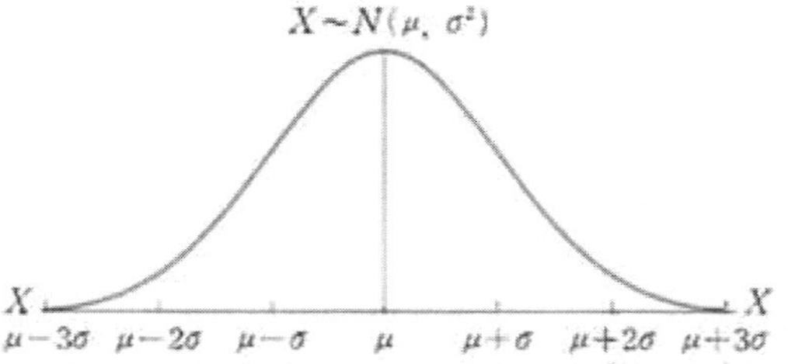

참고 확률밀도함수 $f(x)$의 곡선 아래 부분과 x축 사이의 면적은 항상 1이다. 연속확률변수 X의 범위는 $-\infty < X < \infty$이다.

(정규분포의 모양 비교)

왼쪽의 그래프는 평균이 같은 서로 다른 3개의 표준편차인 경우이다. 전체면적(확률)은 1로 같아야 하므로, 표준편차가 커지면 극댓값이 아래로 내려온다는 사실을 알 수 있다.
오른쪽 그래프는 표준편차가 같은 서로 다른 3개의 평균인 경우이다. 표준편차가 같으므로 전체면적(확률)도 1로 변함이 없다. 따라서 3개의 그래프는 평행이동하여 얻어질 수 있다.

설명 예제 16 정규분포 $N(5,\ 2)$와 정규분포 $N(7,\ 1)$의 확률밀도 함수는 각각 다음과 같다.

$$f_1(x) = \frac{1}{2\sqrt{2\pi}} e^{-\frac{1}{2}\left(\frac{x-5}{2}\right)^2},\ (-\infty < x < \infty)$$

$$f_2(x) = \frac{1}{\sqrt{2\pi}} e^{-\frac{1}{2}\left(\frac{x-7}{1}\right)^2},\ (-\infty < x < \infty)$$

이것을 그래프로 나타내면 다음과 같다.

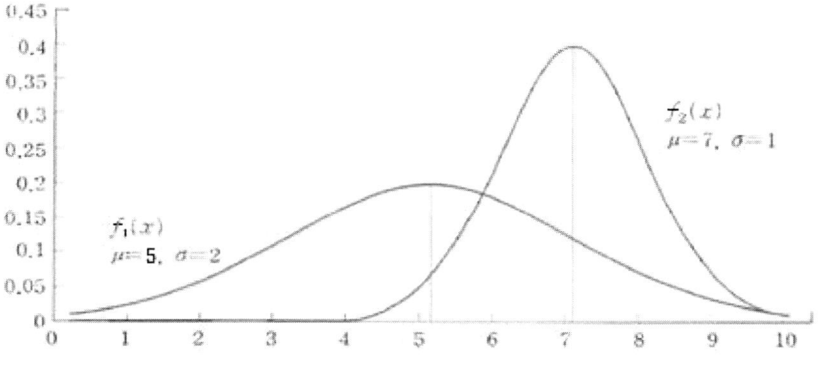

표준화

확률변수 X 를 확률변수 Z 로 바꾸어주는 다음식을 표준화라 한다.

$$Z = \frac{X-\mu}{\sigma}$$

설명 예제 17 다음 표의 왼쪽 33개의 자료는 평균이 μ=114.697이고, 표준편차는 σ=18.067인 자료들이고, 오른쪽은 이들을 표준화한 자료들이다. 33번째 자료 하나만 확인해 보면 다음과 같다.

브랜드	100대당 결함	z 점수	브랜드	100대당 결함	z 점수
Porsche	83	−1.754	Buick	114	−0.039
Acura	86	−1.588	Mazda	114	−0.039
Mercedes-Benz	87	−1.533	Scion	114	−0.039
Lexus	88	−1.478	Toyota	117	0.127
Ford	93	−1.201	Suburu	121	0.349
Honda	95	−1.090	Chrysler	122	0.404
Hyundai	102	−0.703	Suzuki	122	0.404
Lincoln	106	−0.481	GMC	126	0.626
Infiniti	107	−0.426	Kia	126	0.626
Volvo	109	−0.315	Jeep	129	0.792
Ram	110	−0.260	Dodge	130	0.847
Audi	111	−0.205	Jaguar	130	0.847
Cadillac	111	−0.205	MINI	133	1.013
Chevrolet	111	−0.205	Volkswagen	135	1.124
Nissan	111	−0.205	Mitsubishi	146	1.733
BMW	113	−0.094	Land Rover	170	3.061
Mercury	113	−0.094			

$$X_{33} = 170 \;\rightarrow\; Z_{33} = \frac{X_{33} - \mu}{\sigma} = \frac{170 - 114.697}{18.067} = 3.061$$

정규분포의 표준화(표준정규분포)

정규분포 $X \sim N(\mu,\ \sigma)$의 자료를

$$\text{표준화 } Z = \frac{X - \mu}{\sigma}$$

하면 표준정규분포 $Z \sim N(0,1)$을 따른다.

표준정규분포의 확률밀도함수(PDF)는 다음과 같다.

$$f(z) = \frac{1}{\sqrt{2\pi}} e^{-\frac{1}{2}(z^2)}, \quad (-\infty < z < \infty)$$

참고 (표준화하는 이유)

정규분포에서 확률을 계산하기 위해서 적분을 해야 하는데 정규분포에서 적분은 어렵다. 그리고 평균과 표준편차의 값에 따라서 분포의 위치와 모양이 달라져 비교하기가 어렵다. 이러한 단점을 해결하기 위하여 표준화를 사용한다. 그리고 정규분포에서 확률을 계산할 때 표준화를 한 후, 책의 부록표를 통하여 표준정규분포표의 확률을 찾게 되어있다.

(확률변수와 표준화된 변수 사이의 관계) 확률변수 X의 값이 표준화 식 $Z = \frac{X - \mu}{\sigma}$을 통하

여 얻어진 값을 Z-점수라 한다.

(의미) 표준화 식의 의미는 기존 자료의 평균 μ 을 $X-\mu$을 이용하여 0으로 변환시키고, 그리고 표준편차 σ 을 $\frac{1}{\sigma}$ 을 이용하여 1로 변화시키다.

설명 예제 18 (1) 정규분포

$$X \sim N(150,\ 10) \text{ 또는 } N(150,\ 10^2)$$

에서 X=170에 해당하는 Z-점수를 구해보자. 먼저 표준화 식을 이용하면

$$Z = \frac{170-150}{10} = 2$$

가 Z-점수가 됩니다. 이것의 의미를 그림을 통해서 보면 다음과 같습니다.

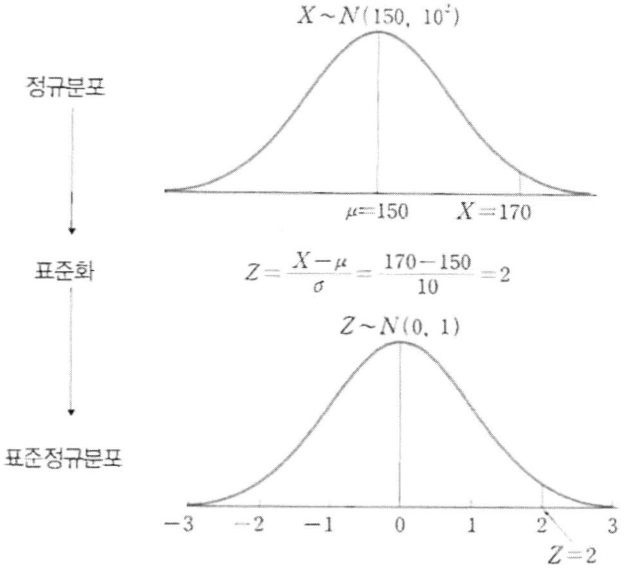

(2) 정규분포와 표준정규분포에서 평균과 표준편차의 관계는 다음과 같다.

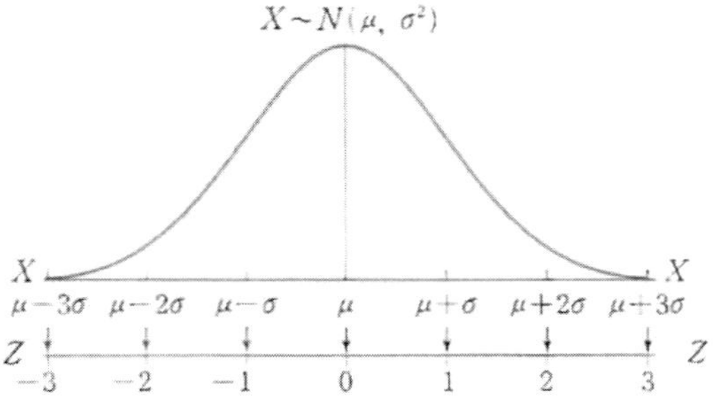

(3) 수학 점수의 평균과 표준편차는 60과 10이고, 영어점수의 평균과 표준편차는 80과 5인

정규분포일 때 어느 학생이 받은 수학 80점과 영어 85점에 대하여 어느 과목이 잘했다고 볼 수 있는가? 정규분포를 따르는 두 과목을 표준정규분포로 표준화하여 두 점수를 비교하면 된다. 수학 점수의 표준화는

$$Z = \frac{X-\mu}{\sigma} = \frac{80-60}{10} = 2$$

이고, 영어점수의 표준화는

$$Z = \frac{X-\mu}{\sigma} = \frac{85-80}{5} = 1$$

이다. 따라서 표준정규분포에서 수학 점수가 더 높으므로 수학을 더 잘했다고 할 수 있다.

●●●

(표준정규분포에서 확률계산)

표준정규분포는 평균이 $Z=0$점이고, 이 점을 중심으로 좌우대칭이므로 확률을 계산할 때 다음의 유형를 기초로 해서 확률을 계산한다.

유형1] 표준정규분포 전체 면적(확률)은 1이다, 즉 $P(-\infty \le Z \le \infty)=1$ 이다.

유형2] 표준정규분포의 절반의 면적(확률)은 1/2=0.5이다,

즉 $P(Z \ge 0) = P(Z \le 0) = 0.5$임을 의미하고, 그림은 다음과 같다.

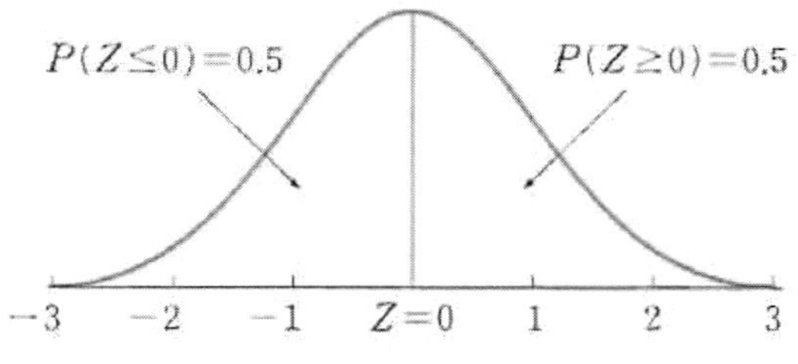

유형3] 임의 Z_a점에서 확률이 $P(Z \le Z_a)=0.3$이라면 그것의 여확률은

$P(Z \ge Z_a) = 1-0.3 = 0.7$이 된다. 일반적인 식은 $P(Z \le Z_a) + P(Z \ge Z_a) = 1$ 이다.

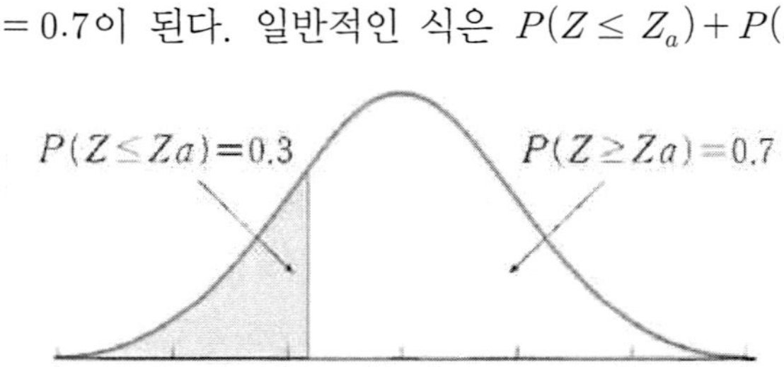

유형4] 확률(면적)의 대칭성이 존재한다, 즉

$$P(-1 \le Z \le 0) = P(0 \le Z \le 1)$$

유형5] 확률(면적)에 배수 관계가 성립한다, 즉

1. $P(-1 \le Z \le 1) = 2 \times P(0 \le Z \le 1)$ 2. $P(Z \le -1) = P(Z \ge 1)$

설명 예제 19 (1) 표준정규분포에서 확률 $P(-2 \le Z \le 1)$을 유형의 형태로 표시하시오.

위의 영역은

$$P(-2 \le Z \le 1) = P(-2 \le Z \le 0) + P(0 \le Z \le 1)$$

즉 아래 그림과 같다.

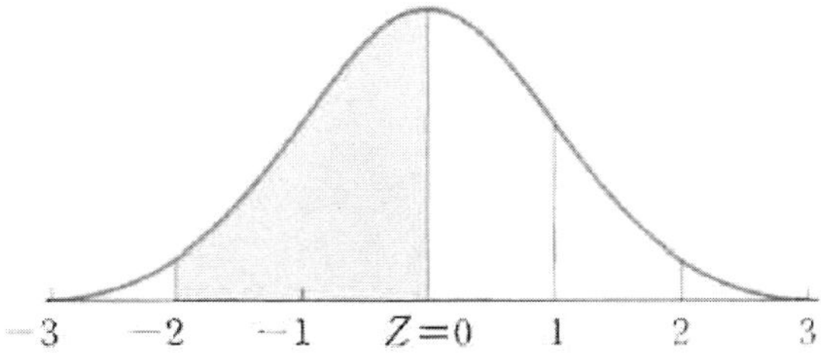

$P(-2 \le Z \le 0) = P(0 \le Z \le 2)$이므로 다음의 식을 얻는다.

$$P(-2 \le Z \le 1) = P(0 \le Z \le 2) + P(0 \le Z \le 1)$$

(2) 표준정규분포에서 확률 $P(Z \le -1)$를 유형의 형태로 표시하시오.

주어진 확률은 $P(Z \le -1) = P(Z \ge 1) = 0.5 - P(0 \le Z \le 1)$로 생각된다.

(3) 표준정규분포에서 확률 $P(-2 \le Z \le 2)$를 유형의 형태로 표시하시오.

주어진 확률은 $P(-2 \le Z \le 2) = 2 \times P(0 \le Z \le 2)$으로 생각된다.

(주어진 부록의 표를 이용하여 표준정규분포 계산하기)

교재마다 확률(면적)을 알려주는 표준정규분포표는 조금씩 다르다. 교재에서 보여주는 확률(면적은)은 Z 가 0 이상의 값을 갖는 다음의 경우에 대하여 정보를 준다.

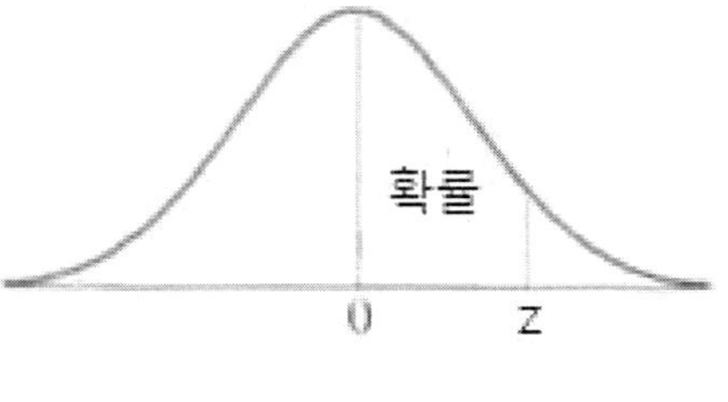

위의 확률(면적) 즉 $P(0 \le Z \le z) =$ 값을 표로 주어지며, 아래 표와 같이 z 값의 행과 열의 일치점을 찾는 방법으로 확률 $P(0 \le Z \le z)$을 알려준다.

1의 자리와 소수이하 첫째 자리

소수이하 둘째 자리

Z	0.00	0.01	0.02	0.03	...	0.08	0.09
0.0							
0.1							
0.2							
0.3			확률				
0.4							
...							
1.0							
1.1							
...							
3.0							

설명 예제 20 (1) $P(0 \le Z \le 1.28)$의 확률을 표준정규분포표를 이용하여 구하시오. 주어진 문제를 영역으로 표시하면 다음과 같다.

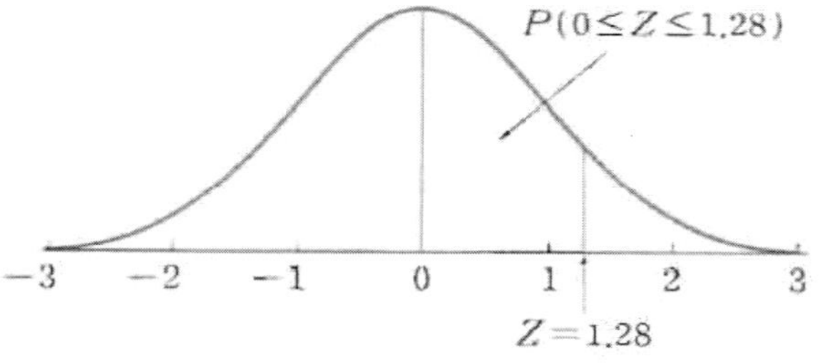

아래 주어진 표에서 $Z = 1.28$ 의 행과 열의 위치를 찾으면 주어진 문제의 확률을 구할 수 있다. 따라서

$$P(0 \le Z \le 1.28) = 0.3997$$

을 얻는다.

단계 2 (0.08), 단계 1 (1.2)

Z	0.00	0.01	0.02	0.03	...	0.07	0.08	0.09
0.0								
0.1								
0.2								
0.3								
0.4								
...								
1.0								
1.1								
1.2							0.3997	
...								
1.6								
...								
3.0								

(2) $P(-1.5 \le Z \le 0.5)$의 확률을 표준정규분포표를 이용하여 구하시오.

앞에서 배운 유형을 사용하면

$$P(-1.5 \le Z \le 0.5) = P(-1.5 \le Z \le 0) + P(0 \le Z \le 0.5)$$
$$= P(0 \le Z \le 1.5) + P(0 \le Z \le 0.5)$$

먼저, $P(0 \le Z \le 1.5) = 0.4332$은 다음으로부터 얻는다.

단계 2

Z	0.00	0.01	0.02	0.03	…	0.07	0.08	0.09
0.1								
0.2								
0.3								
0.4								
…								
1.0								
1.1								
1.2								
…								
1.5	0.4332							
…								
3.0								

단계 1

다음, $P(0 \le Z \le 0.5) = 0.1915$은 다음으로부터 얻는다.

단계 2

Z	0.00	0.01	0.02	0.03	…	0.07	0.08	0.09
0.1								
0.2								
0.3								
0.4								
0.5	0.1915							
…								
1.1								
1.2								
…								
1.5								
…								
3.0								

단계 1

따라서

$$P(-1.5 \le Z \le 0.5) = P(-1.5 \le Z \le 0) + P(0 \le Z \le 0.5)$$
$$= P(0 \le Z \le 1.5) + P(0 \le Z \le 0.5)$$
$$= 0.4332 + 0.1915 = 0.6247$$

을 얻는다.

●●●

(반대로 주어진 확률을 만족하는 $Z = z$ **값을 찾는 방법**)

이번에는 주어진 확률을 만족하는 $Z = z$ **값을 찾는 방법**에 대하여 생각해보자.

다음의 예제들을 통하여 자세히 설명한다.

설명 예제 21 (1) 확률 $P(Z \leq Z_a) = 0.9$를 만족하는 Z_a값을 구하시오.

주어진 확률이 0.5를 넘기 때문에 점 Z_a는 0보다 더 오른쪽에 위치해야 한다.

따라서

$$P(Z \leq Z_a) = 0.5 + P(0 \leq Z \leq Z_a) = 0.9$$

이 성립해서, 최종적으로 $P(0 \leq Z \leq Z_a) = 0.9 - 0.5 = 0.4$이 성립한다.

영역으로 표시하면 다음과 같다.

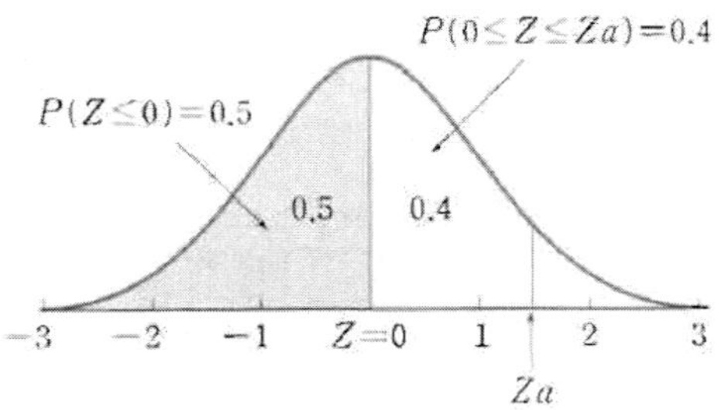

아래 표준정규분포표를 이용하여 $P(0 \leq Z \leq Z_a) = 0.4$을 만족하는 최고의 근사값을 찾으면 $Z_a = 1.28$임을 알 수 있고, 이것은 $P(0 \leq Z \leq 1.28) = 0.4$임을 의미한다.

단계 2 (0.08), 단계 1 (1.2)

Z	0.00	0.01	0.02	0.03	…	0.08	0.09
0.1							
0.2							
0.3							
0.4							
…							
1.0							
1.1							
1.2						0.3997	0.4015
…							
1.6							
…							
3.0							

(2) $P(Z \geq Z_a) = 0.1$을 만족하는 Z_a값을 구하시오.

주어진 확률이 $P(Z \geq Z_a) = 0.1$이다. 확률에서

$$P(Z \leq Z_a) + P(Z \geq Z_a) = 1$$

이 성립하기 때문에, $P(Z \leq Z_a) = 1 - 0.1 = 0.9$이 성립한다. 그리고 앞 (1)에서 $Z_a = 1.28$임을 알 수 있다. 따라서 $P(Z \geq 1.28) = 0.1$이 성립한다. 답은 $Z_a = 1.28$이다.

(표준정규분포를 이용하여 정규분포의 확률계산)

정규분포의 표준화가 표준정규분포가 된다는 사실을 이용하여, 정규분포의 확률(면적)을 계산하는데, 표준화된 표준정규분포의 확률을 이용한다.

설명 예제 22 (1) 경영학과 학생들의 월 생활비는 평균 35만원, 표준편차가 5만원인 정규분포를 따른다고 합니다. 임의로 선택한 학생의 월 생활비가 40만원 이상일 확률을 계산하시오. 문제를 수식으로 다시 표시하면,

$$X \sim N(\mu,\ \sigma) = N(350000,\ 5)$$

일 때 확률 $P(X \geq 400000)$을 구하면 된다.

X의 평균 35만원과 월 생활비 40만원을 표준화하면 다음과 같다.

X	**표준화**	Z
350000	$Z = \frac{X-\mu}{\sigma}$	$Z = \frac{X-\mu}{\sigma} = \frac{350000-350000}{50000} = 0$
400000		$Z = \frac{X-\mu}{\sigma} = \frac{400000-350000}{50000} = 1$

이제 주어진 문제는 표준정규분포에서 $Z \sim N(0,1)$일 때 확률 $P(Z \geq 1)$을 구하면 된다.

앞에서 확률 $P(0 \leq Z \leq 1) = 0.3413$은 표준정규분포표에서 얻어진 값이다.

따라서 $P(X \geq 400000) = P(Z \geq 1) = 0.5 - 0.3413 = 0.1587$이 된다.

(2) 경영학과 학생들의 월 생활비는 평균 35만원, 표준편차가 5만원인 정규분포를 따른다고 합니다. 임의로 선택한 학생의 월 생활비가 25만원~40만원 사이에 있을 확률을 계산하시오.

주어진 문제는 $X \sim N(\mu,\ \sigma) = N(350000,\ 5)$일 때

$$확률\ P(250000 \leq X \leq 400000)$$

을 구하면 된다. 이것을 다음과 같이 표준화하면 $Z \sim N(0,1)$일 때 확률

$$P(-2 \leq Z \leq 1)$$

을 구하는 문제와 같아진다.

따라서 표준정규분포표를 이용하면

$$P(250000 \leq X \leq 400000) =$$

$$P(-2 \leq Z \leq 1) = P(0 \leq Z \leq 2) + P(0 \leq Z \leq 1) = 0.4772 + 0.3413 = 0.8185$$

을 얻는다.

X	표준화	Z
250000	$Z=\frac{X-\mu}{\sigma}$	$Z=\frac{X-\mu}{\sigma}=\frac{250000-350000}{50000}=-2$
350000		$Z=\frac{X-\mu}{\sigma}=\frac{350000-350000}{50000}=0$
400000		$Z=\frac{X-\mu}{\sigma}=\frac{400000-350000}{50000}=1$

이번에는 확률이 주어진 상태에서 확률변수 X를 찾는 방법에 대하여 알아보자.

설명 예제 23 통계학을 수강한 100명의 성적은 평균이 75이고, 표준편차가 10인 정규분포를 따른다고 할 때 어느 학생이 상위 10%안에 들려면 최소 몇 점을 받아야 하는가?

문제를 수식으로 표시하면, $X \sim N(\mu,\ \sigma) = N(75,\ 10)$일 때

$$P(X \geq x_a) = 0.1$$

을 만족하는 x_a 을 구하는 문제이다. 표준화 $Z=\frac{X-\mu}{\sigma}$을 이용하면

$$P(X \geq x_a) = P(Z \geq z_a) = 0.1$$

이 성립한다. 그리고

$$P(0 \leq X \leq x_a) = P(0 \leq Z \leq z_a) = 0.5 - P(Z \geq z_a) = 0.5 - 0.1 = 0.4$$

은 다음의 영역으로부터 얻어진다.

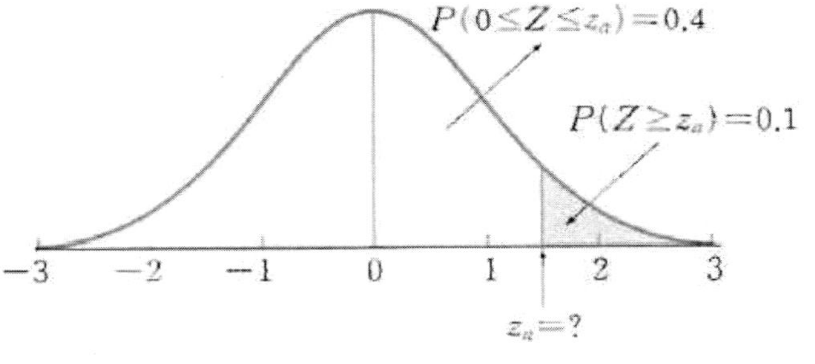

표준정규분포표에서 $P(0 \leq Z \leq z_a) = 0.4$를 만족하는

$$\text{점은 } z_a = 1.28$$

임을 알 수 있습니다.

이제 확률변수 X에 대한 점 x_a 를 얻기 위하여 표준화 공식에 대입하면

$$1.28 = \frac{x_a - 75}{10} \Rightarrow x_a = 87.8$$

을 얻는다. 따라서 상위 10%안에 들려면 최소 87.8점을 받아야 하며, 이는

$$P(X \geq 87.8) = P(Z \geq 1.28) = 0.1$$

을 의미한다.

나눔문제

예제 1. 5일 동안의 부산지역의 하루 평균 기온에 대한 데이터는 다음과 같다. 이것을 바탕으로 하루 평균 기온의 분산과 표준편차를 구하시오.

	1일	2일	3일	4일	5일
기온 (℃)	20	24	22	18	21

예제 2. 빨강 공 4개, 파란 공 5개가 들어있는 주머니에서 3개의 공을 꺼내려 한다. 뽑힌 공 중에서 파란 공의 개수를 확률변수 X 라고 할 때 X 의 확률분포표를 만드시오.

예제 3. 동전 한 개를 3번 던져서 뒷면이 나오는 횟수를 확률변수 X 라 할 때 X 의 분산과 표준편차를 구하시오.

예제 4. 흥민이의 패널티킥 성공률은 80%라고 하자. 이 선수가 패널티킥을 100번 할 때 성공한 숫의 횟수를 확률변수 X 라고 할 때 X 의 평균, 분산, 표준편차를 구하시오.

예제 5. 연속확률변수 X 는 구간 $[0, 3]$에서 임의의 실숫값을 취하고, X 의 확률밀도함수는 $f(x) = mx$라 할 때 상수 m과 확률 $P(1 \leq X \leq 2)$을 구하시오.

예제 6. 연속확률변수 X 가 취하는 값의 범위는 $0 \leq X \leq 2$이고 X 의 확률밀도함수는 $f(x) = ax^2$ 이다. 연속확률변수 X 의 평균 $E(X)$, 분산 $V(X)$, 표준편차 $\sigma(X)$를 구하시오.

▶▶ 3. 표본분포와 중심극한정리

모집단 전체를 대상으로 조사하는 것을 전수조사라 하며, 전수조사는 조사 기간과 비용 등의 문제로 인해 많은 어려움이 있다. 따라서 모집단으로부터 선택한 일부분의 구성단위인 표본(sample)을 선택하고, 표본의 결과(예: 표본평균, 표본분산 등)를 토대로 모집단의 성격과 특징을 파악하는 것이 통계학의 중요한 역할이며, 이를 **통계적 추정**(**추론**)(statistical estimation)이라고 한다.

표본으로부터 추론하고자 하는 모집단의 특성 중 가장 중요한 것은 평균과 표준 편차이며, 모집단의 평균(μ)과 표준편차(σ)를 **모수**(parameter)라 한다.

표본으로부터 얻은 평균($\overline{X}$) 과 표준편차(S)를 **표본 통계량**(**추정량**) (sample statistic)이라 한다. 그리고 **추정량**(estimator)은 모집단의 모수 값을 추론하기 위해 표본으로부터 얻은 통계량이다.

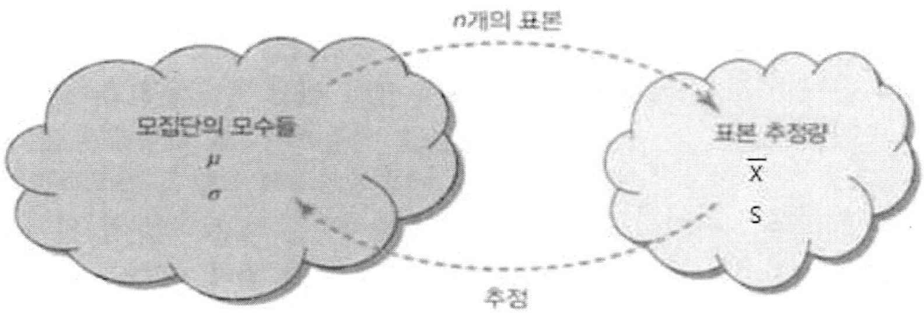

3.1 표본평균의 평균과 표준편차

모집단에서 표본을 추출할 경우 한 번만 추출하지 않고 다음과 같이 여러 번 추출한다고 가정하자. 즉

[표본1] ,[표본2] ,⋯ ,[표본n]

을 추출된 표본들이라 생각하자. 여기서 **표본 집단의 수**는 n 이다.

그림에서 표본 집단의 수는 $n=5$ 이다. 각 표본의 원소 개수를 **표본의 크기**라 하며, 그림에서 각 표본의 크기는 $m=10$이다.

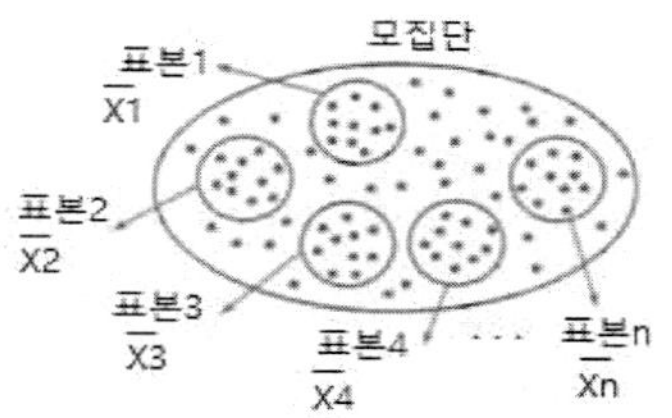

위에서 $\overline{X_n}$ 는 n 번째 표본인 [표본n]의 평균을 의미한다.

그리고 각 표본으로부터 얻은 평균을 **표본평균**이라 한다.

각 표본으로부터 얻은 표본 통계량 (예를 들면, 표본평균: [표본1]의 평균 $\overline{X_1}$, ⋯ , [표본n]의 평균 $\overline{X_n}$)을 확률변수($\overline{X}$)로 하는 확률분포를 **표본분포**(sample distribution)라 한다.

즉 확률변수($\overline{X}$)는

$$\overline{X} \in \{\overline{X_1}, \overline{X_2}, \cdots, \overline{X_n}\}$$

와 같은 값들을 가지므로, 확률변수($\overline{X}$)를 표본평균변수라 부르기도 한다. 그리고 표본분포에서 확률변수($\overline{X}$)의 평균(기댓값)을 기호

$$E(\overline{X}) \ , \quad \mu_{\overline{X}} \ , \quad 또는 \quad \overline{\overline{X}}$$

로 각각 표시한다.

설명 예제 24 회사 신입직원의 토익성적의 모집단에서 임의의 표본을 아래와 같이 추출한다고 가정해보자. 표본의 크기가 $m=5$이고, 표본 집단의 수 $n=8$인 표본분포는 아래와 같고, 모집단의 모평균은 $\mu=520.78$이고, 모표준편차는 $\sigma=86.80$이다. 자료에서 삼각형 모양은 표본자료의 평균들이다.

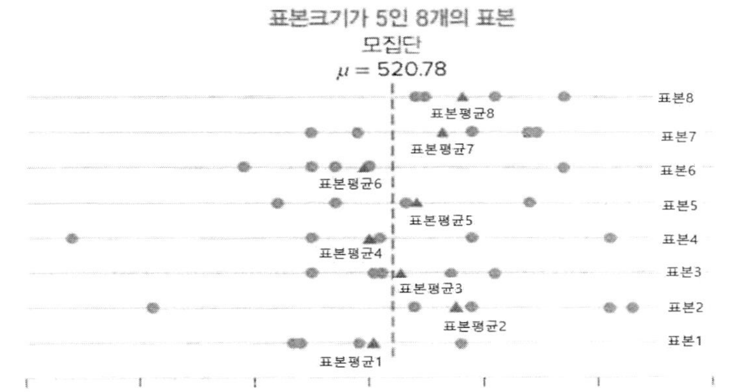

위에서 개별표본은 파란 점들이고, 표본평균은 빨간 삼각점들, 즉

표본1에서 표본평균은 $\overline{X_1}=504$,

표본2에서 표본평균은 $\overline{X_2}=576$,

⋯ 계속

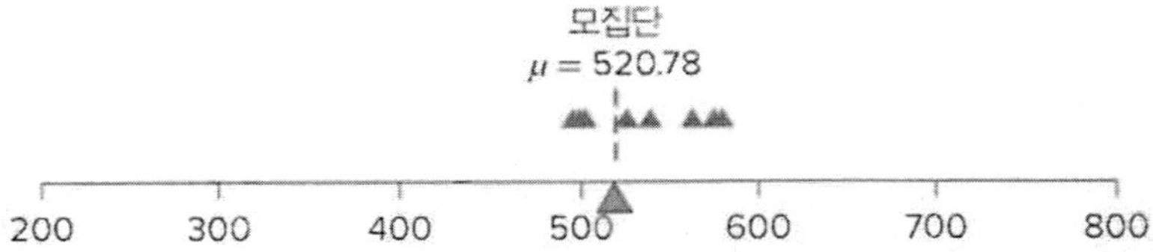

이들의 표본평균을 일직 선상에서 모아서 보면, 모평균 $\mu=520.78$ 와 가까운 정도를 알 수 있다. 실제로 표본평균은 모평균과 비슷해 보인다.

참고 하지만 표본이 달라지면 표본평균 값이 달라지며, 그리고 모집단의 어떤 원소가 표본에 포함될지 알 수가 없다. 그래서 표본추출을 이용하여 모집단을 추정하려면 반드시 오차가 존재한다.

●●●

(표본오차)

앞에서 본 것과 같이, 표본의 평균과 모수 사이에 다음과 같이 **표본오차**가 존재한다.

$$\text{표본오차} = \overline{X} - \mu$$

예를 들면, [표본1]에서 **표본오차**는

$$\overline{X}-\mu=504-520.78=-16.78$$

이고, [표본2]에서 표본오차는

$$\overline{X}-\mu=576-520.78=55.22$$

이다. 일반적으로, 추정하려는 모수(μ)가 주어지는 것이 아니므로, 실제로는 **표본오차**를 구할 수 없다. 그래서 다음과 같은 **편의**(bias)가 존재한다.

$$\text{편의} = E(\overline{X}) - \mu$$

여기서 $E(\overline{X})$는 표본평균의 변수 $\overline{X}$ 의 확률분포에서 기댓값(평균)이다.

특별히 $E(\overline{X})=\mu$일 때, $\overline{X}$ 는 모수 μ의 **불편추정량 또는 비편향추정량**이라 한다.

평균의 불편추정량

표본평균의 변수 $\overline{X}$ 에 대한 확률분포의 기댓값(평균)은 모집단 평균과 일치한다. 즉

$$E(\overline{X})=\mu_{\overline{X}}=\mu$$

참고 $E(\overline{X}) = E(\frac{x_1 + x_2 + \cdots + x_n}{n}) = \frac{E(x_1) + E(x_2) + \cdots + E(x_n)}{n} = \frac{n\mu}{n} = \mu$

참고 (추정량의 핵심요건)

모수는 알려지지 않기 때문에 유일한 최선의 추정량을 미리 알 수가 없다. 즉 모수를 미리 알 수 있는 정답이 없다는 것이다. 하지만 여러 개의 좋은 추정량은 얻을 수 있다. 그렇다면 "어떤 추정량이 좋은 추정량일까?"

좋은 추정량이 되기 위한 3가지 요건은 바로

일치성(consistency), 불편성(unbiasedness), 효율성(efficiency)

을 들 수 있다. 일치성은 표본의 크기가 커질수록 오차가 작아진다는 특성이고, 불편성은 추정량의 기댓값이 바로 모수가 된다는 의미이고, 효율성은 불편추정량을 만족하는 두 개의 추정량이 있을 때 분산의 크기가 작은 추정량이 더 바람직한 추정량이라는 의미이다. 모평균의 추정량으로 흔히 표본평균을 사용한다. 표본평균 대신 중앙값 같은 다른 통계량을 사용하면 안 되느냐고 누군가 물을 수도 있겠다. 모평균의 추정량으로 흔히 표본평균을 사용하는 것이 그냥 상식적인 판단이 아니라 앞의 가장 좋은 추정량의 3가지 요건을 만족하기 때문이다. 즉 추정량이 될 수 있는 여러 후보 가운데 표본평균이 가장 좋은 자격을 자지고 있다는 것이다.

●●●

(표본평균 $\overline{X}$에 대한 확률분포의 **표준오차**(**표준편차**))

표본이 바뀔 때마다 표본평균 $\overline{X}$ 도 달라진다. 불편추정량으로부터

$$E(\overline{X}) = \mu_{\overline{X}} = \mu$$

이 성립하므로, 이제 유일한 오차는 아래의 **표준오차**(**표준편차**)이다.

표본평균의 표준편차를 구해야 하며, 이를 특별히 **표본평균의 표준오차**(**표준편차**) $\sigma_{\overline{X}}$ 또는 $\sqrt{Var(\overline{X})}$ 라 부르며, 아래 식에서 표본평균의 표준오차는 표본의 크기가 클수록 줄어든다.

$$\sqrt{Var(\overline{X})} = \sigma_{\overline{X}} = \frac{\sigma}{\sqrt{n}} \quad \text{(표본평균의 표준편차)}$$

표본평균의 확률분포의 특성

(1) 표본평균 $\overline{X}$에 대한 확률분포의 기댓값(평균)은 모집단 평균과 일치한다.

$$E(\overline{X}) = \mu_{\overline{X}} = \mu$$

(2) 표본평균 $\overline{X}$에 대한 확률분포의 표준편차(표준오차)

$$\sqrt{Var(\overline{X})} = \sigma_{\overline{X}} = \frac{\sigma}{\sqrt{n}}$$

는 표본의 크기 n가 커질수록 오차가 줄어든다.

참고 $Var(\overline{X}) = Var(\frac{x_1 + x_2 + \cdots + x_n}{n}) = \frac{1}{n^2}(Var(x_1) + Var(x_2) + \cdots + Var(x_n))$

$$= \frac{1}{n^2}(n\sigma^2) = \frac{\sigma^2}{n}$$

설명 예제 25 (1) 만약에 모집단의 크기가 $n = 40$ 이고, 모평균 μ, 모표준편차 σ인 경우를 생각하자. 표본의 크기 $m = 5$로 임의로 표본을 뽑는 모든 경우의 수(모든 표본 집단의 수)는 5^{40} 가지이다. 전수조사인 경우, 5^{40} 개의 **모든 표본 집단**들의 각 평균(표본평균)을 확률변수($\overline{X}$)로 하는 표본분포를 생각하면, 당연히 표본평균들의 평균 $E(\overline{X})$은 모집단의 평균과 같아진다, 즉 $E(\overline{X}) = \mu_{\overline{X}} = \mu$ 이 성립한다. 하지만 (표본조사인 경우) 실제로 5^{40} 가지를 모두 조사한다는 것은 불가능하며, 표본평균들의 확률변수 $\overline{X}$ 들의 확률분포를 통하여 모집단의 모수를 추정해야 한다. 이런 경우도 앞에서 배웠듯이 $E(\overline{X}) = \mu_{\overline{X}} = \mu$은 성립한다. 그리고 표준편차(표준오차)

$$\sigma_{\overline{X}} = \frac{\sigma}{\sqrt{5}}$$

를 만족한다.

(2) 전수조사의 예시를 통하여 표본평균의 **기댓값**과 **표준오차의 공식**을 점검하자.

이산균등분포는 확률변수의 각각의 값이 나올 확률이 일정한 이산확률분포이다. 예를 들면 주사위 1개를 던지는 경우 확률변수는 주사위 눈의 수 {1, 2, 3, 4, 5, 6}이고, 이들의 각각이 나올 확률은 1/6 = 0.17로 항상 같으므로 이산균등분포를 형성한다. 그러면 모집단의 평균과 표준편차는 아래와 같다.

$$\text{모평균: } \mu = \frac{1+2+3+4+5+6}{6} = \frac{21}{6} = 3.5$$

모표준편차:

$$\sqrt{\frac{(1-3.5)^2+(2-3.5)^2+(3-3.5)^2+(4-3.5)^2+(5-3.5)^2+(6-3.5)^2}{6}} = 1.708$$

이산균등분포의 평균과 표준편차는 다음의 알려진 공식을 이용하면 편리하다.

이산균등분포 공식

확률변수 범위 : $[a, b]$

PDF : $P(X = x) = \dfrac{1}{b-a+1}$

CDF : $P(X \leq x) = \dfrac{x-a+1}{b-a+1}$

평균 : $\dfrac{a+b}{2}$

표준편차 : $\sqrt{\dfrac{(b-a+1)^2-1}{12}}$

다시 문제로 돌아와서, 주어진 문제에서 $a=1,\ b=6$인 경우이므로 공식에 대입하면 (모)평균= 3.5, (모)표준편차 = 1.708 을 얻는다.

설명 예제 26 모집단으로부터 표본을 추출하여(전수조사) 표본으로부터 모수들을 추정하는 예시를 살펴보자. 모집단의 크기가 4개인 $\{0, 1, 2, 3\}$ 로 구성된 각각의 확률은 $1/4 = 0.25$ 인 이산균등분포를 생각하자. 그러면 모집단의 모평균

$$\mu = \frac{0+1+2+3}{4} = 1.5$$

이고, 모표준편차는

$$\sigma = \sqrt{\frac{(0-1.5)^2+(1-1.5)^2+(2-1.5)^2+(3-1.5)^2}{4}} = 1.118$$

이다. 또는 앞에서 배운 이산균등분포의 공식을 사용해도 구해진다.

이제, 전수조사의 방식으로 표본추출을 통하여 위에서 얻어진 결과와 비교해 보자.

표본의 크기가 $n=2$ 인 표본추출을 생각하자. 그러면 표본 종류의 모든 경우의 수는 $2^4 = 16$ 가지이고, 다음과 같다.

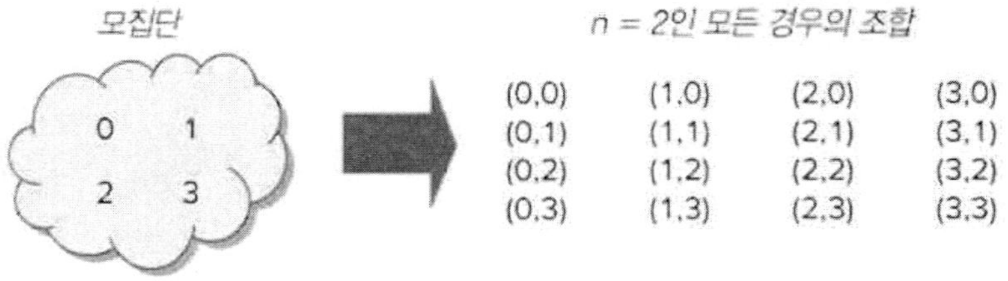

각 표본$(x_1,\ x_2)$의 표본평균은 $\overline{x}=\dfrac{x_1+x_2}{2}$이므로 모두 계산하면 다음과 같다.

$\bar{x}=(0+0)/2=0.0$ $\bar{x}=(1+0)/2=0.5$ $\bar{x}=(2+0)/2=1.0$ $\bar{x}=(3+0)/2=1.5$
$\bar{x}=(0+1)/2=0.5$ $\bar{x}=(1+1)/2=1.0$ $\bar{x}=(2+1)/2=1.5$ $\bar{x}=(3+1)/2=2.0$
$\bar{x}=(0+2)/2=1.0$ $\bar{x}=(1+2)/2=1.5$ $\bar{x}=(2+2)/2=2.0$ $\bar{x}=(3+2)/2=2.5$
$\bar{x}=(0+3)/2=1.5$ $\bar{x}=(1+3)/2=2.0$ $\bar{x}=(2+3)/2=2.5$ $\bar{x}=(3+3)/2=3.0$

표본평균($\bar{x}$)	도수(빈도수)	상대도수
0.0	1	0.0625
0.5	2	0.1250
1.0	3	0.1875
1.5	4	0.2500
2.0	3	0.1875
2.5	2	0.1250
3.0	1	0.0625
합	16	1.0000

이제 위의 표본분포를 이용하여 표본평균들의 기댓값(평균)과 표준편차를 각각 구해보자.

$$E(\overline{X})=\mu_{\overline{X}}=\frac{0.0\times1+0.5\times2+1.0\times3+1.5\times4+2.0\times3+2.5\times2+3.0\times1}{16}$$
$$=\frac{24}{16}=1.5=\mu$$

결과로부터 $E(\overline{X})=\mu_{\overline{X}}=\mu$ (불편추정량)이 성립함을 확인할 수 있다.

그리고 표본분포의 표준편차는 2가지로 구할 수 있다.

모표준편차 $\sigma=1.118$을 이용하는 경우 (표본평균들의 표준오차공식 이용)

$$\sigma_{\overline{X}}=\frac{\sigma}{\sqrt{n}}=\frac{1.118}{\sqrt{2}}=0.7906$$

2. 모표준편차를 모르는 경우(표본평균들의 기댓값을 이용한 표준편차공식을 이용)

$E(\overline{X}) = \mu_{\overline{X}} = 1.5$ 이므로 표본평균들의 표준편차(표준오차)는

$$\sigma_{\overline{X}}$$

$$= \sqrt{\frac{1(0-1.5)^2+2(0.5-1.5)^2+3(1-1.5)^2+4(1.5-1.5)^2+3(2-1.5)^2+22.5-1.5()^2+1(3-1.5)^2}{16}}$$

$$= 0.7906$$

따라서 위의 결과로부터 전수조사방식의 표본분포를 이용하면 **모집단의 모수**(**평균과 표준편차**)를 알 수 있다.

설명 예제 27 아래의 표는 통계학을 수강한 40명 학생들의 성적에 대한 표본분포이다. 모집단의 크기는 40명이고, 각 표본의 크기는 5로 하여 10번 조사를 한 결과이다.

표본	1	2	3	4	5
학생	김성철 외 4명	정찬영 외 4명	유진석 외 4명	박진용 외 4명	성수경 외 4명
표본 평균	$\overline{X}_1=77.4$	$\overline{X}_2=87.2$	$\overline{X}_3=83.8$	$\overline{X}_4=78.4$	$\overline{X}_5=79.6$

표본	6	7	8	9	10
학생	최홍석 외 4명	김유미 외 4명	안현선 외 4명	정진영 외 4명	이강훈 외 4명
표본 평균	$\overline{X}_6=88.4$	$\overline{X}_7=77$	$\overline{X}_8=82$	$\overline{X}_9=73.2$	$\overline{X}_{10}=88.6$

표본평균 $\overline{X}$의 확률분포인 표본분포를 작성할 수 있고, 그리고 기댓값은

$$E(\overline{X}) = \mu_{\overline{X}} = \frac{77.4+87.2+83.8+78.4+79.6+88.4+77+82+73.2+88.6}{10}$$

$$= \frac{815.6}{10} = 81.56 = \mu$$

이므로 **모집단의 모평균**은 $\mu = 81.56$임을 추정할 수 있다.

또한, 구해진 기댓값 $\mu_{\overline{X}}$ 을 이용하면 다음의 계산식을 통하여 표본의 표준편차 $\sigma_{\overline{X}}$ 를 구할 수 있다(각자 계산).

$$\sigma_{\overline{X}} = \sqrt{\frac{\sum_{i=1}^{10}(\overline{X}_i - \mu_{\overline{X}})^2}{10}}$$

따라서 표준오차 공식

$$\sigma_{\overline{X}} = \frac{\sigma}{\sqrt{n}} = \frac{\sigma}{\sqrt{10}} \quad \Rightarrow \quad \sigma = \sigma_{\overline{X}} \times \sqrt{10}$$

로부터 **모집단의 모표준편차** σ도 추정할 수 있다.

3.2 모집단의 정보를 모르는 경우 표본분포의 중심극한정리

만약에 **모집단이 정규분포**를 따른다면, 표본평균의 분포는 **표본의 크기와 상관없이 정규분포**를 따른다. 그러나 만약에 모집단이 정규분포를 따르지 않거나 모집단 분포에 대한 정보가 없을 경우는 어떠한가? 이러한 물음에 중요한 답을 주는 **중심극한정리**에 대하여 살펴본다.

모집단의 분포가 정규분포일 때

모집단 분포: $X \sim N(\mu,\ \sigma)$ 이며, 표본분포: $\overline{X} \sim N(\mu,\ \frac{\sigma}{\sqrt{n}})$ 이다.

모집단의 분포가 정규분포가 아닐 때

모집단의 분포가 정규분포가 아니더라도 표본의 크기 n이 크다면($n > 30$) 표본평균 $\overline{X}$에 대한 확률분포는 정규분포를 따르게 되는데 이러한 사실을 **중심극한정리**라고 한다.

대부분 확률변수가 t-분포나 정규분포를 따른다고 단정할 수 없다. 하지만 다행스럽게도 모집단에서 추출한 표본의 평균 $\overline{X}$의 모평균 μ을 중심으로 종 모양의 정규분포나 최소한 좌우대칭인 구릉모양의 분포를 한다. 이러한 표본평균 $\overline{X}$의 분포 특성을 설명하는 이론을 중심극한정리(central limit theorem)라 한다. 또한 표본평균의 분포는 표본의 크기(n)가 작을 때는 구릉모양의 분포에서 표본의 크기가 커질수록 종모양의 정규분포에 접근한다. 일반적으로 표본의 크기가 30개 이상($n \geq 30$)이면 표본평균 $\overline{X}$을 변수로 하는 확률변수는 정규분포를 따른다고 간주하여도 무방하다.

평균에 대한 중심극한정리

(1) 임의의 모집단으로부터 추출된 표본의 크기 n이 크다면 ($n > 30$) 모집단의 분포와 관계없이 표본평균 $\overline{X}$에 대한 확률분포는 근사적으로 정규분포를 따른다. 즉

$$\overline{X} \sim N(\mu,\ \frac{\sigma}{\sqrt{n}})$$

(2) 표본평균 $\overline{X}$가 정규분포 $\overline{X} \sim N(\mu, \frac{\sigma}{\sqrt{n}})$이므로, 이것에 대한 표준화

$$Z = \frac{\overline{X} - \mu}{\frac{\sigma}{\sqrt{n}}}$$

의 분포는 표준정규분포 $N(0,1)$을 따른다.

설명 예제 28 (1) 정규분포와 표본분포에서의 확률의 계산을 비교한다.

	정규분포에서 확률계산	표본분포에서 확률계산
문제	동의대 학생들의 월 생활비는 평균이 35만원이고, 표준편차가 5만원인 정규분포를 따른다고 한다. 임의로 선택한 학생의 월 생활비가 40만원 이상일 확률을 계산하시오.	동의대 학생들의 월 생활비는 평균이 35만원이고, 표준편차가 5만원인 정규분포를 따른다고 한다. 무작위로 5명을 추출하여 계산한 평균이 40만원 이상일 확률을 계산하시오.
분포	확률변수는 X이고, $X \sim N(350{,}000,\ 50{,}000^2)$	확률변수는 $\overline{X}$이고, $\overline{X} \sim N\left(350{,}000,\ \left(\frac{50{,}000}{\sqrt{5}}\right)^2\right)$

표준화를 한 다음 확률을 계산하면 다음과 같다.

표준화	$Z = \frac{X-\mu}{\sigma} = \frac{400000-350000}{50000} = 1$	$Z = \frac{\overline{X}-\mu}{\frac{\sigma}{\sqrt{n}}} = \frac{400000-350000}{\frac{50000}{\sqrt{5}}} = 2.24$
확률	$P(X \geq 400{,}000)$ $= P(Z \geq 1)$ $= 0.1587$	$P(X \geq 400{,}000)$ $= P(Z \geq 2.24)$ $= 0.0125$

(2) 정규분포와 표본분포에서 X_a 값 찾는 문제를 비교 설명한다.

	정규분포에서 X_a 값	표본분포에서 X_a 값
문제	통계학을 수강한 100명의 성적은 평균이 75이고, 표준편차가 10인 정규분포를 따른다. 한 학생이 상위 10%안에 들려면 최소 몇점을 받아야 하는가?	통계학을 수강한 100명의 성적은 평균이 75이고, 표준편차가 10인 정규분포를 따른다. 임의로 10명을 추출하여 계산한 평균이 상위 10%안에 들려면 최소 몇점을 받아야 하는가?
확률	표준정규분포에서 $P(Z \geq z_a) = 0.1 \;\Rightarrow\; P(0 \leq Z \leq z_a) = 0.5 - 0.1 = 0.4$ 이므로, 표준정규분포표에 의해서 $z_a = 1.28$ 이다.	
표준화	$Z = \dfrac{X - \mu}{\sigma}$	$Z = \dfrac{\overline{X} - \mu}{\dfrac{\sigma}{\sqrt{n}}}$
계산	$1.28 = \dfrac{X - 75}{10} \;\Rightarrow\; X = 87.8 = X_a$	$1.28 = \dfrac{\overline{X} - 75}{\dfrac{10}{\sqrt{10}}} \;\Rightarrow\; \overline{X} = 79.1 = X_a$

3.3 모집단의 표준편차 모르고 소표본인 확률분포(t-분포)

모집단의 정규분포를 따르지만, 모표준편차 σ 를 모르고, 표본의 크기 n이 작다면($n < 30$), 표본평균 $\overline{X}$ 에 대한 확률분포는 정규분포를 따르지 않고 t-분포를 따른다. 모집단의 표준편차를 모르기 때문에 아래의 표본의 표본표준편차(S)를 사용한다.

$$S = \sqrt{\frac{\sum_{i=1}^{n} (\overline{X}_i - E(\overline{X}))^2}{(n-1)}}$$

그리고 새로운 확률변수(검정통계량)은

$$t = \frac{\overline{X} - \mu}{\dfrac{S}{\sqrt{n}}}$$

라 한다면, t 는 자유도 $(n-1)$인 $t-$분포 따르며 다음과 같이 표시한다. 즉

$$t = \frac{\overline{X} - \mu}{\frac{S}{\sqrt{n}}} \sim t(n-1,\ \alpha),\text{여기서}\ \ \alpha:\text{확률(면적)}$$

여기서 $t(n-1,\ \alpha)$의 값은 보통은 부록 t-분포표로 주어진다.

이런 경우 t-분포의 확률은 다음과 같다.

$$P(T > t(n-1,\ \alpha)) = \alpha$$

이것의 의미는 아래 그림과 같고, 점 $t = t(n-1, \alpha)$은 보통 부록 t-분포표에서 주어지며, 임계치(값)라고 부른다.

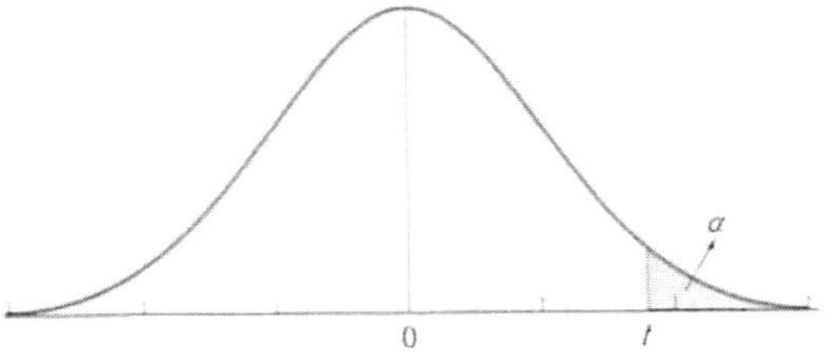

[$P(T > t) = \alpha$ 인 경우]

자유도에 따라서 t-분포의 모양이 달라지며, 자유도에 따른 t-분포 $t(n-1, \alpha) = t_{(n-1)}$ 와 표준정규분포 $N(0,\ 1)$의 비교 그림은 다음과 같다.

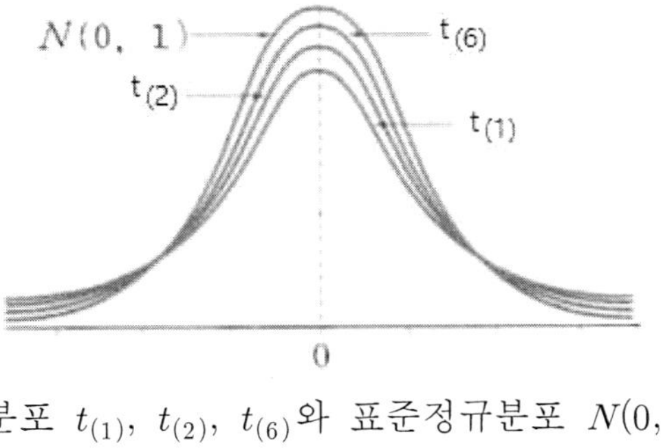

[t-분포 $t_{(1)}$, $t_{(2)}$, $t_{(6)}$와 표준정규분포 $N(0,1)$]

t-분포는 0을 중심으로 좌우대칭이므로 정규분포와 비슷하지만, 자유도가 작을수록 분포의 모양이 납작해지고, 자유도가 증가할수록 표준정규분포와 비슷해진다.

불편추정량

표본분산 S^2 기댓값(평균)은 모집단의 분산과 일치한다. 즉

$$E(S^2) = \sigma^2 .$$

참고 $E(S^2)=E\left(\frac{\sum_{i=1}^{n}(x_i-\overline{x})^2}{n-1}\right)=\frac{1}{n-1}E(\sum_{i=1}^{n}(x_i-\overline{x})^2)=\frac{1}{n-1}E(\sum_{i=1}^{n}(x_i-\mu+\mu-\overline{x})^2)$

을 이용하여 계산하면 $E(S^2)=\sigma^2$ 을 얻을 수 있다. 나눔 문제로 남겨둔다.

나눔문제

예제 1. 주머니에 2, 4, 6이 적힌 3개의 공이 들어있다. 복원추출로 주머니에서 연속해서 공을 두 번 뽑을 때 각각의 공에 적힌 숫자를 확률변수 X_1, X_2 라 하면, 표본평균 $\overline{X}=\frac{X_1+X_2}{2}$ 의 확률분포를 작성하시오.

예제 2. 동의 농장에서 수확한 사과 한 개의 무게는 평균 70g, 표준편차 4.9g인 정규분포를 따른다. 동의 농장에서 수확한 사과 중에서 49개를 임의로 추출할 때, 사과 무게의 평균이 70.7g 이상일 확률을 구하시오 (단, $P(0 \le Z \le 1)=0.3413$).

예제 3. 부록의 t-분포표를 이용하여 자료의 개수가 30개이고 확률이 $\alpha=0.05$ 인 임계값을 구하시오. 그리고 모집단의 평균 $\mu=370$ 일 때 표본평균 $\overline{x}=371.5$, 표준편차 $S=4.52$ 인 검정통계량을 구하시오.

예제 4. 표본분산은 모집단 분산의 불편추정량임을 보이시오, 즉 $E(S^2)=\sigma^2$ 을 보이시오.

▶▶4. 통계적 추정과 가설검정

통계적 추론은 추정과 가설검정으로 분류되며, 추정은 모집단에서 추출한 표본의 결과를 이용하여 모집단의 모수를 추측하는 과정을 말한다. 추정방법에는 **점추정과 구간추정**이 있으며, 점추정은 오직 하나의 값으로 모수를 추정하는 것이고, 구간추정은 모수가 포함될 것이라고 기대하는 범위(모수의 신뢰구간)를 추정하는 것이다.

표본 통계량은 표본으로부터 얻어진 표본평균 $\overline{X}$와 표본분산 S^2 (표본 표준편차 S)을 사용한다. 일반적으로 신뢰구간만으로도 의사결정에 충분한 정보를 얻을 수도 있으며, 즉 의사결정에 꼭 필요한 모수를 포함하는 95% 구간을 아는 것만으로 충분할 수 있다.

가설검정은 우리가 배운 신뢰구간 설정의 확장이라고 볼 수 있고, 특별히 가설검정이 필요한 이유는 의사결정을 잘못 내려 발생할 수 있는 위험을 평가해 볼 수 있기 때문이다.

4.1 점추정과 구간추정

점추정은 오직 하나의 값으로 모수를 추정하는 것이므로, 모집단의 평균 μ을 추정하기 위한 추정량으로 표본평균, 표본중앙값, 표본최빈수 등을 생각할 수 있지만, 어느 것을 선택할지의 기준이 있어야 한다.

예를 들어 우리나라 대학생의 월평균 생활비를 조사하기 위해 전국대학을 대상으로 1500명의 표본을 뽑아서 조사한 결과 표본평균 $\overline{X}= 325000$이라는 결과를 얻었다고 가정하자. 점추정으로부터 우리나라 전체 대학생의 월 생활비는 즉 모집단의 평균 μ는 325000원으로 추정한다.

여러분은 이 추정을 신뢰합니까?

이처럼 점추정량의 추정치는 얼마나 정확한지에 대한 정보를 주지 못합니다. 이 예에서 점추정의 추정량을 표본평균으로 사용할 경우, 만약에 다른 표본을 사용한다면 추정치가 달라질 수 있고, 분산이나 표준편차에 대한 정보도 없으므로 모집단의 평균을 추정한 값이 얼마나 정확한지를 나타낼 수가 없다. 다시 말해, 표본평균을 이용한 점추정에서 모집단의 평균과 표본평균 간에 오차가 발생하는데, 오직 하나의 값으로 모수를 추정한다면 두 값이 얼마나 가까운지에 대한 정보를 알 수가 없으므로 추정의 정확도를 알 수 없는 것이다.

이러한 단점을 보완하기 위해 다음에서 **구간추정**(**모수의 신뢰구간**)을 사용한다. 구간추정(interval estimation)은 점추정과 달리 모수가 포함될 것이라고 기대하는 범위를 설정하여 모수를 추정하는 방법입니다.

모수가 포함될 가능성을 추정한 구간 ($L \le \mu \le U$)과 그것의 신뢰성의 크기를 확률 $(1-\alpha)$을 이용하여 다음과 같이 표시합니다.

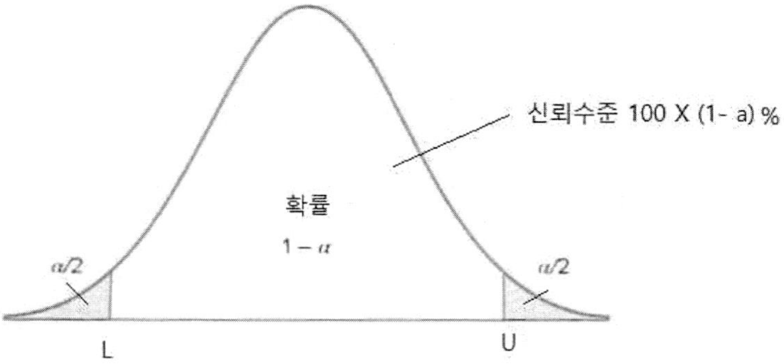

확률 $1-\alpha$, 신뢰수준 $100\times(1-\alpha)\%$, 그리고 신뢰구간

1. 모집단 평균 μ가 구간 L과 U 사이에 존재할 확률 $(1-\alpha)$을 다음과 같이 나타낸다.
$$P(L \le \mu \le U) = 1-\alpha$$
2. 모집단 평균 μ가 구간 L과 U 사이에 존재할 신뢰수준이 $100\times(1-\alpha)\%$라는 것은
$$P(L \le \mu \le U) = 100\times(1-\alpha)\%$$
같이 나타낸다.
3. $P(L \le \mu \le U) = 100\times(1-\alpha)\%$일 때 추정구간 $[L, U]$ or $L \le \mu \le U$ 을 모집단 평균 μ에 대한 $100\times(1-\alpha)\%$ 신뢰구간이라 한다.

위에서 α 는 오차확률로 표본을 이용하게 될 경우, 필연적으로 발생하는 표본오차를 의미한다. 그리고 α 을 **유의수준**이라고도 합니다.

예를 들어, 유의수준 $\alpha = 0.05$ 이면 신뢰수준은 $100\times(1-0.05)\% = 95\%$ 이고, 구간
$$[L, U] \text{ or } L \le \mu \le U$$
을 모집단 평균 μ에 대한 95% 신뢰구간이라고 하며 다음과 같이 나타낸다.
$$P(L \le \mu \le U) = 100\times(1-0.05)\% = 95\% \quad \text{또는} \quad P(L \le \mu \le U) = 0.95$$

(의미)

신뢰구간 $P(L \le \mu \le U) = 0.95$을 해석할 때 모집단 평균 μ가 신뢰구간 $[L, U]$ 에 있을 확률이 95%라기보다는, 100개의 자료에 대한 100개의 구간이 존재하고, 임의의 추정구간이

모수 μ 을 포함하게 될 믿음의 정도(신뢰성의 수준)가 95%라는 의미로 해석한다. 즉 100개의 구간 중에서 95개의 구간이 모수 μ 을 포함한다는 의미이다.

설명 예제 29 $Z \sim N(0,1)$일 때 $P(Z_L \leq Z \leq Z_U) = 0.95$을 만족하는 Z_L 과 Z_U 를 구하시오. 그리고 신뢰구간을 나타내시오. 이것을 그림으로 표시하면 다음과 같다.

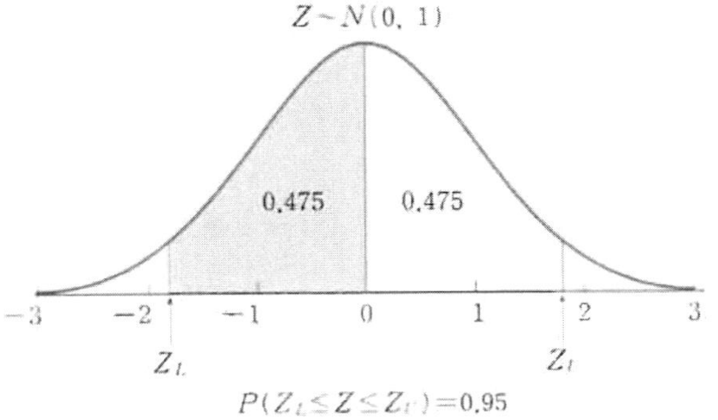

그림의 대칭성을 이용해서 영역을 반으로 나누면 확률이

$$\frac{(1-\alpha)}{2} = \frac{0.95}{2} = 0.475$$

이 된다.

이제 $P(0 \leq Z \leq Z_U) = 0.475$을 구하기 위해 [부록의 표준정규분포표]를 이용하면

$$Z_U = 1.96$$

임을 알 수 있다. 따라서

$$P(0 \leq Z \leq 1.96) = 0.475$$

임을 알 수 있다. 그리고 대칭성을 이용하면 $Z_L = -1.96$임을 알 수 있다.

따라서

$$P(-1.96 \leq Z \leq 1{,}96) = 1 - 0.05 = 0.95$$

이 성립한다. 그리고 95% 신뢰구간은

$$-1.96 \leq Z \leq 1.96$$

이다.

●●●

(1) 모집단의 표준편차 σ를 알고 있는 경우 표본분포의 구간추정에 대하여 알아보자.

	모집단이 정규분포를 따를 때	모집단이 정규분포를 따르지 않을 때
대표본 $n \geq 30$	$\overline{X} \sim N(\mu, \frac{\sigma^2}{n})$, $Z = \frac{\overline{X} - \mu}{\frac{\sigma}{\sqrt{n}}} \sim N(0,1)$	$\overline{X} \sim N(\mu, \frac{\sigma^2}{n})$, $Z = \frac{\overline{X} - \mu}{\frac{\sigma}{\sqrt{n}}} \sim N(0,1)$
소표본 $n < 30$	$\overline{X} \sim N(\mu, \frac{\sigma^2}{n})$, $Z = \frac{\overline{X} - \mu}{\frac{\sigma}{\sqrt{n}}} \sim N(0,1)$	비모수적 방법

표본분포는 모집단이 정규분포를 따른다면 그리고 표준편차를 알고 있는 경우 모집단 평균에 대한 구간추정은 표본의 크기에 상관없이 정규분포를 이용한다. 표본의 크기가 n인 경우 표본평균 $\overline{X}$의 분포는 $\overline{X} \sim N(\mu, \frac{\sigma}{\sqrt{n}})$인 정규분포를 따르며 추정하려는 표준정규분포에서 신뢰구간은 아래와 같다. $Z \sim N(0,1)$를 따르는 표준정규분포에서 $100 \times (1-\alpha)\%$ 신뢰구간은

$$-Z_{\frac{\alpha}{2}} \leq Z \leq Z_{\frac{\alpha}{2}}$$

이고, 이것을 그림으로 표시하면 다음과 같다.

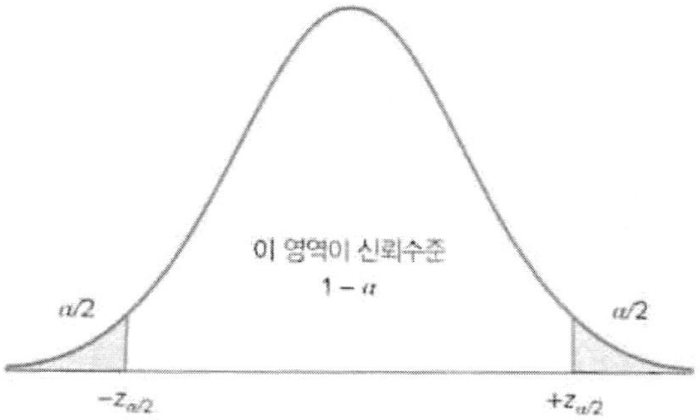

참고 표준정규분포에서 신뢰수준 $100 \times (1-\alpha)\%$에 따른 신뢰구간

$$-Z_{\frac{\alpha}{2}} \leq Z \leq Z_{\frac{\alpha}{2}}$$

을 표로 정리하면 다음과 같다.

신뢰수준	$1-\alpha$	α	$\alpha/2$	$z_{\alpha/2}$
90%	0.90	0.10	0.05	$z_{0.05}=1.645$
95%	0.95	0.05	0.025	$z_{0.025}=1.960$
99%	0.99	0.01	0.005	$z_{0.005}=2.576$

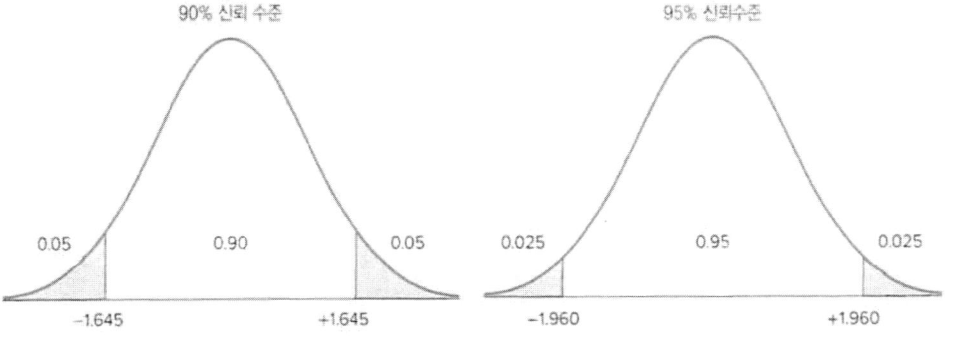

위의 신뢰수준별 신뢰구간을 보면, 신뢰수준이 높으면 신뢰구간도 넓어진다. 즉 보통 신뢰수준이 높을수록 정확성은 떨어지게 된다. 따라서 실제는 신뢰성과 정확성의 적절한 **타협점인** 95% **신뢰수준**을 많이 사용한다.

(2) 정규분포상의 신뢰구간을 구해보자.

$Z \sim N(0,1)$를 따르는 표준정규분포에서 $100 \times (1-\alpha)\%$ 신뢰구간을 다음과 같다.

$$-Z_{\frac{\alpha}{2}} \le Z \le Z_{\frac{\alpha}{2}}$$

앞에서 배운 표본의 정규분포 $\overline{X} \sim N(\mu, \frac{\sigma}{\sqrt{n}})$의 표준화 공식

$$Z = \frac{\overline{X}-\mu}{\frac{\sigma}{\sqrt{n}}}$$

을 표준정규분포의 신뢰구간에 대입하면

$$-Z_{\frac{\alpha}{2}} \le \frac{\overline{X}-\mu}{\frac{\sigma}{\sqrt{n}}} \le Z_{\frac{\alpha}{2}}$$

이고, 이것을 다시 정리하면 신뢰구간은 다음과 같다.

$$\overline{X} - \frac{\sigma}{\sqrt{n}} Z_{\frac{\alpha}{2}} \le \mu \le \overline{X} + \frac{\sigma}{\sqrt{n}} Z_{\frac{\alpha}{2}}$$

이것을 간단히 신뢰구간

$$(\overline{X} - Z_{\frac{\alpha}{2}}\frac{\sigma}{\sqrt{n}},\quad \overline{X} + Z_{\frac{\alpha}{2}}\frac{\sigma}{\sqrt{n}})$$

로 표시하기도 한다. 다시 말해

$$P(\overline{X} - Z_{\frac{\alpha}{2}}\frac{\sigma}{\sqrt{n}} \le \mu \le \overline{X} + Z_{\frac{\alpha}{2}}\frac{\sigma}{\sqrt{n}}) = 1 - \alpha$$

을 의미한다.

설명 예제 30 (1) 표본의 정규분포가 $\overline{X} \sim N(\mu, \frac{\sigma}{\sqrt{n}})$을 따를 때 신뢰수준이 95%라고 할 때 신뢰구간을 구하시오. 앞에서 구한 신뢰구간 식을 이용하자.

$$P(\overline{X} - Z_{\frac{\alpha}{2}}\frac{\sigma}{\sqrt{n}} \le \mu \le \overline{X} + Z_{\frac{\alpha}{2}}\frac{\sigma}{\sqrt{n}}) = 1 - \alpha$$

앞에서 $Z_{\frac{\alpha}{2}} = 1.96$이므로 위의 식에 대입하면 다음과 같다.

$$P(\overline{X} - 1.96\frac{\sigma}{\sqrt{n}} \le \mu \le \overline{X} + 1,96\frac{\sigma}{\sqrt{n}}) = 0.95$$

이것을 그림으로 표시하면 다음과 같고, 그림에서 면적 0.475는 $\frac{0.95}{2}$을 의미한다.

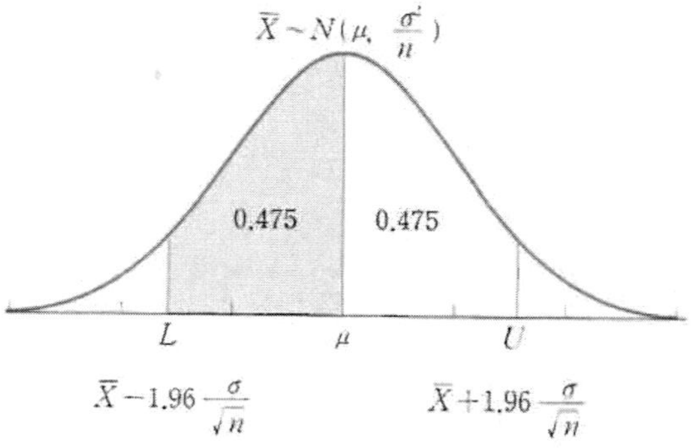

(2) 우리나라 대학생의 월평균 생활비에 대해 조사를 하고자 한다.

전국대학생 100명을 무작위로 선택하여 월평균 생활비를 조사한 결과 250000원이었다. 모집단 표준편차 $\sigma = 100000$으로 알려져 있다고 한다. 월평균 생활비에 대한 95% 신뢰구간을 추정하시오.

모집단에 대한 분포의 설명이 없어도 표본의 크기가 100개(즉 $n \ge 30$)이므로 **중심극한정리**로부터 표본평균 $\overline{X}$의 분포는 $N(\mu, \frac{\sigma}{\sqrt{n}})$인 정규분포를 따른다.

이제 $n=100$, $\overline{X}=250{,}000$, $\sigma=100{,}000$이고, 신뢰구간 95%이므로

$$Z_{\frac{\alpha}{2}}=1.96$$

이다.

따라서 신뢰구간의 공식

$$(\overline{X}-Z_{\frac{\alpha}{2}}\frac{\sigma}{\sqrt{n}},\quad \overline{X}+Z_{\frac{\alpha}{2}}\frac{\sigma}{\sqrt{n}})$$

을 이용하면, 95% 신뢰구간은 다음과 같다.

$$(250000-1.96\frac{100000}{\sqrt{100}},\quad 250000+1.96\frac{100000}{\sqrt{100}})=(230{,}400,\ 269{,}600)$$

(3) 우리나라 대학생의 월평균 생활비에 대해 조사를 하고자 한다.

전국대학생 100명을 무작위로 선택하여 월평균 생활비를 조사한 결과 250000원이었다. 모집단 표준편차 $\sigma=100000$으로 알려져 있다고 한다. 월평균 생활비에 대한 99% 신뢰구간을 추정하시오. 이제 $n=100$, $\overline{X}=250{,}000$, $\sigma=100{,}000$이고, 신뢰구간 99%이므로

$$Z_{\frac{\alpha}{2}}=2.57$$

이다.

따라서 신뢰구간의 공식

$$(\overline{X}-Z_{\frac{\alpha}{2}}\frac{\sigma}{\sqrt{n}},\quad \overline{X}+Z_{\frac{\alpha}{2}}\frac{\sigma}{\sqrt{n}})$$

을 이용하면, 99% 신뢰구간은 다음과 같다.

$$(250000-2.57\frac{100000}{\sqrt{100}},\quad 250000+2.57\frac{100000}{\sqrt{100}})=(224{,}300,\ 275{,}700)$$

참고 위 예제에서

95% 신뢰구간은 (230,400, 269,600)

이고,

99% 신뢰구간은 (224,300, 275,700)

임을 알 수 있다.

신뢰수준이 높을수록 신뢰구간의 폭이 커짐을 알 수 있다, 즉 정확성은 떨어진다.

그래서 같은 신뢰수준에서 신뢰구간

$$(\overline{X} - Z_{\frac{\alpha}{2}} \frac{\sigma}{\sqrt{n}},\quad \overline{X} + Z_{\frac{\alpha}{2}} \frac{\sigma}{\sqrt{n}})$$

의 폭을 줄이는 방법은 표본의 크기를 늘리면 된다. 표본의 크기 n 을 변화시킬 때 $\frac{1}{\sqrt{n}}$ 의 크기는 다음과 같다.

구분	$n=100$	$n=400$	$n=1000$
$\frac{1}{\sqrt{n}}$	$\frac{1}{\sqrt{100}}=0.1$	$\frac{1}{\sqrt{400}}=0.05$	$\frac{1}{\sqrt{1000}}=0.03$

●●●

(1) 모집단의 표준편차를 모르는 경우 표본분포의 구간추정에 대하여 알아보자.

	모집단이 정규분포를 따를 때	모집단이 정규분포를 따르지 않을 때
대표본 $n \geq 30$	$\overline{X} \sim N(\mu, \frac{S^2}{n})$, $Z = \frac{\overline{X}-\mu}{\frac{S}{\sqrt{n}}} \sim N(0,1)$	$\overline{X} \sim N(\mu, \frac{S^2}{n})$, $Z = \frac{\overline{X}-\mu}{\frac{S}{\sqrt{n}}} \sim N(0,1)$
소표본 $n < 30$	$\overline{X} \sim N(\mu, \frac{S^2}{n})$, $t = \frac{\overline{X}-\mu}{\frac{S}{\sqrt{n}}} \sim t(n-1, \alpha)$	비모수적 방법

위의 표는 모집단의 **표준편차를 모르는 경우**의 표본분포이다. 여기서 σ 를 모르기 때문에 표본의 표준편차 S 을 사용한다.

(2) t-분포의 신뢰구간을 구하여 보자.

모집단의 표준편차 σ 를 모르고, 표본의 크기가 소표본 $n < 30$인 경우에는 정규분포를 이용할 수 없고, t-분포를 따른다. 그리고 모집단의 표준편차 σ 을 대신하여 표본 표준편차 S 을 사용해야 한다.

t-분포 **표준화공식**(검정통계량)

$$t = \frac{\overline{X} - \mu}{\frac{S}{\sqrt{n}}}$$

는 자유도가 $(n-1)$인 t-분포 $t(n-1,\ \alpha)$을 따른다. 여기서 t-분포 $t(n-1,\ \alpha)$의 값은 [교재 부록의 t-분포표]를 이용하면 된다.

이것을 정리하면 다음과 같다.

$$t = \frac{\overline{X} - \mu}{\frac{S}{\sqrt{n}}} \sim t(n-1,\ \alpha), \qquad S = \sqrt{\frac{\sum (X - \overline{X})^2}{n-1}}$$

(t-분포에서 신뢰수준 $100 \times (1-\alpha)\%$의 신뢰구간)

$t \sim t(n-1,\ \alpha)$을 따르는 t-분포에서 $100 \times (1-\alpha)\%$ 신뢰구간을 다음과 같다.

$$-t_{\frac{\alpha}{2}} \le t \le t_{\frac{\alpha}{2}}$$

다음의 그림은 위 신뢰구간을 나타낸다.

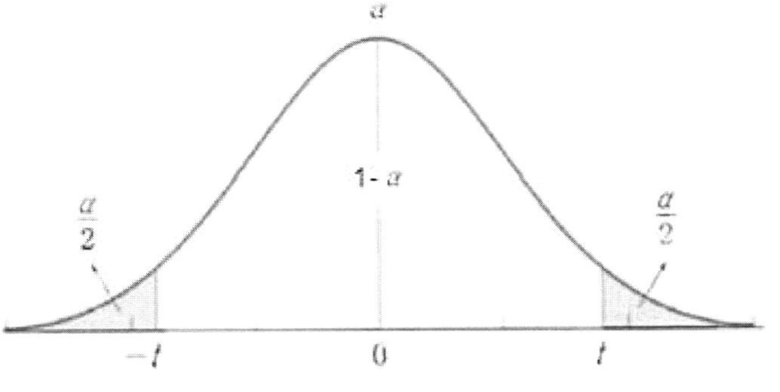

표준화 공식(검정통계량)

$$t = \frac{\overline{X} - \mu}{\frac{S}{\sqrt{n}}} \sim t(n-1,\ \alpha)$$

을 위 식에 대입하면

$$-t_{\frac{\alpha}{2}} \le \frac{\overline{X} - \mu}{\frac{S}{\sqrt{n}}} \le t_{\frac{\alpha}{2}}$$

이고, 이것을 다시 정리하면 신뢰구간은 다음과 같다.

$$\overline{X} - \frac{S}{\sqrt{n}} t_{\frac{\alpha}{2}} \le \mu \le \overline{X} + \frac{S}{\sqrt{n}} t_{\frac{\alpha}{2}}$$

이것을 간단히 신뢰구간

$$\mu \in (\overline{X} - t_{\frac{\alpha}{2}} \frac{S}{\sqrt{n}},\quad \overline{X} + t_{\frac{\alpha}{2}} \frac{S}{\sqrt{n}})$$

로 표시하기도 한다. 다시 말해

$$P(\overline{X} - t_{\frac{\alpha}{2}} \frac{S}{\sqrt{n}} \le \mu \le \overline{X} + t_{\frac{\alpha}{2}} \frac{S}{\sqrt{n}}) = 1 - \alpha$$

을 의미한다.

설명 예제 31 모집단이 정규분포를 따르고 n=10, 표본평균 $\overline{X}$=175, 표본 표준편차 S=15 라 할 때 모집단 평균 μ에 대한 95% 신뢰구간을 구하시오.

신뢰수준이 95%이므로 $1-\alpha=0.95$ 이다. 따라서 $\alpha=0.05$ 이고 $\frac{\alpha}{2}=0.025$ 이다.

자유도 $n-1=10-1=9$이므로

$$t_{\frac{\alpha}{2}} = t_{0.025} = t(9,\ 0.025) = 2.262$$

의 값은 다음과 같이 부록에서 제공한다.

자유도(df) \ α	0.1	0.05	0.025	0.01	0.005
1	3.078	6.314	12.706	31.821	63.657
2	1.886	2.920	4.303	6.965	9.925
3	1.638	2.353	3.182	4.541	5.841
4	1.533	2.132	2.776	3.747	4.604
5	1.476	2.015	2.571	3.365	4.032
6	1.440	1.943	2.447	3.143	3.707
7	1.415	1.895	2.365	2.998	3.499
8	1.397	1.860	2.306	2.896	3.355
9	1.383	1.833	2.262	2.821	3.250
10	1.372	1.812	2.228	2.764	3.169
30	1.310	1.697	2.042	2.457	2.750
100	1.290	1.660	1.984	2.364	2.626
500	1.283	1.648	1.965	2.334	2.586

그림으로 표시하면

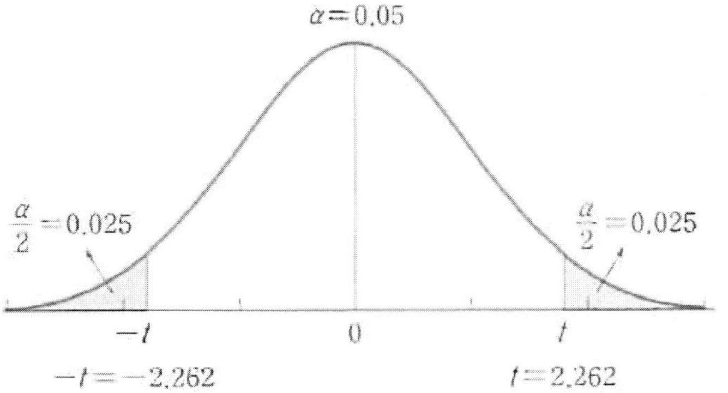

이고, 이것으로부터 95% 신뢰구간을 구하면 다음과 같다.

$$(\overline{X}-t_{\frac{\alpha}{2}}\frac{S}{\sqrt{n}},\quad \overline{X}+t_{\frac{\alpha}{2}}\frac{S}{\sqrt{n}})$$

$$=(175-2.262\frac{15}{\sqrt{10}},\ 175+2.262\frac{15}{\sqrt{10}})$$

$$=(164.27,\ 185.73)$$

4.2 가설설정 및 검정, 그리고 오류

이번에 다룰 가설검정은 우리가 배운 신뢰구간 설정의 확장이라고 볼 수 있다.
특별히 가설검정이 필요한 이유는 의사결정을 잘못 내려 발생할 수 있는 위험을 평가해 볼 수 있기 때문이다.

(1) 가설설정 및 검정

상호배타적인 한 쌍의 주장을 만든다.

H_0 : 귀무가설(현재 상태를 나타내는 가설)

H_1 : 대립가설(새롭게 보여야 할 또는 주장하고자 하는 가설)

둘 중의 하나의 주장은 반드시 진실이지만 두 주장이 동시에 진실이 될 수 없다.
우리가 진실이 뭔지 모르기 때문에 두 주장은 가설이다. 두 가설 중 우리의 관심은 **귀무가설의 기각 여부를 결정**하는 것이다. 우리가 주장하는 이론이 H_0 라면 이를 기각하고 싶지 않을 것이다. 만약에 H_0 을 기각한다면 **대립가설**인 H_1이 옳다고 잠정적으로 결론을 내릴 수 있다.

[사례 1] 1987년도 초등학교 1학년 입학생의 평균 신장은 142cm였다. 지난 10년 동안 초등학교 입학생의 평균 신장이 증가하였다고 할 수 있나?

귀무가설 H_0 : $\mu=142$

대립가설 H_1 : $\mu > 142$

[사례 2] 서울의 강남지역과 강북지역 고등학생들의 학력고사 성적이 같은가?

(μ_1은 강남지역 학생들의 평균성적, μ_2는 강북지역 학생들의 평균성적)

귀무가설 H_0 : $\mu_1 = \mu_2$

대립가설 H_1 : $\mu_1 \neq \mu_2$

[사례 3] 새로운 방법으로 제작된 자동차 타이어의 평균 수명이 종래의 방법으로 제작된 타이어보다 더 길다고 할 수 있나?

(μ_1은 종래의 방법으로 만들어진 타이어의 평균수명, μ_2는 새로운 방법으로 만들어진 타이어의 평균수명)

귀무가설 H_0 : $\mu_1 = \mu_2$

대립가설 H_1 : $\mu_1 < \mu_2$

가설검정의 결론

가설검정의 결론으로

1. 가설 H_0 을 '기각하지 않는다'라는 의미는 '가설 H_0 가 사실이다'를 증명한 것은 아니라, 가설 H_0 가 사실이라고 보기에는 표본의 증거가 충분한 타당성을 갖지 못하다는 것으로 '가설 H_0 가 틀렸다고 볼 수 없다'는 의미이다.
2. 반대로 'H_0 을 기각한다'는 것은 'H_0 가 사실이 아니다'를 증명한 것이 아니라, 표본의 결과(증거)가 H_0 가 사실이 아니라고 보기에 충분한 타당성을 제시하고 있다는 것이다.

따라서 가설검정은 옳고 거름 또는 참과 거짓을 판단하는 것이 아니라 표본의 결과가 '귀무가설 H_0 가 사실이 아니다'라는 증거를 얼마나 충분히 제시하느냐에 따라서 가설검정의 판단이 이루어진다.

●●●

(가설은 증명될 수 있는가?)

그렇지 않다. 귀무가설은 증명할 수 없다. 귀무가설을 기각하거나 기각하지 못할 뿐이다. 반복된 가설검정 과정에서 **기각할 수 없는 귀무가설**은 한정적으로만 진실이라고 받아들인다. 오늘 사실로 받아들여진 가설이 내일은 거짓으로 판명 날 수 있다. 따라서 이번에 H_0 을 기각할 수 없다면 나중에 다시 검정 대상이 될 수 있다.

예를 들면,

1. 아인슈타인의 이론은 100년이 되었지만, 여전히 엄격한 검정 대상이다. 그러나 아인슈타인 이론이 틀렸다고 생각하는 과학자는 거의 없다. 받아들여진 이론을 지속해서 검정하는 것은 과학의 본질이며, 특히 새로운 검정방법이 개발되거나 새로운 자료가 있다면 더욱 그렇다.
2. 제조 약의 안정성은 지속해서 연구되고 있다. 때로는 한때 안전한 약이라고 여겼던 것이 여러 복용자가 장기간 사용한 이후에야 부작용이 있다고 밝혀지는 예도 있다. 실제로 임상시험에서 안전하다고 알려진 어떤 관절염약은 수백만 명이 장기간 사용한 후에야 심장병과 중요한 연관이 있다고 밝혀진 예도 있다.

(2) 가설검정의 오류(1종 오류와 2종 오류)

우리는 귀무가설에 대해 잘못된 결정을 내릴 수 있다. 아래 표에서 보는 바와 같이, 귀무가설은 참일 수도 있고, 거짓일 수도 있다. 이러한 귀무가설에 대해 두 가지 선택이 있다, 즉 귀무가설을 '기각할 것이냐 또는 기각하지 않을 것이냐' 이다.

가설검정 결과 정확한 사실	H_0 : 사실이라고 판정 (기각하지 않음)	H_0 : 사실 아닌 것으로 판정 (기각함)
H_0 : 실제 사실	옳은 결정 ($1-\alpha$)	제1종 오류 (α)
H_0 : 실제 사실 아님	제2종 오류 (β)	옳은 결정 ($1-\beta$)

표본을 통한 오류의 원인은 추정에서도 설명하였듯이 근본적인 원인은 표본오차(또는 추정오차)에 있다. 따라서 표본의 결과를 이용하는 모든 통계적 추론은 추정을 포함하여 가설검정에서도 표본오차는 언제나 발생할 수 있으므로, 가설검정에서 오류를 범할 가능성은 항상 존재한다.

두 가지 오류 α, β의 크기를 줄여야겠지만, 제1종 오류 α을 작게 하면 제2종 오류 β가 커지고, 제2종 오류 β을 작게 하면 제1종 오류 α가 커지게 되는 문제가 있다. 따라서 어떠한 문제의 가설검정에도 이 두 가지의 오류는 필연적으로 발생하게 되며, 제1종 오류 α을 줄이면서 동시에 제2종의 오류 β가 증가하지 않도록 하는 방법을 찾아야 한다.

따라서 가설검정의 순서는 먼저 가설을 세운 다음, 검정하기 전에 제1종 오류 α의 크기를 정한다, 이를 **유의수준**이라고 한다. 유의수준 α은 표본의 결과가 H_0가 사실이 아니라는 증거에 대해 얼마나 충분한 타당성이 있는가를 판정하는 기준으로 사용한다.

4.3 신뢰구간을 이용한 가설검정 방법(단측검정과 양측검정)

신뢰구간을 이용하여 가설을 검정하는 방법에 대하여 알아보자.

유의수준 α 또는 신뢰수준 $(1-\alpha)$에 대하여 신뢰구간(구간추정)

$$\overline{X}-\frac{\sigma}{\sqrt{n}}Z_{\frac{\alpha}{2}} \le \mu \le \overline{X}+\frac{\sigma}{\sqrt{n}}Z_{\frac{\alpha}{2}}$$

을 변형하면

$$-Z_{\frac{\alpha}{2}}\frac{\sigma}{\sqrt{n}} \le \mu-\overline{X} \le Z_{\frac{\alpha}{2}}\frac{\sigma}{\sqrt{n}}$$

이고, 다음이 성립한다.

$$|\overline{X}-\mu| \le Z_{\frac{\alpha}{2}}\frac{\sigma}{\sqrt{n}}$$

위 식에서 $Z_{\frac{\alpha}{2}}\frac{\sigma}{\sqrt{n}}$을 **표본오차**라 한다. 그리고 위 식은 아래처럼 변형이 된다.

$$|\overline{X}-\mu| \le Z_{\frac{\alpha}{2}}\frac{\sigma}{\sqrt{n}} \quad \Rightarrow \quad -Z_{\frac{\alpha}{2}}\frac{\sigma}{\sqrt{n}} \le \overline{X}-\mu \le Z_{\frac{\alpha}{2}}\frac{\sigma}{\sqrt{n}}$$

$$\Rightarrow \quad \mu-Z_{\frac{\alpha}{2}}\frac{\sigma}{\sqrt{n}} \le \overline{X} \le \mu+Z_{\frac{\alpha}{2}}\frac{\sigma}{\sqrt{n}}$$

마지막 식을 μ-신뢰구간이라 하고, **가설검정**에 사용된다.

구분	구간추정(신뢰구간)	가설검정
표본오차	$\lvert \overline{X} - \mu \rvert$	
관점	$\mu = \overline{X} \pm$ 표본오차 (신뢰구간) 신뢰수준 : $1-\alpha$	$\overline{X} = \mu \pm$ 표본오차 (귀무가설의 채택구간) 유의수준 : α
계산식	$P\left(\overline{X} - \frac{\sigma}{\sqrt{n}} Z_{\frac{\alpha}{2}} \le \mu \le \overline{X} + \frac{\sigma}{\sqrt{n}} Z_{\frac{\alpha}{2}}\right)$ $= 1 - \alpha$	$P\left(\mu - Z_{\frac{\alpha}{2}} \frac{\sigma}{\sqrt{n}} \le \overline{X} \le \mu + Z_{\frac{\alpha}{2}} \frac{\sigma}{\sqrt{n}}\right)$ $= 1 - \alpha$

가설검정에서 μ-신뢰구간을 이용하는 방법은 다음과 같다.

●●●

(1) 가설검정 방법(μ-신뢰구간을 이용)

표본평균 $\overline{X}$ 가 정규분포 $\overline{X} \sim N(\mu, \frac{\sigma}{\sqrt{n}})$을 따르고, **모집단 평균** μ 에 대한 가설이 다음과 같다고 가정하자.

$$H_0 : \mu = \mu_1 \text{ (모집단 평균은 } \mu_1 \text{이다)}$$

$$H_1 : \mu \neq \mu_1 \text{ (모집단 평균은 } \mu_1 \text{이 아니다)}$$

이 가설을 검정하기 위해, μ-신뢰구간을 그림으로 표시하면 다음과 같고, 그리고

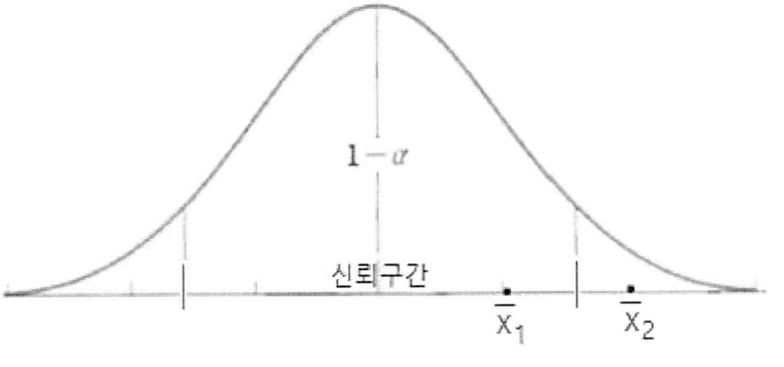

그 μ-신뢰구간의 양 끝점은 $\mu \pm Z_{\frac{\alpha}{2}} \frac{\sigma}{\sqrt{n}}$ 이다. 신뢰구간 밖의 구간을 **기각구간**이라 한다.

귀무가설 H_0 가 참이라는 가정하에 두 대의 표본을 추출하고,

첫 번째 표본에 대한 표본평균은 $\overline{X_1}$ 이고,

두 번째 표본에 대한 표본평균은 $\overline{X_2}$ 이다.

그리고 $\overline{X_1} < \overline{X_2}$ 라 가정하면, 위 그림에서 $\overline{X_1}$는 신뢰구간에 포함되고, $\overline{X_2}$ 는 신뢰구간에 포함되지 않는다, 즉 기각구간에 포함된다.

1. 표본평균 $\overline{X_1}$가 신뢰구간에 포함된다는 의미는 표본평균 $\overline{X_1}$ 이 모집단 평균 μ_1인 정규분포로부터 추출된 결과이므로 유의수준 α 에서 가설 H_0을 기각하지 않고 받아들인다는 결론이다.
2. 그러나 표본평균 $\overline{X_2}$ 는 기각구간에 포함되므로, 유의수준 α 에서 귀무가설 H_0 을 기각한다는 의미이다.

(2) 가설검정의 유형(종류)

신뢰구간과 기각구간으로 나누는 양 끝점인 경곗값을 임계치(값)라 부른다. 정규분포에서 μ-신뢰구간의 양 끝점

$$\mu \pm Z_{\frac{\alpha}{2}} \frac{\sigma}{\sqrt{n}}$$

이 임계치다.

통계적 가설검정은 **대립가설(H_1)이 나타내는 모수의 영역**에 따라

양측검정과 단측검정

으로 구분한다.

모집단 평균 $\theta = \theta_0$ 에 대하여 대립가설은 다음과 같이 나타낼 수 있다.

가설검정의 유형

귀무가설	$H_0 : \theta = \theta_0$
대립가설	$H_1 : \theta \neq \theta_0$ (양측가설)
	$H_1 : \theta > \theta_0$ (단측가설)
	$H_1 : \theta < \theta_0$ (단측가설)

양측검정의 대립가설은 **모집단 평균** θ 에 대해

($\theta < \theta_0$ 인 경우) , ($\theta > \theta_0$ 인 경우) , ($\theta \neq \theta_0$ 인 경우)

을 고려하여 검정하는 것이고,

단측검정의 대립가설은 $\theta > \theta_0$ 와 같이 한 쪽 방향으로만 모수의 영역으로 설정하는 것으로 **우측검정**이라고 하며, 단측검정의 대립가설이 $\theta < \theta_0$ 인 경우를 **좌측검정**이라고 한다. 단측검정과 양측검정을 그림으로 표시하면 다음과 같다.

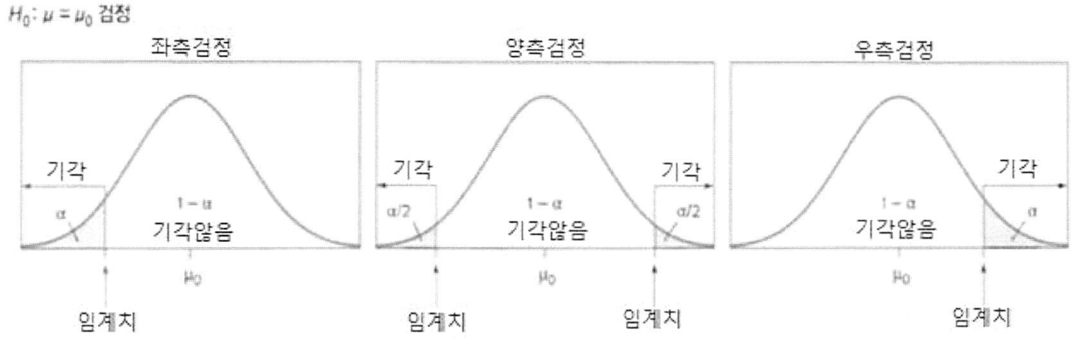

그림처럼 가설을 검정하기 위한 **표본평균 $\overline{X}$ 의 결과**가 기각영역(구간)에 속한다면 귀무가설 H_0 을 기각한다. 그리고 가설 H_0 을 기각하는 영역이 분포의 좌우에 위치하면 **양측검정**이고, 한쪽에만 위치한다면 **단측검정**이다.

참고 자주 사용되는 유의수준 0.1 (10%), 0.05 (5%), 0.01 (1%)에 대한 임곗값은 다음과 같다.

유의수준 (α)	좌측검정 ($-Z_\alpha$)	양측검정 ($\pm Z_{\alpha/2}$)	우측검정 (Z_α)
0.1	-1.282	-1.645, 1.645	1.282
0.05	-1.645	-1.960, 1.960	1.645
0.01	-2.326	-2.576, 2.576	2.326

(3) 양측검정과 단측검정의 적용공식

1. 우리나라 대학생의 월 생활비가 정규분포를 따르고 **모집단 평균** μ, **표준편차** σ 에 대한 **대립가설이** 있다. 양측검정일 경우의 임계치는

$$\mu \pm Z_{\frac{\alpha}{2}} \frac{\sigma}{\sqrt{n}}$$

이고, 단측검정에서 우측검정의 임계치는

$$\mu + Z_\alpha \frac{\sigma}{\sqrt{n}}$$

이고, 좌측검정의 임계치는

$$\mu - Z_\alpha \frac{\sigma}{\sqrt{n}}$$

이다. 그리고 가설검정은 **표본평균**으로 다음과 같이 한다.

검정	표본평균이 채택영역에 포함이면	표본평균이 기각영역에 포함이면
판정	귀무가설을 기각할 수 없다.	귀무가설을 기각한다.

2. 모집단이 정규분포(표준편차 주어짐)이면 표본분포는 정규분포를 따른다.

하지만 모집단이 정규분포이고, 모집단의 표준편차를 모른다면 표본 표준편차 S 을 사용해야 한다. 그리고 표본의 크기가 소표본($n < 30$)이면 자유도가 $(n-1)$인 t-분포를 따른다. 만약에 표본의 크기가 대표본($n \geq 30$)의 경우는 중심극한정리에 의해서 모집단에 관계없이 정규분포를 따른다.

특히 앞에서 모집단의 표준편차를 모르고 소표본($n < 30$)인 경우에는 t-분포를 따르며, 이때 사용하는 식은 t-분포의 검정 통계량

$$t(n-1,\, \alpha) \sim \frac{\overline{X} - \mu}{\frac{S}{\sqrt{n}}} = t_\alpha$$

을 사용한다. 그리고 양측검정일 경우의 임계치는

$$\mu \pm t_{\frac{\alpha}{2}} \frac{S}{\sqrt{n}}$$

이고, 단측검정에서 우측검정의 임계치는

$$\mu + t_\alpha \frac{S}{\sqrt{n}}$$

이고, 좌측검정의 임계치는

$$\mu - t_\alpha \frac{S}{\sqrt{n}}$$

이다. 그리고 가설검정은 **표본평균**으로 다음과 같이 한다.

검정	표본평균이 채택영역에 포함이면	표본평균이 기각영역에 포함이면
판정	귀무가설을 기각할 수 없다.	귀무가설을 기각한다.

설명 예제 32 (1) [모집단의 표준편차를 알고 있는 경우와 유의수준 5%에서의 가설검정] 자동차형 배터리를 생산하는 H 기업은 배터리의 수명을 늘리기 위해 새로운 물질을 개발했다. 기존의 배터리의 수명은 75시간이며, 표준편차는 10시간이고 정규분포를 따른다. 새로운 배터리를 무작위로 100개를 선택하여 조사해보니 표본평균은 80시간으로 조사되었다. 새로운 배터리는 이전 배터리와 차이가 있다고 할 수 있는지를 가설을 세우고, 유의수준 5%로 검정하시오.

모집단이 정규분포를 따르고 표준편차도 알려져 있으므로, 표본의 크기와 관계없이 표본평균의 확률변수는 정규분포를 따른다, 즉 $\overline{X} \sim N(\mu, \frac{\sigma^2}{n}) = N(75, \frac{10^2}{100})$ 이다. 이제 $\overline{X}=80$에 대하여 검정을 해보자.

구분	단측검정(우측검정)	양측검정
가설	$H_0 : \mu = 75 \quad H_1 : \mu > 75$	$H_0 : \mu = 75 \quad H_1 : \mu \neq 75$
기각 영역	$P(\overline{X} > \mu + Z_\alpha \frac{\sigma}{\sqrt{n}})$ $= P(\overline{X} > 75 + \frac{10}{\sqrt{100}})$ $= P(\overline{X} > 76.65) = \alpha = 0.05$	(좌측) $P(\overline{X} < \mu - Z_{\alpha/2} \frac{\sigma}{\sqrt{n}}) = \frac{\alpha}{2}$ $P(\overline{X} < 75 - Z_{0.025} \frac{10}{\sqrt{100}})$ $= P(\overline{X} < 75 - 1.96)$ $= P(\overline{X} < 73.04) = 0.025$ (우측) $P(\overline{X} > \mu + Z_{\alpha/2} \frac{\sigma}{\sqrt{n}}) = \frac{\alpha}{2}$ $P(\overline{X} > 75 + Z_{0.025} \frac{10}{\sqrt{100}})$ $= P(\overline{X} > 75 + 1.96)$ $= P(\overline{X} > 76.96) = 0.025$
판별	$\overline{X}=80$는 기각영역에 포함되므로 귀무가설은 기각되며, 새 배터리의 수명이 늘었다고 할 수 있다.	$\overline{X}=80$는 우측의 기각영역에 포함되므로 귀무가설은 기각되며, 새 배터리의 수명이 늘었다고 할 수 있다.

참고 위의 검정결과를 표준화를 통하여 표준정규분포에서 검정을 해보시오.

(2) [모집단이 표준편차를 모르고, 소표본의 경우에 유의수준 5%에서의 가설검정]
국내의 C 배송업체는 부산권일 때 배송에 걸리는 시간이 24시간을 넘지 않는다고 주장한다. 배송에 걸리는 시간이 정규분포를 따를 때 C 배송업체에 주문한 부산 거주 학생 10명에 대하여 배송시간을 조사한 결과 표본평균 $\overline{X}=21$시간이고, 표본 표준편차 $S=4.5$시간으로 조사되었다. 이 배송업체의 주장이 맞는지를 유의수준 5%로 가설을 세우고 검정하시오.

모집단이 정규분포를 따르지만, 표준편차를 모르기 때문에 표본의 표준편차 S 을 사용해야 한다. 그리고 소표본이므로 t-분포의 검정통계량은

$$\text{검정통계량} : t = \frac{\overline{X}-\mu}{\frac{S}{\sqrt{n}}} \sim \text{임계치} : t_{\alpha}(n-1) \text{ 또는 } t(n-1, \alpha)$$

을 따르고, 주어진 문제로부터 정보를 입력하면 다음과 같다.

$$\text{검정통계량 } t = \frac{\overline{X}-\mu}{\frac{S}{\sqrt{n}}} \sim \text{임계치 } t(9,\ 0.05) = 1.83 \text{ (부록표 참고)}$$

다시 문제로부터 표본평균은 다음의 정규분포를 따른다.

$$\overline{X} \sim N(\mu, \frac{S^2}{n}) = N(24, \frac{4.5^2}{10})$$

따라서 표본평균은 $\overline{X}=21$이고, $\overline{X}=21$에 대하여 검정을 하면 다음과 같습니다. 일단 시작은 모집단의 모수 μ가 24시간을 넘지 않는다는 사실을 검정해야 하므로, 단측가설에 좌측검정을 해야 한다.

구분	단측영역(좌측검정)	그래프 표현
가설	$H_0 : \mu = 24 \quad H_1 : \mu < 24$	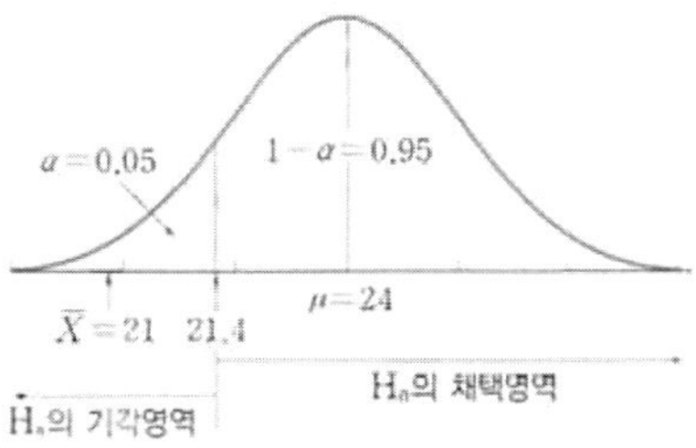
기각영역	$P(\overline{X} < \mu - \frac{S}{\sqrt{n}} t_{\alpha}) = \alpha$ $\Rightarrow P(\overline{X} < 24 - t_{(9,\ 0.05)} \frac{4.5}{\sqrt{10}})$ $= P(\overline{X} < 24 - 1.83 \frac{4.5}{\sqrt{10}})$ $= P(\overline{X} < 21.4) = 0.05$	
판별	표본평균이 $\overline{X} = 21$은 좌측검정의 기각영역에 들어가기 때문에 귀무가설 H_0 은 기각된다. 따라서 배송업체의 주장은 맞다.	

(다른 방법: t-분포의 표준화 이용)

다른 방법으로 검정해보자. t-분포 표준화 공식으로 표현하면 다음과 같다.

t-분포 표준화에서 좌측검정의 임계치는

$$-t(\text{자유도},\ \alpha) = -t(9,\ 0.05) = -1.83 \ (\text{부록표})$$

임을 알고 있다. 표본평균 $\overline{X} = 21$이므로 이것의 검정통계량(t-분포 표준화)

$$t = \frac{\overline{X} - \mu}{\frac{S}{\sqrt{n}}} = \frac{21 - 24}{\frac{4.5}{\sqrt{10}}} = -2.1$$

은 임계치(-1.83)보다 작은 값이므로 기각영역에 속한다.

따라서 귀무가설 H_0은 **기각된다**.

(3) [모집단이 표준편차를 모르고, 소표본의 경우에 유의수준 1%에서의 가설검정] 앞(2)의 결과(유의수준 5%)에서 유의수준을 1%로 바꾸면 검정결과가 유지될까 아니면 변할까?

* 참고로, $t(9,\ 0.01) = 2.82$ (부록표)

구분	단측영역(좌측검정)
가설	$H_0 : \mu = 24 \quad H_1 : \mu < 24$
기각영역	$P(\overline{X} < \mu - \frac{S}{\sqrt{n}} t_\alpha) = \alpha$ $\Rightarrow P(\overline{X} < 24 - t_{(9,\ 0.01)} \frac{4.5}{\sqrt{10}})$ $= P(\overline{X} < 24 - 2.82 \frac{4.5}{\sqrt{10}})$ $= P(\overline{X} < 19.9) = 0.01$
판별	유의수준 1%에 대하여 표본평균 $\overline{X} = 21$는 채택영역에 속한다. 즉 귀무가설 H_0 을 **기각하지 못한다.**

(다른 방법: t-분포의 표준화 이용)

다른 방법으로 검정해보자. t-분포 표준화 공식으로 표현하면 다음과 같다. t-분포 표준화에서 좌측검정의 임계치는

$$-t(\text{자유도},\ \alpha) = -t(9,\ 0.01) = -2.82 \ (\text{부록표})$$

임을 알고 있다. 표본평균 $\overline{X} = 21$이므로 이것의 검정통계량(t-분포 표준화)

$$t = \frac{\overline{X} - \mu}{\frac{S}{\sqrt{n}}} = \frac{21 - 24}{\frac{4.5}{\sqrt{10}}} = -2.1$$

은 임계치(-2.82)보다 큰 값이므로 채택영역에 속한다, 즉 귀무가설 H_0 은 **기각하지 못한다.**

참고 [문제 (2)-(3)의 비교관찰]

표본평균은 변함이 없지만, 유의수준에 따라 가설검정의 결과가 달라지는 문제가 발생한다. 이러한 문제점을 보완하기 위해 다음에서 p-값을 이용한 가설검정이 필요하다.

4.4 p- 값 가설검정

유의수준 α 을 이용하여 가설을 검정하는 방법에는 두 가지가 있다.

1. 유의수준에 따라서 기각영역(또는 임계치)을 설정하여 귀무가설의 기각 여부를 판단하는

것입니다. 이 방법의 단점은 가설의 검정 전에 설정된 독립된 유의수준 때문에 표본평균과 무관하게 유의수준에 따라서 결과가 바뀔 수 있다는 것이다.

2. 표본평균에 대한 검정통계량으로부터 밝혀진(계산된) 유의수준을 이용하여 귀무가설을 기각할 확률에 근거하여 가설을 검정하는 방법이다. 이 방법이 p-값(또는 유의확률)을 이용한 가설검정이라 한다.

다시 말하면, p-값을 이용한 가설검정에서 p값은 검정 과정에서 나타난 **오류**(귀무가설 H_0이 사실임에도 불구하고, 귀무가설을 기각함)의 **크기**이므로, $p-$값 $\leq \alpha$(유의수준)라는 것은 오류의 가능성이 적다는 것이므로 귀무가설을 기각한다는 의미이다. 반대로, $p-$값 $> \alpha$(유의수준)라는 것은 오류의 가능성이 크다는 것이므로 귀무가설을 기각하지 못한다는 의미이다.

p–값 판별법

유의수준 α는 기각될 확률(면적 또는 영역)을 의미한다. **검정 과정에서 계산된** p-값(확률 또는 유의확률, 이것도 면적 또는 영역)이 유의수준보다 작다 즉

$$p-\text{값} \leq \alpha$$

라는 것은 기각면적(영역)에 포함되므로 귀무가설 H_0 는 기각된다는 의미이다.

반대로 계산된 p-값(확률)이 유의수준보다 크다 즉

$$p-\text{값} > \alpha$$

이면 귀무가설 H_0 을 기각할 수 없다.

정리하면 다음과 같다.

검정	$p-$값 $>$ 유의수준(α)	$p-$값 $\leq$ 유의수준(α)
판별	귀무가설을 기각할 수 없음	귀무가설을 기각

설명 예제 33 (1) 자동차형 배터리를 생산하는 H 기업은 배터리의 수명을 늘리기 위해 새로운 물질을 개발했다. 기존의 배터리의 수명은 75시간이며, 표준편차는 10시간이고 정규분포를 따른다. 새로운 배터리를 무작위로 100개를 선택하여 조사해보니 표본평균은 80시간으로 조사되었다. 새로운 배터리는 이전 배터리와 차이가 있다고 할 수 있는지를 가설

을 세우고, 유의수준 5%로 검정하시오.

모집단이 정규분포를 따르고, 모집단의 표준편차가 알려져 있으므로, 표본의 크기에 관계없이 표본평균은 정규분포를 따른다, 즉

$$\overline{X} \sim N(\mu, \frac{\sigma^2}{n}) = N(75, \frac{10^2}{100})$$

이며 단측검정(우측검정)을 사용한다.

$$H_0 : \mu = 75 \quad H_1 : \mu > 75$$

예를 들어, 위에처럼 주어진 귀무가설 $H_0 : \mu = 75$에 대하여, 만약에 표본평균이 $\overline{X} = 76.5$ or 80 라고 한다면 우측검정이므로 p-값(확률 또는 면적)은 다음과 같다.
앞에서 배운 유의수준 5%에 대한 우측검정의 임계치는

$$\mu + Z_\alpha \frac{\sigma}{\sqrt{n}} = 75 + 1.65 = 76.65$$

이므로 즉 $P(\overline{X} > 76.65) = 0.05$(유의수준)이 **기각영역(확률)확률**이다.
따라서 첫 번째 표본평균 $\overline{X} = 76.5$인 경우에 대하여 아래의 그림으로부터

$$p\text{-값} = P(\overline{X} \geq 76.5) \rangle 0.05(\text{유의수준})$$

이므로 귀무가설 $H_0 : \mu = 75$은 기각하지 않는다. //

두 번째 우리의 문제인 표본평균 $\overline{X} = 80$인 경우에 대하여 아래의 그림으로부터

$$p\text{-값} = P(\overline{X} \geq 80) \langle 0.05 \ (\text{유의수준})$$

이므로 귀무가설 $H_0 : \mu = 75$은 기각한다.

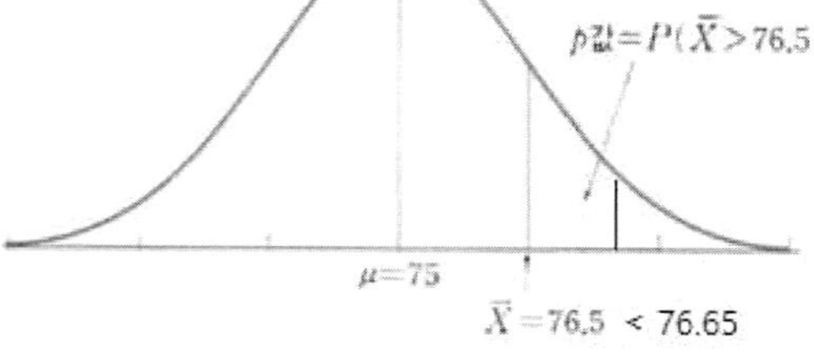

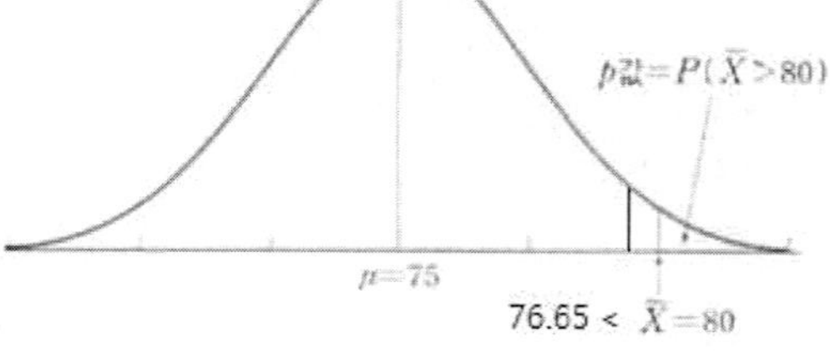

참고 (주의) p-값은 귀무가설이 사실인지 아닌지 판단하는 근거는 아니지만, 귀무가설이 사실이 아니라는 것을 얼마나 나타내고 있는가를 확률로 표현한 것이며, 대립가설에 대한 확률은 아니다.

다음에서 p-값을 직접 계산하여, 유의수준에 따라서 귀무가설을 판별하는 방법에 대하여 알아보자. (위 문제에 대하여 확률 p-값을 직접 계산하기)

구분	$\overline{X}=80$인 경우	$\overline{X}=76.5$인 경우
표준화	$Z=\dfrac{\overline{X}-\mu}{\dfrac{\sigma}{\sqrt{n}}}=\dfrac{80-75}{10/\sqrt{100}}=5$	$Z=\dfrac{\overline{X}-\mu}{\dfrac{\sigma}{\sqrt{n}}}=\dfrac{76.5-75}{10/\sqrt{100}}=1.5$
p값 계산	$p-$값 $=P(\overline{X}>80)$ $=P(Z>5)\sim 0$	$p-$값 $=P(\overline{X}>76.5)$ $=P(Z>1.5)=0.067$
유의수준	$p-$값 <0.05(유의수준)	$p-$값 >0.05(유의수준)
판별	귀무가설 기각함 또는 유의수준 0.05에서 통계적으로 유의미하다.	귀무가설을 기각하지 않음

(2) 양측검정은 분포의 오른쪽과 왼쪽에 대해 유의수준의 절반인 $\frac{\alpha}{2}$을 할당하는 것이므로 아래의 방법 중에서 하나를 이용한다.

양측검정의 검정방법 1안	양측검정의 검정방법 2안
유의수준 α와 $2(p-$값$)$을 비교	유의수준 $\frac{\alpha}{2}$와 $p-$값을 비교
$2(p-$값$)\ \leq\ \alpha$ 이면 귀무가설을 기각함	$p-$값 $\leq\ \frac{\alpha}{2}$ 이면 귀무가설을 기각함

그리고, 표본평균이 정규분포를 따르고, 모집단의 표준편차를 모르는 경우는 표본의 표준편차 S 를 사용하며, 즉 $\overline{X}\sim N(\mu, \frac{S^2}{n})$이다. 그리고 표본의 크기가 $n<30$ 이면 t-분포의 표준화를 이용하여 $p-$값을 계산한다, 즉

$$t = \frac{\overline{X} - \mu}{\frac{S}{\sqrt{n}}} \quad \Rightarrow \quad p-\text{값} = P(T > t) : \text{우측검정}$$

$$p-\text{값} = P(T < -t) : \text{좌측검정}$$

을 사용한다. 검정방법은 앞의 내용과 같다.

나눔문제

예제 1. 동의 대학교 수학과 학생들의 하루 운동시간은 정규분포 $N(m, 20^2)$을 따른다. 수학과 학생 중에서 25명을 임의로 추출하여 하루 운동시간을 조사하였더니, 평균 운동시간은 50분이었다. 학생들의 하루 운동시간의 모평균 m을 신뢰도 95%로 추정하시오.

예제 2. 어떤 회사에서 판매한 건전지의 수명이 평균 500시간, 표준편차가 35시간인 어떤 확률분포를 따른다고 한다. 이 건전지 100개의 표본에 대해 평균수명이 488시간에서 505시간 사이에 있을 확률을 구하여라.

예제 3. 어느 형광등을 제조하는 회사에서 생산되는 형관등의 수명 X는 정규분포 $N(\mu, 120^2)$을 따른다. 100개의 형광등 표본을 이용해 실험을 한 결과 $\overline{X} = 2000$을 얻었다. 모평균 μ의 95% 신뢰구간을 구하라.

예제 4. 모의고사를 응시한 학생 중에서 9명을 임의로 선별하여 수리영역 점수 결과 평균 42점, 표준편차 7.5점이었다. 모의고사를 본 학생 전체의 수리영역 점수가 정규분포를 이룰 때, 95%의 신뢰구간을 추정하시오.

예제 5. 어느 음료 제조공장에서 생산되는 음료수의 평균용량은 200ml로 표시되어 있다. 임의로 음료수 20개를 추출하여 조사한 결과 평균 200.2ml, 표준편차 0.32ml였다. 이 회사에서 생산되는 음료수의 평균용량이 200ml라 할수 있는지를 95%신뢰도로 검정하시오.

CHAPTER 04 베이지안 확률과 통계

▶▶1. 조건부확률

최근에 확률의 의미에 새로운 논쟁이 일어나고 있다. 빈도주의 확률과 베이지안 확률에 관한 논쟁이다. 전통 통계학의 바탕이 되는 빈도주의 확률은 고정된 하나의 확률을 가진다는 것이다. 예를 들면 동전 던지기를 한다면 매번 똑같은 고정된 하나의 확률을 가진다. 하지만 베이지안 통계학에서는 확률도 하나의 변수로 가정한다. 예를 들어 동전 던지기를 할 때 던지는 방식이나 동전도 같을 수 없기에 확률이 고정될 수 없다는 것이다. 물론 이러한 개념은 갑자기 만들어진 것은 아니고 이미 오래전에 만들어진 이론이다. 빈도주의 확률과 베이지안 확률은 오랫동안 논쟁만 이어오다가 빅데이터 시대가 다가오면서 베이지안 확률이 뜨거운 주제로 떠오르고 있다.

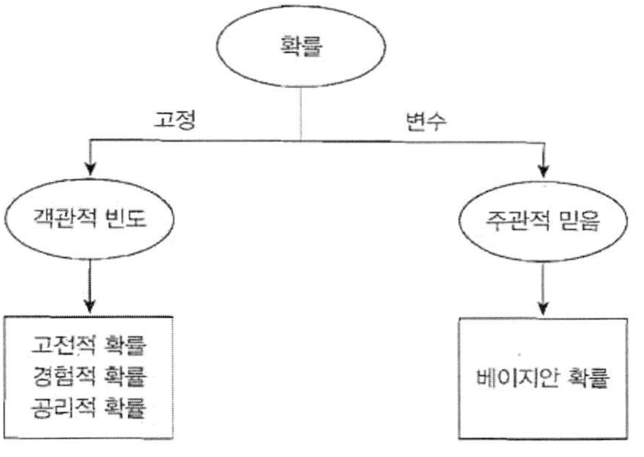

1.1 기본개념

베이지안 확률은 주관적 확률로 다음의 3가지를 가정으로 한다.

1. 실험의 조건과 요인은 일정하지 않다고 가정한다.

예를 들어, 동전 던지기 실험에서 완전히 같은 동전은 있을 수 없고, 던지는 방식도 매번 다르다고 생각한다.

2. 확률도 하나의 변수라고 가정한다.

실험의 조건과 요인이 일정하지 않기 때문에 하나의 확률만을 가질 수 없다고 생각한다.

3. 실험은 매번 반복할 수 있는 것이 아니라고 가정한다.

세계에서는 여러 번 반복할 수 없는 실험이 오히려 더 많다.

●●●

위에서 실험의 조건과 요인이 일정하지 않고, 반복적으로 실험을 할 수 없기에 객관적인 빈도로 확률을 정할 수 없다. 따라서 실험과 관련된 정보를 이용하여 주관적으로 확률을 정하게 된다. 즉 자신의 경험 지식과 주위의 정보를 종합하여 이 정도일 것이라고 믿는다는 것이다.

예를 들어, '희소한 암에 걸릴 확률은 100만 명당 3명이다' 라는 것이나, '다음 선거에서 어떤 후보가 당선될 확률은 20%이다' , 또는 비를 예보할 때 '강수확률이 60%다' 라는 것은 빈도주의적 확률은 아니다. 이유는 객관적인 자료를 얻을 만큼 실험을 반복해서 할 수가 없기 때문이다. 그래서 위에서의 확률은 바로 베이지안의 시각에서 보는 확률이다, 즉 여러 가지 정보와 증거를 생각할 때 주관적 확률이 이 정도일 것이라고 믿는다는 것이다. 그리고 빈도주의 확률과는 다른 원리와 개념으로 실험을 반복하여 주관적 믿음의 확률을 수정(이것을 사후 확률이라 함)하다 보면 결국에는 객관적인 확률에 가까이 갈 수 있다는 개념이다.

●●●

주사위 던지기의 예를 들어보자.

주사위를 던져서 1의 눈이 나올 확률은 빈도주의 관점에서 볼 때 잘 만들어진 주사위를 사용한다면 그 확률은 1/6이라 할 수 있다. 실제로 주사위 던지기를 수없이 반복한다면 빈도의 비율이 1/6이 될 것이기 때문이다. 즉 주관적으로 주장하는 것이 아니라 실험의 결과로 객관적인 1/6이 나오는 것이다.

이제 베이지안 관점에서 확률을 살펴보자. 베이지안 접근은 실험을 반복하는 그 원리와 의미가 빈도주의 것과 다르며 다음의 순서로 확률을 구한다.

(1단계): 지금까지의 지식과 경험을 바탕으로 주관적인 확률을 설정한다. 이것을 사전확률(prior probability)이라고 한다. 예를 들어, 사전확률을 1/5이라 놓자.

(2단계): 새로운 정보를 활용하여 1단계의 확률 1/5보다 객관적 확률 1/6에 더 가까운 수정된 확률을 얻는다, 이것을 사후 확률(posterior probability)이라고 한다.

(3단계): 2단계의 확률을 다시 사전확률로 두고, 추가된 정보를 활용하면 2단계보다도 객관적 확률 1/6에 더 가까운 사후 확률을 얻는다.

(4단계): 이런 식으로 계속 확률을 수정하다 보면 결국은 객관적 확률 1/6이라는 믿음을 갖게 된다.

1.2 확률의 계산 규칙

표본공간 S 에서 하나의 사건 A가 일어날 확률을 P(A)라 한다.
확장하여 표본공간 S 의 두 개의 사건 A, B에 대하여 $A \cap B$ 을 곱사건, $A \cup B$ 을 합사건, A^c 을 여사건이라 각각 부른다.

배반사건

$A \cap B = \varnothing$ 을 만족하는 두 사건 A와 B는 동시에 발생할 수 없는 사건으로 서로 배반사건이라 한다.

두 사건 A와 B가 서로 배반이면 $A \cap B = \varnothing$ 이고, $P(A \cap B) = 0$이 된다.
다음은 확률의 계산법칙이다.

확률의 계산법칙

(1) $A \subset B \;\Rightarrow\; P(A) \le P(B)$

(2) $P(A \cup B) = P(A) + P(B) - P(A \cap B)$

(3) $P(A^c) = 1 - P(A)$

(4) 사건 A와 B가 상호배반이면 $P(A \cup B) = P(A) + P(B)$

●●●

두 사건이 상호독립이라는 것은 하나의 사건 발생 여부가 다른 사건이 일어날 확률에 전혀 영향을 미치지 않는 경우를 뜻하므로 사건 A와 사간B가 독립이면 다음이 성립한다.

$$P(A \cap B) = P(A) \cdot P(B)$$

참고 상호배반과 상호독립이라는 의미는 완전히 다른 정의를 가지므로 아무 연관도 없다.
만일 두 사건 A와 B가 상호배반($A \cap B = \varnothing$)이면 사건 A가 일어나는 경우 사건 B가 일어날 확률은 다른 선택의 여지가 없이 사건 B의 확률은 0이다.
따라서 두 사건은 독립일 수 없다.

상호독립의 예제	상호배반의 예제
한 개의 주사위를 던져서 2의 배수(A)가 나올 확률은 $P(A)=\frac{3}{6}=\frac{1}{2}$ 3의배수(B)가 나올 확률은 $P(B)=\frac{2}{6}=\frac{1}{3}$ 그리고 $P(A\cap B)=\frac{1}{6}$ 따라서 $P(A)\cdot P(B)=P(A\cap B)$ 가 성립하므로 두 사건 A와 B는 서로 독립이다.	한 개의 주사위를 던져서 짝수가 나올(A) 확률은 $P(A)=\frac{3}{6}=\frac{1}{2}$ 홀수가 나올(B) 확률은 $P(B)=\frac{3}{6}=\frac{1}{2}$ 그리고 동시에 나올 확률은 $P(A\cap B)=0$ 따라서 $A\cap B=\varnothing$ 가 성립하므로 두 사건 A와 B는 서로 배반이다.
상호배반 $\neq$ 상호독립	

설명 예제 1 (1) 한 개의 주사위를 두 번 던질 때, 처음에는 5 이상의 눈이 나오고, 다음에는 소수의 눈이 나올 확률을 구하시오.

5 이상의 눈이 나오는 사건을 A, 소수의 눈이 나오는 사건을 B라 하자. 그러면 $P(A)=\frac{2}{6}=\frac{1}{3}$ 이고 $P(B)=\frac{3}{6}=\frac{1}{2}$이다. 두 사건은 $A\cap B\neq\varnothing$이고, 독립이므로

$$P(A\cap B)=P(A)\cdot P(B)=\frac{1}{3}\cdot\frac{1}{2}=\frac{1}{6}$$

이 성립한다.

(2) 어느 농구선수의 자유투 성공률은 70%이다.

이 선수가 2번 자유투를 던질 때 두 번 모두 성공할 확률을 구하시오.

1번째 자유투를 성공하는 사건을 A, 2번째 자유투를 성공하는 사건을 B라고 한다면, 두 사건은 독립사건이고, $P(A)=P(B)=0.7$이므로, 두 번 모두 성공할 확률은

$$P(A\cap B)=P(A)\cdot P(B)=0.7\times 0.7=0.49$$

이다.

1.3 조건부 확률

확률실험에서 유용한 정보가 있고 그 정보를 이용하여 확률을 계산한다면 더 합리적일 것이다. 다음에서 예를 들어 설명한다. 남자 60명 중에서 안경 착용 학생은 10명, 미착용 학생은 50명이다. 그리고 여자 40명 중에서 안경 착용자는 30명이고, 미착용자는 10명이다.

	안경 착용	안경 미착용	합계
남학생	10	50	60
여학생	30	10	40
합계	40	60	100

그러면 여학생이 안경을 착용할 확률을 구해보자.

1. 아무 정보가 없다면 여학생이 안경을 착용할 확률은 다음과 같다.

$$P(\text{여학생} \cap \text{안경착용}) = \frac{30}{100} = 0.3$$

2. 만약에 선택된 학생이 여학생이라는 정보를 알고 있다면, 여학생이 안경을 착용할 확률은 다음과 같다.

$$P(\text{안경착용} \mid \text{여학생}) = \frac{30}{40} = 0.75$$

위 2가지 경우에 대하여 유용한 정보가 주어질 때 높은 확률을 가진다는 것을 알 수 있다. 이와 같은 확률을 **조건부확률**이라 하고, 다음에서 자세히 알아본다.

[조건부확률의 정의]

두 사건 A 와 B 에 대하여, 확률이 0이 아닌 사건 B 가 일어났다는 가정할 때 사건 A가 일어날 확률을

"사건 B가 일어났을 때 사건 A의 조건부확률"

이라고 하고, 이것의 기호는 다음과 같다.

$$P(A \mid B)$$

조건부확률의 계산방법

$$P(A|B) = \frac{n(A \cap B)}{n(B)} = \frac{n(A \cap B)/n(S)}{n(B)/n(S)} = \frac{P(A \cap B)}{P(B)} \quad (\text{단, } P(B) > 0)$$

곱셈규칙과 조간부확률

$$P(A|B) = \frac{P(A \cap B)}{P(B)} \Leftrightarrow P(A \cap B) = P(B) \cdot P(A|B)$$

설명 예제 2 (1) $P(A) > 0$이고 $P(B) > 0$이면, 다음이 성립한다.

$$P(A \cap B) = P(A) \cdot P(B|A) \quad P(B \cap A) = P(B) \cdot P(A|B)$$

그리고 교환법칙 $P(A \cap B) = P(B \cap A)$을 적용하면 다음 관계가 성립한다.

$$P(A) \cdot P(B|A) = P(B) \cdot P(A|B)$$

(2) 3개의 사건 A_1, A_2, A_3에 대하여 조건부확률에 대한 곱셈규칙을 적용하면

$$P(A_1 \cap A_2 \cap A_3) = P(A_1 \cap A_2) \cdot P(A_3 | A_1 \cap A_2)$$
$$= P(A_1) \cdot P(A_2 | A_1) \cdot P(A_3 | A_1 \cap A_2)$$

단, 여기서 $P(A_1 \cap A_2) > 0$ 이다.

(3) 어느 학과의 학생 32명을 대상으로 산업체 방문에 대하여 찬성 여부를 조사하였고, 그 결과는 아래와 같다.

	찬성	반대	합계
남학생	13	4	17
여학생	8	7	15
합계	21	11	32

임의로 선택한 한 명이 반대 학생일 때, 그 학생이 여학생일 확률을 구하시오.

학생 중에서 임의로 한 명을 택할 때 반대하는 사건을 A, 여학생일 사건을 B 라 한다면 반대한 학생이 여학생인 사건은 $A \cap B$ 가 된다. 따라서

$$P(B|A) = \frac{P(A \cap B)}{P(A)} = \frac{7}{11}$$

이 된다.

(4) 어느 날 영화관 관람객의 30%가 청소년이었다. 한국영화 기생충을 관람한 청소년은 20%였다. 전체 관람객 중에서 임의로 선택한 한 명이 청소년이었고, 이 청소년이 기생충을 관람했을 확률을 구하시오.

임의로 뽑은 한 명이 청소년일 사건을 A, 영화 기생충을 본 사건을 B 라 한다면

$$P(B|A) = \frac{P(A \cap B)}{P(A)} = \frac{2}{3}$$

이 성립한다.

(5) 다음은 건강검진 결과표이다. 20대 3600명과 50대 3600명에 대한 기록을 보면 전체 7200명 가운데 4000명이 정상 체중이고 3200명이 과체중으로 나온다.

	20대(A_1)	50대(A_2)	합계
정상체중(B_1)	2400	1600	4000
과체중(B_2)	1200	2000	3200
합계	3600	3600	7200

다음의 사건을 생각하자.

$$A_1 = 20\text{대인 사건}\ A_2 = 50\text{대인 사건}$$

$$B_1 = \text{정상체중인 사건} \quad B_2 = \text{과체중인 사건}$$

이때 20대이면서 과체중일 확률을 구하시오.

1. 먼저 한 사람을 뽑았을 때 20대일 확률은 다음과 같다.

$$P(A_1) = \frac{3600}{7200} = 0.5$$

2. 이번에는 20대에서 한 명을 뽑았을 때 그 사람이 정상 체중일 확률은 아래와 같이 조건부확률로 계산해야 한다.

$$P(B_1 | A_1) = \frac{P(A_1 \cap B_1)}{P(A_1)} = \frac{2400}{3600} = 0.66$$

3. 한 사람을 뽑았을 때 20대이면서 과체중일 확률은 곱셈의 법칙을 사용해야 한다.

$$P(A_1 \cap B_2) = P(A_1) \cdot P(B_2|A_1) = \frac{3600}{7200} \cdot \frac{1200}{3600}$$

$$\Leftrightarrow\ P(B_2 \cap A_1) = P(B_2) \cdot P(A_1|B_2) = \frac{3200}{7200} \cdot \frac{1200}{3200} = 0.167$$

확률의 독립성

두 사건 A, B 는 다음의 조건 중에서 어느 하나를 만족하면 서로 독립이라고 한다.

(1) $P(A|B) = P(A)$

(2) $P(B|A) = P(B)$

(3) $P(A \cap B) = P(A) \cdot P(B)$

확률의 종속성

독립이 아닌 두 사건을 종속이라고 한다.

설명 예제 3 (1) 현장 답사팀 100명 중에서 여학생 60명, 남학생 40명으로 구성되어있다. 이 팀에서 안경을 끼고 있는 여학생은 24명, 남학생은 16명이었다. 이때 안경을 끼고 있다는 사건과 남학생일 사건은 서로 독립임을 알아보시오.

먼저, 다음의 사건을 생각하자.

$$\text{사건 } A = \text{안경을 쓴 학생} \quad \text{사건 } B = \text{남학생}$$

그러면

$$P(A) = \frac{24+16}{100} = 0.4$$

이고

$$P(A|B) = \frac{P(B \cap A)}{P(B)} = \frac{16}{40} = 0.4$$

이므로 두 사건 A와 B는 서로 독립이다.

(2) 사건 A와 B가 서로 독립이면 A와 B^c, A^c와 B, A^c 와 B^c들도 각각 서로 독립이다.

한 가지만 증명해보자, 즉 A와 B^c가 독립임을 보이자. 나머지도 같은 방법으로 하면 된다. 가정에서 사건 A와 B가 서로 독립이므로

$$P(A \cap B) = P(A)\, P(B)$$

가 성립한다. 그리고

$$A = (A \cap B^c) \cup (A \cap B), \quad (A \cap B^c) \cap (A \cap B) = \varnothing$$

$$\Rightarrow \quad A \cap B^c = A - (A \cap B)$$

이 성립한다. 다음으로부터 A와 B^c 는 서로 독립이다.

$$\begin{aligned} P(A \cap B^c) &= P(A) - P(A \cap B) \\ &= P(A) - P(A)P(B) \\ &= P(A)(1 - P(B)) \\ &= P(A)P(B^c) \end{aligned}$$

나눔문제

예제 1. 어떤 집에 아이가 둘 있다. 그 아이들 중 최소한 한 아이는 딸이라고 할 때 둘 모두 딸일 조건부확률을 구하시오.

예제 2. 어떤 식당에서 모자를 쓴 세 사람이 각각 자기의 모자를 방 한가운데에 던져 놓았다. 그런 후에 무작위로 모자를 하나 집을 때, 세 사람 모두가 자기 모자를 잡지 못할 확률을 구하시오.

예제 3. 표본공간 $S = \{1, 2, 3, 4\}$에서 한 개의 공을 꺼낸다고 할 때(공을 뽑을 가능성은 동일) 다음의 3개의 사건에서 각각의 두 사건은 서로 독립이지만, 세 사건이 동시에는 독립이 아님을 보이시오.

$$E = \{2,1\},\ \mathrm{F} = \{2,3\},\ \mathrm{G} = \{2,4\}$$

예제 4. 주사위 2개를 던질 때 F는 첫 번째 던진 주사위의 눈이 4인 사건이고, E는 두 주사위 눈의 합이 7인 사건이라면 두 사건의 독립성을 조사하시오.

예제 5. 표본공간 S 에 대하여, $E, F, G \subset S$ 이면 다음을 구하시오.

$$P(E \cup F \cup G)$$

그리고 일반화된 다음을 구하시오.

$$P(E_1 \cup E_2 \cup \cdots \cup E_n),\quad \text{여기서 } \{\mathrm{E_i} \in \mathrm{S} \mid \mathrm{i} = 1,2,\cdots,\mathrm{n}\}$$

▶▶2. 베이즈 정리와 베이지안 확률

베이즈 정리(Bayes' theorem)는 1740년대의 영국의 목사인 토머스 베이즈(Thomas Mayes)가 정립하고, 프랑스 수학자 피에르시몽 라플라스가 수식으로 정리한 조건부확률에 대한 수학적 정리이다. 베이지안 확률의 수식을 이해하기 위해서는 다음의 순서를 따라야 한다.

1. 먼저 조건부확률에서 시작한다.
2. 조건부확률에 대응하는 역확률을 이해한다.
3. 베이즈 정리를 이용한 베이지안 확률을 이해한다.

조건부 확률 → 역확률 → 베이즈 정리 → 베이즈 확률

2.1 베이즈 정리와 역확률(사후확률)

사건 A와 B에 대하여 사건 B가 일어났다는 가정하에 사건 A의 조건부확률은 아래와 같다.

$$P(A|B)$$

반대로 사건 A가 일어났다는 전제로 사건 B의 조건부확률은

$$P(B|A)$$

이다. 후자의 조건부확률을 전자의 역확률이라 한다. 즉

$$\text{조건부확률 } P(A|B) \leftrightarrow \text{ 역확률 } P(B|A)$$

이다.

●●●

(조건부확률과 역확률과의 관계)

조건부확률의 정의로부터 다음의 두 식이 성립한다.

$$P(B|A) = \frac{P(A\cap B)}{P(A)} \Rightarrow P(A\cap B) = P(A)P(B|A)$$

$$P(A|B) = \frac{P(B\cap A)}{P(B)} \Rightarrow P(B\cap A) = P(B)P(A|B)$$

교환법칙에 따라서

$$P(A\cap B) = P(B\cap A)$$

이 성립하므로 다음이 성립한다.

$$P(A)\,P(B|A) = P(B)\,P(A|B)$$

이것을 정리하면 다음과 같은 2가지로 표현할 수 있다.

베이즈 정리

(1) $P(A|B) = \dfrac{P(B\cap A)}{P(B)} = \dfrac{P(A\cap B)}{P(B)} = \dfrac{P(A)P(B|A)}{P(B)} = \dfrac{P(A)}{P(B)} \cdot P(B|A)$

(2) $P(B|A) = \dfrac{P(A\cap B)}{P(A)} = \dfrac{P(B\cap A)}{P(A)} = \dfrac{P(B)P(A|B)}{P(A)} = \dfrac{P(B)}{P(A)} \cdot P(A|B)$

다음의 베이즈 정리를 가정하고, 식을 이루는 확률들의 용어에 대하여 설명한다.

$$P(B|A) = \frac{P(A\cap B)}{P(A)} = \frac{P(B\cap A)}{P(A)} = \frac{P(B)P(A|B)}{P(A)} = \frac{P(B)}{P(A)} \cdot P(A|B)$$

1. 베이즈 정리는 조건부확률 $P(A|B)$을 알고 있을 때, 그것의 역확률 $P(B|A)$을 계산하도록 하는 식이다.
2. $P(A)$: A의 사전확률, 현재의 증거, 관찰된 정보, 알아야 할 확률, 고정(상수)

$P(B)$: B의 사전확률, 과거의 경험, 알고 있는 확률(알려진 확률)

$P(A|B)$: 조건부확률, 알고 있는 확률(알려진 확률), 우도

가설에 대한 가능성(가설을 지지하는 정도, 가능도)

$P(B|A)$: 사건 A라는 증거에 대한 사후확률(역확률),

(관찰된 정보 B에 더하여) A로부터 업데이터된 확률

3. 베이즈 정리의 가장 큰 특징은 새로운 경험과 새로운 정보는 확률에 새로운 조건을 가져다주며, 따라서 정보가 증가함에 따라 확률을 수정해 나갈 수 있다는 것이다.

●●●

(베이즈 정리를 계산하는 과정)

다음의 베이즈 정리의 공식을 가정하고, 그것을 계산하는 과정에 대하여 알아본다.

$$P(A|B) = \frac{P(B\cap A)}{P(B)} = \frac{P(A\cap B)}{P(B)} = \frac{P(A)P(B|A)}{P(B)} = \frac{P(A)}{P(B)} \cdot P(B|A)$$

1단계] 사건 B (관찰된 정보)는 그대로 두고, 그리고 (1) 서로 배타적이고 (2) 그들의 합이 전체집합(S)이 되도록 사건 A을 여러 개(2개 이상도 가능)의 작은 사건으로 즉

$$A_1,\ A_2 \text{ 또는 } A_1 = A,\ \ A_2 = A^c$$

처럼 나눈다. 이러한 A_1, A_2을 S 의 분할이라고 한다.

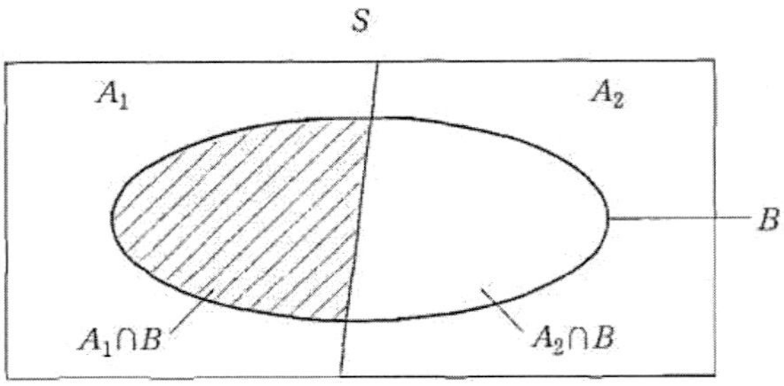

2단계] 사건 B (관찰된 정보)는 다음을 만족한다.

$$B = (A_1 \cap B) \cup (A_2 \cap B) \quad \Rightarrow \quad P(B) = P(A_1 \cap B) + P(A_2 \cap B)$$

곱셈 규칙으로부터

$$P(A_1 \cap B) = P(A_1)P(B|A_1) \text{ 이고 } P(A_2 \cap B) = P(A_2)P(B|A_2)$$

이다. 따라서

$$P(B) = P(A_1 \cap B) + P(A_2 \cap B) = P(A_1)P(B|A_1) + P(A_2)P(B|A_2)$$

이 성립한다. 이것을 **전확률법칙**(law of total probability)이라 한다.

3단계] 따라서 베이즈 정리는 아래와 같다.

$$P(A_1|B) = \frac{P(B \cap A_1)}{P(B)} = \frac{P(A_1 \cap B)}{P(B)} = \frac{P(A_1)P(B|A_1)}{P(A_1)P(B|A_1) + P(A_2)P(B|A_2)}$$

마찬가지로, 다음을 얻는다.

$$P(A_2|B) = \frac{P(B \cap A_2)}{P(B)} = \frac{P(A_2 \cap B)}{P(B)} = \frac{P(A_2)P(B|A_2)}{P(A_1)P(B|A_1) + P(A_2)P(B|A_2)}$$

4단계] 여기에서 $P(B)$의 역할은 확률의 합을 1로 만들기 위한 조정값이다, 즉

$$P(A_1|B) + P(A_2|B) = 1$$

임을 알 수 있다. 따라서 $P(A_1|B)$ 나 $P(A_2|B)$의 확률계산 자체에 영향을 미치는 것이 아니라, 확률값을 조정하는 역할을 하는 즉 하나의 상수로 볼 수 있다.

설명 예제 4 (1) 어느 전자제품회사는 미국공장에서 40%, 한국공장에서 60%의 제품을

납품받는다. 미국공장의 제품 불량률은 1%, 한국공장의 제품 불량률은 2%이다. 두 공장에서 납품받는 제품 중에서 임의로 택한 제품이 불량품(관찰된 정보)일 때, 이 불량품이 미국공장에서 납품받았을 확률을 구하시오.

다음의 3가지 사건을 생각하자.

$$A = \text{미국 공장에서 납품 받는 사건} \quad B = \text{한국 공장에서 납품 받는 사건}$$
$$C = \text{제품이 불량품인 사건}$$

이제 구해야 할 식은 "임의로 택한 제품이 불량품일 때, 이 불량품이 미국공장에서 납품받았을 확률" 이므로 사후확률(역확률) $P(A|C)$을 구하면 된다. 즉 다음과 같다.

$$P(A|C) = \frac{P(A)\,P(C|A)}{P(C)}$$

알고 있는 확률	알아야 할 확률
(과거) $P(A)$: 미국공장에서 납품받는 확률, 즉 $P(A) = 0.4$	(관찰된 정보) $P(C)$: 공장에서 제품이 불량품일 확률 (미국 또는 한국)
$P(C\|A)$: 미국공장의 제품에서 불량확률, 즉 $P(C\|A) = 0.01$	$P(A\|C)$ = 답
$P(B)$: 한국공장에서 납품받는 확률, 즉 $P(B) = 0.6$	
$P(C\|B)$: 한국공장의 제품에서 불량확률, 즉 $P(C\|B) = 0.02$	

미국공장에서 불량품이 생산 $(A \cap C)$ 또는 한국공장에서 불량품이 생산 $(B \cap C)$이 되는 경우를 집합으로 표시하면 $C = (A \cap C) \cup (B \cap C)$이다.

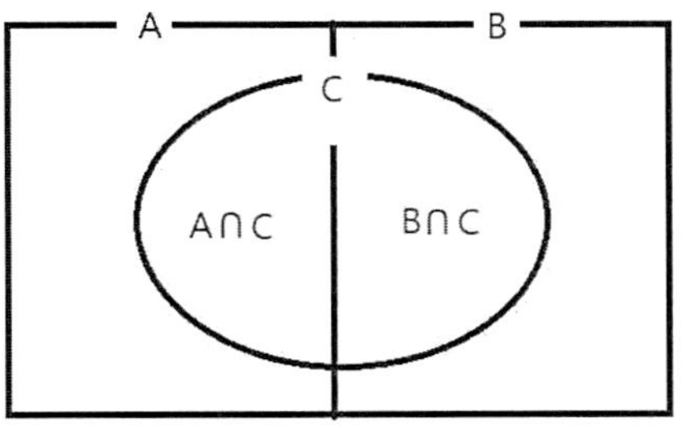

따라서 불량품일 확률은

$$P(C) = P(A \cap C) + P(B \cap C) = P(A)P(C|A) + P(B)P(C|B)$$

$$= 0.4 \times 0.01 + 0.6 \times 0.02 = 0.016$$

이다.

2. 이제 문제의 답을 구해보자.

$$P(A|C) = \frac{P(A \cap C)}{P(C)} = \frac{P(A)P(C|A)}{P(C)} = \frac{0.4 \times 0.01}{0.016} = 0.25$$

3. $P(A) = 0.4$ (사전확률) $\Rightarrow$ $P(A|C) = 0.25$ (사후확률)

(2) 전체인구의 1%가 걸리는 암이 있다. 그리고 정확도가 95%인 암 검사기가 있다. 어떤 사람이 암 검사를 했고 양성판정(암에 걸렸다고) 진단을 받았다.

검사결과가 양성으로 나타난 사람(관찰된 정보)이 실제 암에 걸렸을 확률을 구하시오.

다음의 2가지 사건을 생각하자.

$A =$ 실제 암에 걸렸을 사건 $B =$ 암 검사결과가 양성일 사건

주어진 문제에서 다음을 계산하면 된다.

$$P(A|B) = \frac{P(B \cap A)}{P(B)} = \frac{P(A \cap B)}{P(B)} = \frac{P(A)P(B|A)}{P(B)}$$

알고 있는 정보	알아야 할 정보
(과거) $P(A)$: 실제 암에 걸릴 확률 = 0.01	(관찰된 정보) $P(B)$: 암 검사결과 양성 판정받을 확률
$P(B\|A)$: 실제 암인 사람이 양성판정 확률 = 0.95	$P(A\|B)$=답
$P(A^c)$: 정상일 확률 = 0.99	
$P(B\|A^c)$: 정상인데 양성 판정받을 확률 = 0.05	

1. $B=(A\cap B)\cup(A^c\cap B) \;\Rightarrow\; P(B)=P(A\cap B)+P(A^c\cap B)$

$$= P(A)P(B|A)+P(A^c)P(B|A^c)$$

$$= 0.01\times0.95+0.99\times0.05 = 0.059$$

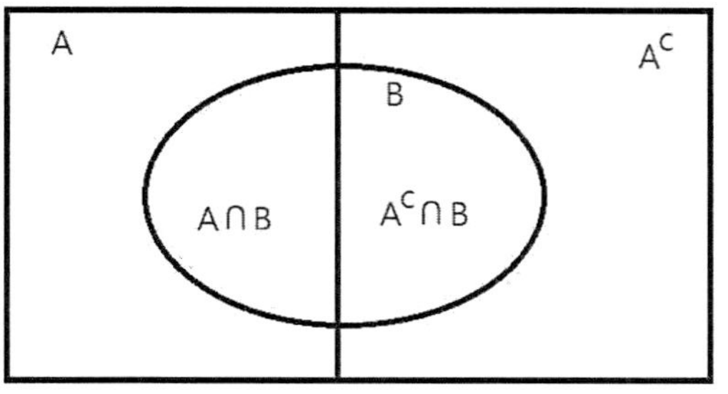

2. 따라서 구하는 답은

$$P(A|B)=\frac{P(B\cap A)}{P(B)}=\frac{P(A\cap B)}{P(B)}=\frac{P(A)P(B|A)}{P(B)}=\frac{0.01\times0.95}{0.059}=0.161$$

이다.

3. $P(A)=0.01$ (사전확률)$\Rightarrow P(A|B)=0.161$ (사후확률)

(의미)

암의 검사결과가 양성인데도 불구하고, 실제로 암에 걸릴 확률이 16%입니다.
실제로 암에 걸릴 확률이 처음에는 1%이지만, 암 검사결과 양성판정이라는 새로운 정보를 알고 난 후, 새롭게 수정된 확률이 16%라는 의미입니다. 이처럼 암에 걸릴 확률도 고정되는 것이 아니라, 새로운 정보의 취득에 따라서 수정된다는 사실에 주목하자.

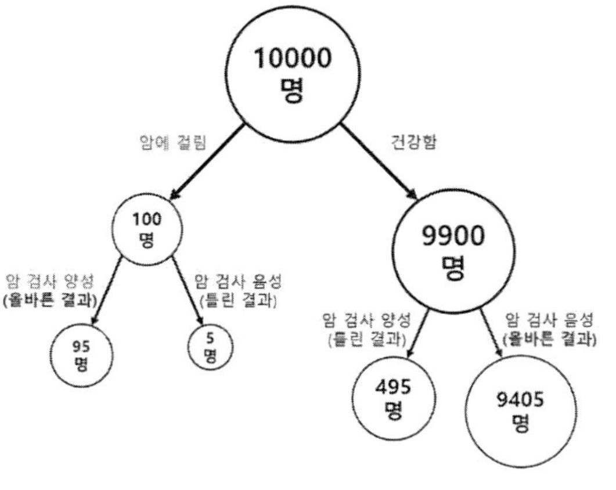

베이즈 정리의 결과는 사전확률 $P(A)$, $P(B)$에 따라서 결과가 달라지며, 전체 인구가 10,000명이라면, 실제 암(100명)인데 검사도 양성인 사람은 95명(올바른 결과)이고, 건강한 사람(9,900명)에 대하여 검사가 양성인 사람은 495명(틀린 결과)이라는 것을 보여준다. 암 검사가 양성으로 나왔지만 실제로 암에 걸리지 않은 사람이 495명이라니 좀 놀랍다.

(3) 남자가 60%이고, 여자가 40%인 집단이 있고, 그리고 남자의 5%, 여자의 8%는 특정 약물에 거부반응을 일으킨다고 하자. 임의 선택한 한 명이 거부반응을 보일 때(관찰된 정보) 그 사람이 여자일 확률을 구하시오.

다음의 3가지 사건을 생각하자.

$$A_1 = \text{남자일 사건} \quad A_2 = \text{여자일 사건} \quad B = \text{거부반응을 보이는 사건}$$

그러면

$$P(A_1) = 0.6, \quad P(A_2) = 0.4, P(B|A_1) = 0.05, P(B|A_2) = 0.08$$

은 알고 있는 정보이다. 그리고 전확률은

$$B = (A_1 \cap B) \cup (A_2 \cap B) \Rightarrow P(B) = P(A_1)P(B|A_1) + P(A_2)P(B|A_2)$$

$$= 0.6 \times 0.05 + 0.4 \times 0.08 = 0.062$$

이므로, 베이즈 정리로부터 다음을 얻는다.

$$P(A_2|B) = \frac{P(A_2)P(B|A_2)}{P(B)} = \frac{0.4 \times 0.08}{0.062} = 0.516$$

(4) 어떤 구의 조사에서 남성의 6%, 여성의 1%의 키가 180cm 이상이었다.
그리고 구 인구의 62%가 여성이다. 임의로 한 사람을 선택할 때 키가 180cm 이상이라면(관찰된 정보), 그 사람이 여성일 확률을 구하시오.

다음의 3가지 사건을 생각하자.

$$B_1 = \text{남성인 사건}\ B_2 = \text{여성인 사건} \quad A = \text{키가 } 180\,cm \text{ 이상인 사건}$$

그러면

$$P(B_1) = 0.38, \ P(B_2) = 0.62, P(A|B_1) = 0.06, P(A|B_2) = 0.01$$

은 알고 있는 정보이다.

그리고 전확률은

$$A=(B_1\cap A)\cup(B_2\cap A)\ \Rightarrow\ P(A)=P(B_1)P(A|B_1)+P(B_2)P(A|B_2)$$

$$=0.38\times0.06+0.62\times0.01=0.029$$

이므로, 베이즈 정리로부터 다음을 얻는다.

$$P(B_2|A)=\frac{P(B_2)P(A|B_2)}{P(A)}=\frac{0.62\times0.01}{0.029}=0.214$$

(5) 전체 메일의 5%는 광고 메일이었다. 전체 메일의 단어들을 조사해보니, 광고메일의 94%에서 단어 '폰' 을 볼 수 있었고, 일반메일의 1%에서도 단어 '폰' 을 볼 수 있었다. 지금 받은 메일에 '폰' 이라는 단어가 있을 때(관찰된 정보), 이 메일이 광고메일일 확률을 구하시오.

다음의 2가지 사건을 생각하자.

$$A=\text{광고 메일의 사건}\quad B=\text{'폰'이 있는 메일의 사건}$$

그러면

$$P(A)=0.05,\quad P(A^c)=0.95, P(B|A)=0.94, P(B|A^c)=0.01$$

은 알고 있는 정보이다.

그리고 전확률은

$$B=(A\cap B)\cup(A^c\cap B)\Rightarrow P(B)=P(A)P(B|A)+P(A^c)P(B|A^c)$$

$$=0.05\times0.94+0.95\times0.01=0.057$$

이므로, 베이즈 정리로부터 다음을 얻는다.

$$P(A|B)=\frac{P(A)P(B|A)}{P(B)}=\frac{0.94\times0.05}{0.057}=0.83$$

2.2 베이즈 정리의 확장

이번에는 베이즈 정리의 확장에 대하여 알아본다. 앞의 경우는 표본공간 S을 두 개의 사건으로 분할된 경우를 다루었다. 여기에서는 k개의 사건이 S을 분할 하는 경우로 확장하여 설명한다. 일반화 가능한 $k=4$ 인 경우에 대하여 살펴본다.

표본공간 $S=\{H_1, H_2, H_3, H_4\}$ 인 경우를 생각하자. 그리고 각각의 사전확률은 모두 같다고 가정하자, 즉

$$P(H_1)=P(H_2)=P(H_3)=p(H_4)$$

라 하자. D을 관찰된 정보라고 하면,

$$D = (H_1 \cap D) \cup (H_2 \cap D) \cup (H_3 \cap D) \cup (H_4 \cap D)$$

이 성립한다. 그리고 조건부확률들(빗금 친부분)의 값은

$$P(D \mid H_1),\ \ P(D \mid H_2),\ \ P(D \mid H_3),\ \ P(D \mid H_3)$$

로 주어진다면 전확률 $P(D)$도 구할 수 있다.

따라서 베이즈 정리로부터 사후확률은 아래와 같다.

$$P(H_1|D) = \frac{P(D \cap H_1)}{P(D)} = \frac{P(H_1 \cap D)}{P(D)} = \frac{P(H_1)P(D|H_1)}{P(D)}$$

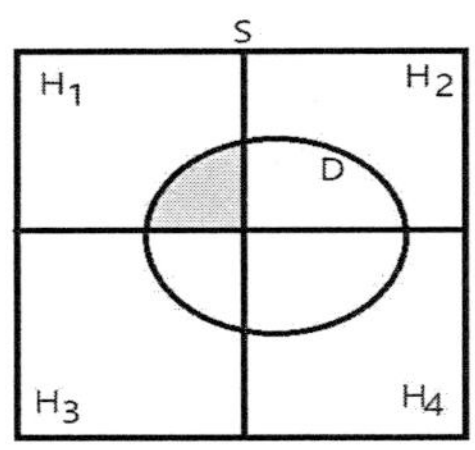

따라서, 사전확률 $P(H_1)$에 알려진 정보(D와 $P(D)$)와 조건부확률($P(D|H_1)$을 더하여 수정된 사후확률 $P(H_1|D)$을 얻는다.

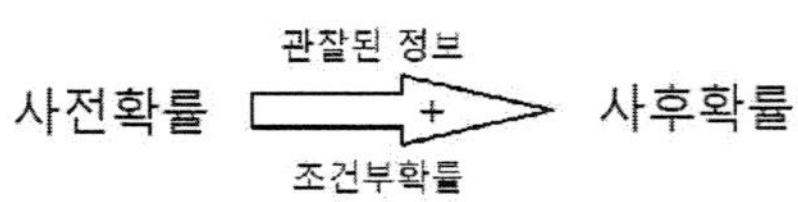

설명 예제 5 (1) 빨간색(R)과 파란색(B)의 공으로 이루어진 4종류의 서로 다른 주머니는

$$H_1 = \{R,\ R,\ R\}, H_2 = \{R,\ R,\ B\}, H_3 = \{R,\ B,\ B\}, H_4 = \{B,\ B,\ B\}$$

이다. 임의로 하나의 주머니를 택한 뒤 공을 하나 뽑았더니 빨간색 공이었다(관찰된 정보). 이때 빨간색 공이 주머니에 있을 확률을 구하고, 나는 어떤 주머니를 택할까?

다음의 표를 통하여 가능성을 예측해보자.

관찰된 정보가 빨간색이라는 사건을 D 라 하자.

모수	주머니 속 내용	사전확률 : $P(H_i)$	조건부확률 : $P(D\|H_i) = P(red\|H_i)$	사후확률 : $P(H_i\|D) = P(H_i\|red)$
H_1	$\{R,\ R,\ R\}$	1/4 (25%)	3/3 =1	1/2 (50%)
H_2	$\{R,\ R,\ B\}$	1/4 (25%)	2/3	1/3 (34%)

H_3	$\{R, B, B\}$	1/4 (25%)	1/3	1/6 (17%)
H_4	$\{B, B, B\}$	1/4 (25%)	0/3 = 0	0 (0%)

사후확률 공식: $P(H_i | D) = \dfrac{P(H_i)\, P(D | H_i)}{P(D)}$

전확률 공식(관찰된 정보):

$$D = (H_1 \cap D) \cup (H_2 \cap D) \cup (H_3 \cap D) \cup (H_4 \cap D)$$

$$\Rightarrow P(D) = P(H_1)P(D|H_1) + P(H_2)P(D|H_2) + P(H_3)P(D|H_3) + P(H_4)P(D|H_4)$$

$$= \frac{1}{4}\times 1 + \frac{1}{4}\times\frac{2}{3} + \frac{1}{4}\times\frac{1}{3} + \frac{1}{4}\times 0 = \frac{1}{2}$$

따라서 관찰된 정보(뽑은 공이 빨간색이라는 정보)를 모를 때는 어느 주머니에 빨간색이 많은지 모르기 때문에 주머니를 선택할 믿음이 25% 정도로 똑같다.

하지만 관찰된 정보(뽑은 공이 빨간색이라는 정보)를 알 때 수정된 확률(사후확률), 즉 빨간색 공이 각각의 주머니에 있을 확률은 위 표와 같다.

관찰된 정보로부터 빨간색이 가장 많이든 주머니는 믿음이 50%로 가장 큰 첫 번째 주머니를 선택하는 것이 바람직하다.

참고 위에서 $P(D) = \dfrac{1}{2}$은 4개의 주머니에 공통적으로 적용되므로 베이즈 정리에서 상수로 생각하고, 즉 다음과 같이 없다고 생각해도 된다. 새로운 용어에 주의하기 바란다.

$$P(H_i|D) = \frac{P(H_i)\, P(D|H_i)}{P(D)} \propto P(H_i) \cdot P(D|H_i)$$

여기서 $P(H_i)$: 사전확률,

$P(D|H_i)$ = 우도($likelihood$) 또는 가능도, 증거,

$P(H_i|D)$ = 사후확률($posterior$)

이라고 한다. 특히 조건부 확률을 우도 또는 가능도라고 부른다.

(2) (반복시행)

앞에서 꺼냈던 공을 주머니에 넣은 뒤, 같은 주머니에서 공을 다시 뽑았더니 또 빨간색 공이었다. 빨간색 공이 이 주머니에 있을 확률을 구하고, 각각의 주머니에 대한 확률도 구하시오.

구해야 할 사후확률은 다음과 같다.

$$P(H_i\,|\,D, D) = P(H_i\,|\,red, red)$$
$$= \frac{P(H_i|D)\ P(D\,|\,H_i)}{P(D)}$$

여기서(위에서) 사전확률은

$$P(H_i\,|\,D) = P(H_i\,|red)$$

이고, 우도(가능도)는

$$P(D\,|H_i) = P(red\,|\,H_i)$$

이다.

따라서 반복시행에서 $P(D)$를 제외한 사후확률로 다시 표현하면 다음과 같다.

$$P(H_i\,|\,D, D) = P(H_i\,|\,red, red)$$
$$\propto P(H_i|D) \cdot P(D\,|\,H_i) = P(H_i|red) \cdot P(red|\,H_i)$$

앞 (1)에서 사후확률

$$P(H_i\,|\,D) = P(H_i\,|red)$$

은 이제 반복시행에서 사전확률이 된다.

그리고 조건부 확률인 우도(가능도)는 변함이 없다.

주머니 속 내용	사전확률: $P(H_i\|D) \propto P(H_i)\,P(D\|H_i)$	우도 (가능도): $P(D\,\|H_i) = P(red\|\,H_i)$	사후확률(근사): $P(H_i\,\|\,D, D) \propto P(H_i\,\|\,red, red) = P(H_i\|D)P(D\,\|H_i)$	사후확률: $P(H_i\,\|\,D, D) = \frac{P(H_i\|D)\ P(D\,\|\,H_i)}{P(D)}$
$\{R, R, R\}$	1/4	3/3 =1	1/4	9/14 (64%)
$\{R, R, B\}$	2/12	2/3	2/18	2/7 (29%)
$\{R, B, B\}$	1/12	1/3	1/36	1/14 (7%)
$\{B, B, B\}$	0	0	0	0 (0%)

관찰된 정보는

$$P(D) = \frac{1}{4} + \frac{2}{12} \times \frac{2}{3} + \frac{1}{12} \times \frac{1}{3} = \frac{7}{18}$$

이다. 이것을 대입하면 사후확률을 얻는다.

빨간색 공이 첫 번째 주머니 $H_1 = \{R, R, R\}$에 들어있을 확률을 살펴보자.

$P(H_1) = \frac{1}{4}$ (25%),

$$P(H_1 \mid D) = P(H_1 \mid red) = \frac{1}{2} \ (50\%),$$

$$P(H_1 \mid D, D) = P(H_1 \mid red, red) = \frac{9}{14} \ (64\%)$$

이 과정을 반복하면 빨간색 공이 첫 번째 주머니에 들어있을 확률 즉 믿음의 정도가 계속 높아진다는 것을 알 수 있다.

이것을 정리하면 다음과 같다.

베이즈 정리의 확장

표본공간 : $S = \{A_i \mid i = 1, 2, \cdots, n\} = \{A_1, A_2, \cdots, A_n\}$

관찰된 정보 : $D = (A_1 \cap D) \cup (A_2 \cap D) \cup (A_3 \cap D) \cdots (A_n \cap D)$

전확률 : $P(D) = \sum_{i=1}^{n} P(A_i) P(D \mid A_i)$

베이즈 정리 : $P(A_i \mid D) = \dfrac{P(D \cap A_i)}{P(D)} = \dfrac{P(A_i \cap D)}{P(D)} = \dfrac{P(A_i) P(D \mid A_i)}{P(D)}$

$(i = 1, 2, \cdots, n)$

사후확률의 합 : $\sum_{i=1}^{n} P(A_i \mid D) = 1$

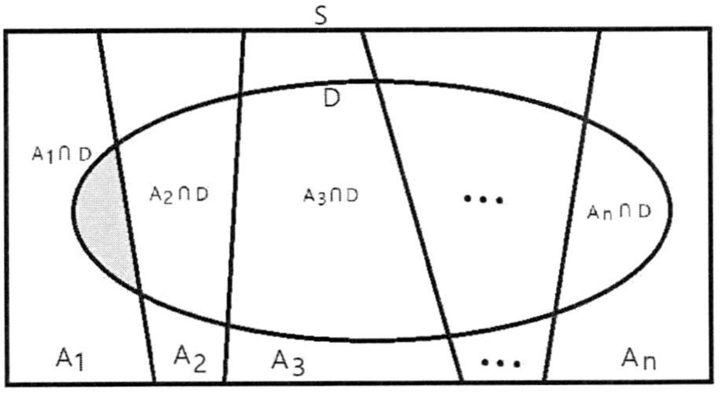

2.3 베이지안 확률

베이즈 정리를 베이지안 확률로 연결하는 과정이 남았다. 베이즈 정리를 바탕으로 베이지안 확률을 계산한다는 아이디어는 놀라운 생각의 전환이다. 그 바탕은

최초의 확률 → 새로운 정보(증거) → 확률의 수정

→ 새로운 정보(증거) → 확률의 재수정

을 거치면서 최종확률을 도출하는 과정이다.

이 과정을 수행하기 위해서는 베이즈 정리와 베이지안 확률을 연결하는 여러 작업이 필요하고, 베이즈 정리를 이용하여 실제로 베이지안 확률을 계산하는 원리와 과정을 살펴본다.

1. (원리) 만약에 모든 정보를 준다면 베이지안 확률을 사용할 이유가 없다. 하지만 실제상황에서는 그렇지 않은 경우가 많다. 조건부 확률 $P(D|A)$은 데이터가 많아서 발생빈도를 보고 바로 예측할 수 있지만, 반대로 사후 확률 $P(A|D)$은 데이터가 많지 않아서 쉽게 계산할 수 없다. 그래서 우리의 시나리오는 쉽게 계산하기 어려운 $P(A|D)$을 구하기 위해 쉽게 얻을 수 있는 $P(D|A)$을 이용한다는 것이다.

2. (베이지안 확률)

사건 A 가 두 사건 A_1, A_2로 나뉠 때 베이즈 정리에 의해 다음이 성립한다.

$$P(A_1|D) = \frac{P(A_1)\,P(D \mid A_1)}{P(D)},$$

$$P(A_2|D) = \frac{P(A_2)\,P(D \mid A_1)}{P(D)}$$

앞에서 $P(D)$는 위 확률의 합을 1로 만들어주는 조정값으로 상수로 볼 수 있다고 했다. 즉 $P(A|D)$에 직접적인 영향을 미치지 않는다. 그래서 다음과 같은 비례식으로 표현할 수 있다.

$$P(A|D) \propto P(A)\ P(D|A)$$

이제 베이즈 정리를 이용하여 $P(A|D)$의 값을 단계별로 찾아보자.

1단계]

D 에 대한 아무 정보가 없으므로, 조건이 없는 확률을 써서 $P(A|D)$의 값으로 그냥 $P(A)$을 설정하자. 즉 $P(A)$가 $P(A|D)$의 최초확률이다.

2단계]

$P(D|A)$에 대한 추가 정보와 지식이 주어지면 최초의 $P(A)$를 수정하여 새로운 $P(A|D)$을 얻는다.

3단계]

이런 과정을 계속 반복하면서 $P(A|D)$의 최종확률을 구할 수 있다.

이렇게 구한 최종의 확률을 **베이지안 확률**이라고 한다.

베이지안 확률의 수행과정

(1) $P(A)$는 아무 정보도 없는 최초의 상태에서 사건 A에 대한 확률(사전확률)
(2) 사건 A가 일어난 상황에서 사건 D가 일어날 때 $P(D|A)$는 우도(증거)로 이용
(3) 우도를 이용하여 최초확률 $P(A)$보다 믿음이 높은 사후 확률 $P(A|D)$를 구한다.
위의 과정을 반복하여 최종의 사후 확률 즉 베이지안 확률을 구한다.

참고 (베이지안 확률의 구체적인 수행과정)
우선 베이즈 정리를 적용하기 위하여 표본공간 S을 아래와 같이 두 개의 사건 A_1, A_2로 분할 한다. 예를 들면,

$$A_1 = \text{암에 걸린 사건}, \quad A_2 = \text{암에 걸리지 않은 사건}$$

그리고 새로운 사건으로, 예를 들면,

$$D = \text{수치가 높게 나오는 사건}$$

그리고 조건부 확률(우도) $P(D|A_1)$은 어떤 사람이 이미 암에 걸려 있을 때, 그 사람의 수치가 기준치를 넘어설 확률을 나타낸다.

만약에 다음의 3가지 정보가 주어져 있다고 가정해보자.
1. 국민건강조사에 의하면 일반인이 평생 암에 걸릴 확률은 $P(A_1) = 0.01$.
2. 그러면 평생 암에 걸리지 않을 확률은 $P(A_2) = 1 - 0.01 = 0.99$.
3. 방대한 검진 기록에서 실제 암인데 수치가 높게 나올 확률 $P(D|A_1) = 0.95$.
4. 검진 기록을 바탕으로 암이 아닌데도 수치가 높게 나올 확률 $P(D|A_2) = 0.10$.

그러면 앞에서 이미 공부한 방법으로 전확률과 사후 확률들을 구할 수 있다.

$$(\text{전확률})\ P(D) = P(A_1)P(D|A_1) + P(A_2)P(D|A_2) = 0.01 \times 0.95 + 0.99 \times 0.1 = 0.1085$$

$$(\text{사후확률})\ P(A_1|D) = \frac{P(A_1)P(D|A_1)}{P(D)} = \frac{0.01 \times 0.95}{0.1085} = 0.0876$$

$$\text{또는}\ P(A_2|D) = \frac{P(A_2)P(D|A_2)}{P(D)} = \frac{0.99 \times 0.1}{0.1085} = 0.912$$

$$(\text{사후확률의 합})\ P(A_1|D) + P(A_2|D) = 1$$

베이즈 정리로부터 수치가 기준치보다 높게 나온 사람들 가운데 실제로 암에 걸린 사람들은 약 9%정도 라는 것을 알 수 있다.
(베이지안 확률의 수행과정)
(1) 사전확률의 설정 : $P(A_1) = 0.01$, $P(A_2) = 0.99$

아무런 정보가 없을 때 다른 사람들과 마찬가지로 0.01의 확률로 암 환자가 나온다고 보는 것이고, 이 사전확률은 별로 믿을 수 없는 값이고 앞으로 바꾸어 나가야 할 값이다.
(2) 우도(증거)의 활용 : $P(D|A_1)=0.95$, $P(D|A_2)=0.10$: 베이즈 요인
이 두 개의 우도는 확률의 수정을 위한 새로운 정보로 사용할 수 있다.

아무런 증거가 없을 때 비율은 $\dfrac{P(A_1)}{P(A_2)}$로 나오고, D에 관한 검진의 정보가 주어진 후에 새로운 비율(사후비율)은 다음과 같다.

$$\frac{P(A_1|D)}{P(A_2|D)}=\frac{P(A_1)P(D|A_1)}{P(A_2)P(D|A_2)}=\frac{P(A_1)}{P(A_2)}\cdot\frac{P(D|A_1)}{P(D|A_2)}$$

식에서 $\dfrac{P(A_1)}{P(A_2)}$은 검진 이전에 암일 확률과 암이 아닐 확률 간의 (원래의) 비율이다.
주어진 예에서 $P(A_1)/P(A_2)=0.01/0.99$ 이므로 전체인구 100,000명 중 1,000명은 암 환자이고, 99,00명은 정상인 것이다.
그러면 다음은 무엇을 의미할까?

$$\frac{P(D|A_1)}{P(D|A_2)}$$

이것은 검진결과라는 추가정보를 통해서 원래의 비율

$$\frac{P(A_1)}{P(A_2)}$$

이 사후 비율로 바뀌는 정도를 나타내는 수치(값)이다. 이 수치(값) 즉

$$\frac{P(D|A_1)}{P(D|A_2)}$$

을 베이즈 요인(Bayes Factor)이라고 부른다.
베이즈 요인을 이해하기 위해서 주어진 예를 살펴보자.

$$(\text{원래 비율})\ P(A_1)/P(A_2)=0.01/0.99=0.0101$$

$$(\text{베이즈 요인})\ P(D|A_1)/P(D|A_2)=0.95/0.1=9.5$$

$$(\text{사후비율})\ \frac{P(A_1|D)}{P(A_2|D)}=\frac{P(A_1)}{P(A_2)}\cdot\frac{P(D|A_1)}{P(D|A_2)}=0.0101\cdot 9.5=0.096$$

이것은 (증거가 주어지기 전의) 원래 비율보다, (증거가 주어진 이후의) 사후비율의 베이즈 요인 = 9.5배 더 크다는 것을 알 수 있다.

(3) 사후확률의 계산

비율 $P(A_1)/P(A_2)$이 9.5배 증가한 증거를 바탕으로 사전확률 $P(A_1)$를 수정하여 사후 확률 $P(A_1|D)$를 구해보자.

$$P(A_1|D)+P(A_2|D)=1, \frac{P(A_1|D)}{P(A_2|D)}=\frac{P(A_1)}{P(A_2)}\cdot\frac{P(D|A_1)}{P(D|A_2)}=0.0101\cdot 9.5=0.096$$

이제 위의 두 식을 연립하여 풀면 다음과 같다.

$$P(A_1|D)=0.0876$$

결과를 정리해보면, 베이즈 정리의 원리를 이용하여 암의 추정인 사전학률=0.01이 사후 확률=0.0876로 수정하게 되고, 당연히 사후 확률은 사전확률보다 더 정확하다.

(4) (사후 확률의 반복사용)
좀 더 정확한 정보를 얻기 위해 반복 검진(추가 검진)을 한다고 하자.
첫 번째 검진의 사후 확률=0.876이 두 번째 검진에서 사전확률이 된다.
만일 추가 검진에도 여전히 수치가 높게 나오면 베이즈 요인은 $9.5\times 9.5=90.25$로 증가하게 되고, 그에 따라서 암일 확률도 올라가게 된다.
반대로 수치가 낮게 나오면 베이즈 요인이 감소하게 되고 그에 따라서 암일 확률은 내려가게 된다.
이처럼 사후 확률을 계속 수정하면 최종적으로 베이지안 확률을 얻게 된다.

●●●

표본공간 $S=\{A_1, A_2, A_3, A_4\}$인 경우, 즉 암의 병세가 말기인 사건, 중기인 사건, 초기인 사건, 암에 걸리지 않은 사건으로 나눈다면,

(사전확률) $P(A_1), P(A_2), P(A_3), P(A_4)$

(우도) $P(D|A_1), P(D|A_2), P(D|A_3), P(D|A_4)$

(사후 확률) $P(A_1|D), P(A_2|D), P(A_3|D), P(A_3|D)$

와 같이 베이지안 확률을 확장할 수 있다.

나눔문제

예제 1. 두 개의 바구니 A, B에 대하여 A에는 흰 공 3개와 검은 공 8개가 있으며, B에는 흰 공 4개와 검은 공 5개가 들어있다. 동전을 한 개 던져서 앞면이 나오면 A을 뒷면이 나오면 B을 택한다고 하자. 그런 후에 공을 하나 꺼낼 때 그 공이 흰 공일 경우에 동전의 앞면이 나올 확률을 구하시오.

예제 2. 어떤 편지 한 통이 3개의 서로 다른 우체통 중 하나에 있다고 하자. 각각의 우체통에 있을 가능성은 동등하다고 하자. 그 편지가 우체통 $i\ (i=1,2,3)$에 있다면 우체통 i 에 있을 편지를 발견할 확률이 $p_i\ (p_i < 1)$라 하자. 우체통 1에서 편지를 발견하지 못했다고 하자. 우체통 1에 편지가 있을 확률을 구하시오.

▶▶3. 베이지안 추정과 검정

베이지안 추론은 최근에 개발된 새로운 방법이 아니다, 사실 전통적 추론보다 먼저 제시된 개념이지만, 오랜 기간 통계학의 변방에 머물러있다가 오늘날 빅데이터와 인공지능 그리고 기계학습의 물결을 따라서 새롭게 부활하고 있는 개념이다.
확률변수 X 가 정규분포를 따르는 모집단의 평균 μ 을 추정한다고 하자.
전통적인 방법이라면 표본평균 $\overline{X}$을 추정치 $\overline{\mu}$로 사용한다. 그러나 베이지안 추정에서는 $\overline{X}$를 바로 추정치로 사용하지 않고, 가벼운 정도의 초기 주정치 μ_0을 설정한 후 새로운 정보가 들어오면 추정치를 바꾸어 가면서 최종적으로 추정치 $\overline{\mu}$을 찾는다.
베이지안 검정 또는 베이즈 검정은 베이지안 추정과 기본적인 원리와 수리적 방법은 거의 차이가 없다. 베이지안 검정의 기본설계는 검정의 대상이 되는 모수 θ 에 대하여 검정통계량 θ_0 가 주어질 때 전통적 방법과 같이 통계적 유의성을 판정하여 귀무가설을 채택하거나 기각하는 식이다. 베이지안 검정과 전통적인 방법과의 차이점은 전통적인 방법은 귀무가설 H_0가 참일 때 가정하여 이 귀무가설에 반하는 데이터 D가 나올 조건부 확률 $P(D|H_0)$을 구하고, 그리고 $p-$값이라 부르는 확률이 아주 작으면 귀무가설을 기각한다.
베이지안 관점에서는 거꾸로, 데이터 D가 주어졌을 때 귀무가설 H_0가 참일 역확률 $P(H_0|D)$을 구한다. 물론 베이지안 검정에서 의미하는 확률은 사후 확률이다. 그리고 이 사후확률이 아주 작으면 귀무가설을 기각한다.

3.1 최우도 추정법(최대우도 추정법, MLE)

모수를 추정하는 점 추정량을 구하는 데 있어서 대표적인 방법으로 최우도 추정법(maximum likelihood estimation, MLE), 최우 추정법, 또는 최대우도 추정법이 있다. 이 원리를 이해하기 위해서는 먼저 우도(likelihood) 또는 가능도라는 개념을 알아야 한다.

설명 주제 1 **우도(likelihood)와 확률**

확률은 모수가 주어진 상황에서 실험을 통하여 어떤 결과가 나왔을 때 그 결과가 나올 가능성을 수치로 표현한 것이다.

(예시) 남자와 여자의 비율이 50:50으로 같은 모집단이 있다.

모집단에서 20명을 뽑아 성별을 조사할 때 14명이 남자로 나타날 확률은 얼마인가?

남, 여 두 가지 반복 실험이므로 확률변수 X 는 이항분포

$$B(n,\ p)$$

을 따른다. 따라서

$$X \sim B(n,\ p)$$

일 x 명이 남자로 나타날 확률함수는 다음과 같다.

$$P(X=x \mid p) = {}_nC_x\ p^x\ (1-p)^{n-x} = \frac{n!}{x!(n-x)!}\ p^x\ (1-p)^{n-x}$$

여기서 남자와 여자의 비율이 같으므로 모수는

$$p = \frac{1}{2} = 0.5$$

로 가정해도 되고, 주어진 문제는 $n = 20$인 경우에

$$P(X = 14 \mid 0.5)$$

를 계산하면 된다.

상수 n_0, p_0가 주어지면, 확률변수는

$$X \sim B(n_0,\ p_0)$$

에 따른 확률함수는

$$P(x \mid p_0) = {}_{n_0}C_x\ p_0^x\ (1-p_0)^{n-x} = \frac{n!}{x!(n-x)!}\ p_0^x\ (1-p_0)^{n_0-x}$$

이 된다. 참고로 모든 확률값의 합은 1이다.

반대로 우도는 모수인 실험을 통화여 모수(확률)인 p값을 구하는 것이다.

그러면 위의 예제는 다음과 같다.

"20명의 사람들의 성별을 조사하였더니 14명이 남자로 나왔다고 한다.

그러면 모수 p는 얼마인가? "

"또는 10명의 남자로 나왔다면 그때 모수 p 는 얼마인가? "

따라서 이것은 상수 n_0 와 상수 x_0에 대하여 확률함수는 다음과 같다.

$$P(p \mid x_0) = {}_{n_0}C_{x_0}\ p^{x_0}(1-p)^{n_0-x_0}$$

$$= \frac{n_0!}{x_0!(n_0-x_0)!}\ p^{x_0}(1-p)^{n_0-x_0}$$

그리고 위 식에 하나의 모수 값 $p = p_0$ 가 주어진다면

$$P(p_0 \mid x_0) = \text{확률 값}$$

이 성립한다.

주어진 문제는 $n = 20$인 경우에

$$P(p \mid 14)$$

를 만족하는 모수 p 의 값을 구하는 문제가 된다.

이 문제를 일반적으로, $L(\theta)$로 표현하면 다음과 같다.

임의의 모수 θ 에 대하여

$$L(\theta) = P(p = \theta \mid x_0) = {}_{n_0}C_{x_0}\ \theta^{x_0}(1-\theta)^{n_0-x_0}$$

를 **우도 함수**(likelihood function) **또는 가능도 함수**라 한다.

이때 모수 값 $\theta = p_0$ 에 대한 값 $L(p_0)$을 **가능성 또는 우도**(likelihood)라 한다.

이것은 모수 θ 가 p_0 값을 가질 가능성이 $L(p_0)$라는 것이다.

참고 우도는 확률이 아니므로 우도를 모두 더할 때 1이 될 필요는 없다.

확률함수와 우도함수를 비교하면 다음과 같다.

	확률함수 : $f(x \mid \text{모수} = \theta)$	우도 함수 : $L(\theta) = f(\theta \mid \text{확률변수} = x)$
X축	확률변수 $-\infty < x < \infty$	모수 $0 \le \theta \le 1$
Y축	확률값 $f(x)$	우도값 $L(\theta)$
의미	확률변수 $x = k$라는 특정한 값을 가질 확률이 $f(k)$	모수 $\theta = p_0$를 가질 가능성(우도)이 $L(p_0)$

특징	$\int_{-\infty}^{\infty} f(x\|\theta)\,dx = 1$	$\int_{0}^{1} L(\theta)d\theta \neq 1$

사실 확률함수(밀도함수)가

$$f(x|\theta)$$

라는 것은 모수 θ가 주어진 가정하에서 확률변수로 표현된 것이라면, 우도 함수

$$f(\theta|x)$$

는 확률변수 x 값이 주어진 가정하에서 모수 θ 를 변수로 하는 함수이다.

같은 함수이지만 보는 관점과 목적에 따라서 확률함수 또는 우도 함수라고 하는 것이다.

설명 예제 6 동전을 10번 던졌을 때 앞면이 7번 나왔을 때를 생각하면, 이것으로 동전의 앞면이 나올 확률을 0.5라고 이야기할 수 있을까?

우도 함수를 구하기 위하여,

$$n = 10,\ x = 7$$

을 고정하고, 상수

$$_{10}C_7 = 120$$

은 생략하여 아래와 같이 우도 함수를 정의합니다.

$$L(\theta) = L(\theta\,|\,7) = \theta^7(1-\theta)^3$$

그리고 확률

$$\theta = p \text{ 값}$$

에 따른 우도 함수의 값의 변화와 그래프는 다음과 같다.

$n = 10$	$x = 7$
p	우도함수 값
0.1	0.000000073
0.2	0.000006554
0.3	0.000075014
0.4	0.000353894
0.5	0.000976563
0.6	0.001791590
0.7	0.002223566
0.8	0.001677722
0.9	0.000478297
합계	**0.007583273**

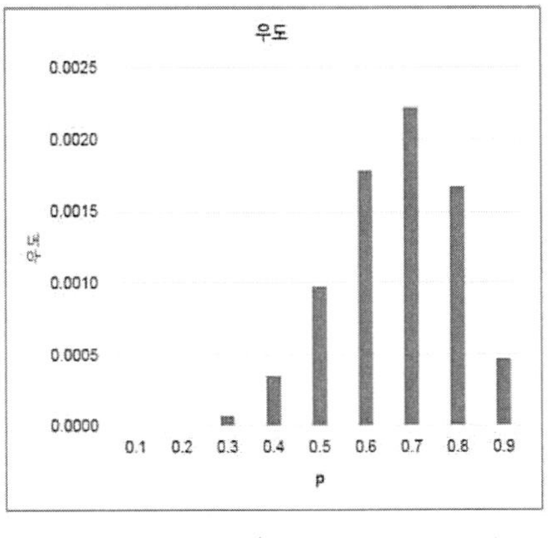

모수 $p=0.7$일 때 우도 함수의 최댓값(최대우도)은

$$L(0.7)=0.002224$$

을 알 수 있다. 즉 동전 10번을 던져서 7번 번 앞면이 나올 확률을 가장 잘 설명하는 것은

모수 $p=0.7$

이라는 의미이다. 따라서 문제의 답은

모수 $p=0.5$가 아니라, $p=0.7$

이 주어진 데이터를 더 잘 설명한다고 볼 수 있다는 것이 합리적이다.

●●●

이처럼 주어진 데이터로부터 우도 함수를 이용하여 모수를 추정하는 방법을 **최우도 추정법 또는 최대우도 추정법**(maximum likelihood estimation, MLE)이라 한다. 그리고 우도 함수를 최대화하는 θ의 값을

최대우도 추정량(최우도 추정량), 또는 최대가능도 추정량

이라 한다.

우도 함수의 일반적인 정의

확률변수 $X_1, X_2, \cdots, X_n$ 들이 각각 독립이라는 가정하에 우도 함수$L(\theta)$는 확률변수 X_i 들의 각각의 밀도함수를 곱한 형태가 된다. 즉 $X_1=x_1$, $X_2=x_2$, $\cdots$, $X_n=x_n$이 주어졌다면

$$L(\theta)=L(\theta \mid x_1, x_2, \cdots, x_n)=f(x_1|\theta)\,f(x_2|\theta)\cdots f(x_n|\theta)=\prod_{i=1}^{n} f(x_i|\theta)$$

설명 주제 2 **추정의 과정**

이제 해야 할 일은 우도 함수 $L(\theta)$가 최대가 되는 추정량을 찾는 방법이다.

우도 함수는 0보다 큰 함수이므로 우도 함수를 미분하여 0되는 점인 **임계점**을 이용하여 극값판별법으로 구한다.

최우도 추정량 구하는 방법

(1) 하나의 모수 θ을 가지는 우도함수 $L(\theta)$의 최대우도 추정량은

$$\frac{d}{d\theta}L(\theta)=0$$

을 이용한다.

(2) 우도 함수 $L(\alpha,\beta)$를 통하여 최대우도 추정량인 모수 α,β을 구할 때 다음과 같은 편미분을 풀어서 해를 구한다.

$$\frac{\partial L(\alpha,\beta)}{\partial\alpha}=0 \ , \quad \frac{\partial L(\alpha,\beta)}{\partial\beta}=0$$

밀도함수들의 곱으로 표현된 미분 가능한 우도 함수의 최댓값을 구할 때는 단순화 하기 위해 원래의 우도 함수의 양변에 로그를 취하면 편리하다.
이렇게 로그화된 우도 함수를 로그 우도 함수라 한다.

로그 우도 함수

$$\ln L(\theta)=\ln L(\theta \mid x_1,x_2,\cdots,x_n)=\ln f(x_1|\theta)+\ln f(x_2|\theta)+\cdots+\ln f(x_n|\theta)$$

참고 포아송 분포는 단위시간 혹은 단위 공간 안에 어떤 사건이 몇 번 발생할 것인가를 표현하는 이산확률분포이다. 포아송 분포의 모수는 λ로 표시한다. 그리고 확률변수 X가 포아송 분포를 따르면 $X\sim Pois(\lambda)$로 표현한다.
$X\sim Pois(\lambda)$일 때 확률질량함수는 다음과 같다.

$$f(x|\lambda)=\frac{e^{-\lambda}\cdot\lambda^x}{x!},\ x=0,1,2,\cdots,\ e=2.71828,\ \lambda=\text{평균발생횟수}$$

그리고 두 확률변수

$$X\sim Pois(\lambda_1),\ Y\sim Pois(\lambda_2)$$

가 서로 독립이면, 다음이 성립한다.

$$(X+Y)\sim Pois(\lambda_1+\lambda_2)$$

예제 1 어떤 사람은 문자 메시지를 하루 평균 10회 받는다고 한다. 어느 날 이 사람이

6번의 문자 메세지를 받을 확률을 구하시오.

풀이

$$P(X=6)=P(X\le 6)-P(X\le 5)=f(6)=\frac{e^{-10}\cdot 10^6}{6!}=0.0630$$

예제 2 $X_1, X_2, \cdots, X_n \sim Pois(\lambda)$일 때 모수 λ의 최우도 추정량을 구하시오.

풀이 결합학률밀도(질량)함수를 이용한 우도 함수는

$$L(\lambda)=L(\lambda\,|\,x_1,x_2,\cdots,x_n)=f(x_1|\lambda)\,f(x_2|\lambda)\cdots f(x_n|\lambda)=\prod_{i=1}^{n}f(x_i|\lambda)$$

이고, 여기에 확률질량함수

$$f(x|\lambda)=\frac{e^{-\lambda}\cdot\lambda^{x}}{x!}$$

를 각각에 대입하면

$$L(\lambda)=L(\lambda\,|\,x_1,x_2,\cdots,x_n)=\prod_{i=1}^{n}\frac{e^{-\lambda}\cdot\lambda^{x_i}}{(x_i)!}=\frac{e^{-n\lambda}\cdot\lambda^{\sum_{i=1}^{n}x_i}}{\prod_{i=1}^{n}x_i!}$$

을 얻는다. 이제 이 함수의 최대값을 구하기 위하여, 양변에 자연로그를 취하면 로그우도함수는

$$\ln L(\lambda)=\ln L(\lambda\,|\,x_1,x_2,\cdots,x_n)=\ln\left(\frac{e^{-n\lambda}\cdot\lambda^{\sum_{i=1}^{n}x_i}}{\prod_{i=1}^{n}x_i!}\right)=-n\lambda+\left(\sum_{i=1}^{n}x_i\right)\lambda-\ln\left(\prod_{i=1}^{n}x_i!\right)$$

이다. 임계점(최우도 추정량)을 구하기 위하여 양변에 미분하여 0가 되는 점을 구하면 다음과 같다.

$$\frac{d}{d\lambda}lnL(\lambda)=-n+\frac{1}{\lambda}\sum_{i=1}^{n}x_i=0$$

$$(\text{최우도 추정량})\ \lambda=\frac{\sum_{i=1}^{n}x_i}{n}=\overline{X}\ (\text{표본평균})$$

예제 3 확률변수 $X\sim B(n,p)$일 때 모수 p의 최우도 추정량을 구하시오.

풀이 이항분포의 확률밀도(질량)함수는

$$f(x|p) = {}_nC_x\, p^x\,(1-p)^{n-x}$$

이므로, 우도 함수는 다음과 같다.

$$L(p) = L(p|x) = {}_nC_x\, p^x\,(1-p)^{n-x}$$

이것의 최댓값을 구하기 위하여, 양변에 자연로그를 취하면

$$\ln L(p) = \ln L(p|x) = {}_nC_x\,(x\ln(p) + (n-x)\ln(1-p))$$

이고, 다시 이것을 미분하여 0되는 점 즉 임계점(최우도 추정량)을 찾으면 다음과 같다.

$$\frac{d}{dp}L(P) = {}_nC_x\left(\frac{x}{p} + (n-x)\frac{-1}{1-p}\right) = 0$$

$$(\text{최우도 추정량})\ p = \frac{x}{n}$$

예제 4 확률변수 $X_1, X_2, \cdots, X_n \sim N(\mu, \sigma^2)$일 때 모수 μ, σ^2의 최우도 추정량을 구하시오.

풀이 확률변수 X는 μ, σ^2를 모수 θ로 갖는 정규분포를 따른다. 정규분포의 확률밀도함수(PDF)는

$$f(X|\theta) = f(X|\mu, \sigma^2) = \frac{1}{\sigma\sqrt{2\pi}}\, e^{-\frac{(X-\mu)^2}{2\sigma^2}}$$

이다. 그리고 우도 함수는

$$L(\theta|X) = L(\mu, \sigma^2|X) = \frac{1}{\sigma\sqrt{2\pi}}\, e^{-\frac{(X-\mu)^2}{2\sigma^2}}$$

이다. 크기가 n인 표본에 대한 각각의 확률변수 X_i가 독립일 때 우도 함수는 각각의 확률밀도함수들의 곱으로 표현할 수 있다.

$$L(\theta|x_1, x_2, \cdots, x_n) = L(\mu, \sigma^2|x_1, x_2, \cdots x_n) = \prod_{i=1}^{n}\left(\frac{1}{\sigma\sqrt{2\pi}}\, e^{\frac{(x_i-\mu)^2}{2\sigma^2}}\right)$$

$$= \frac{1}{(2\pi\sigma^2)^{n/2}}\, e^{-\frac{1}{2\sigma^2}\sum_{i=1}^{n}(x_i-\mu)^2}$$

양변에 자연로그를 취하면

$$\ln L(\theta|x_1, x_2, \cdots, x_n) = \ln L(\mu, \sigma^2|x_1, x_2, \cdots, x_n) = -\frac{n}{2}\ln(2\pi\sigma^2) - \frac{1}{2\sigma^2}\sum_{i=1}^{n}(x_i-\mu)^2$$

이제 최댓값을 구하기 위하여 미분해야 한다. 하지만 모수가 두 개이므로 μ 또는 σ^2의 각

각에 편미분하여 0으로 하는 점을 구하면 된다.

$$\frac{\partial}{\partial \mu} lnL(\mu, \sigma^2) = \frac{1}{\sigma^2} \sum_{i=1}^{n} (x_i - \mu) = 0$$

$$\frac{\partial}{\partial \sigma^2} lnL(\mu, \sigma^2) = -\frac{n}{2\sigma^2} + \frac{1}{2\sigma^4} \sum_{i=1}^{n} (x_i - \mu)^2 = 0$$

바로 위에서 첫 번째 식을 풀면은 최우도 추정량

$$\mu = \frac{x_1 + x_2 + \cdots + x_n}{n} = \overline{X} \text{ (표본평균)}$$

이 나온다. 이번에는 두 번째 식을 풀면은 최우도 추정량

$$\frac{1}{2\sigma^4} \sum_{i=1}^{n} (x_i - \mu)^2 = \frac{n}{2\sigma^2} \quad \Rightarrow \quad \sigma^2 = \frac{1}{n} \sum_{i=1}^{n} (x_i - \mu)^2 = S^2 \text{ (표본분산)}$$

이 나온다. 따라서 모평균의 추정량은 표본평균이, 모분산의 추정량은 표본분산이 됨을 알 수 있다.

참고 전통적인 통계에서 모평균의 추정량을 표본평균, 모분산의 추정량을 표본분산을 사용해 왔다.

●●●

최우도 추정법의 장점은 불변성을 갖는다는 것이다. 즉

"모분산 σ^2의 최우도 추정량이 S^2이라면,
표준편차 σ의 최우도 추정량은 S"

가 된다는 것이다. 그리고 마찬가지로

"$\sqrt{\sigma}$의 최우도 추정량은 $\sqrt{S}$"

가 된다. 최우도 추정법의 단점은 미분방정식의 해를 구하는 수학적 문제에 있다. 함수가 지나치게 복잡하거나 하면 해를 구할 수 없는 경우가 생긴다.

3.2 베이지안 추정(최대 사후분포 추정법, MAP)

모수를 추정하는 방법에는 여러 가지 기법이 있다. 앞에서 배운

"최우도 추정법(MLE), 최소 제곱추정법(LSE)"

등의 전통적 추정방법이 있지만, 베이지안 추정에서 가장 많이 사용되는 방법에는

"최대 사후분포(Maximum a posteriori, MAP) 추정법"

이 있다.

설명 주제 1 기본개념

베이지안 추정에서는 하나의 추정치를 사용하지 않는다. 대신에 가벼운 정도로 주관적인 초기 추정치를 설정 후 새로운 정보가 받아들여 더 정확한 추정치로 바꾸어 나가면서 최종의 추정치를 찾는다.

1. MLE 기법(전통의 방식의 한 기법)에서 모수는 참값을 알 수 없는

"고정된 상수"

라고 가정한다. 따라서 모수는 확률분포를 가질 수 없다. 하지만, 베이지안 추정(예를 들어, MAP)에서는 모수도 여러 개의 값을 가질 수 있는

"변수"

라고 생각하고, 그중에서 가장 최적의 값을 찾으려 한다. 따라서 여기서 모수는 상수가 아니므로 즉 변수이므로 확률분포를 가진다.

2. 전통적 방식은 모집단 전체의 추측 및 추정을 주목적으로 한다.
반면에 베이지안 추정은 새로운 관측치에 대한 예측을 주목적으로 한다.
예를 들어, 모든 상장 기업들을 모아놓은 모집단이 있다고 한다면, 전통적 추론은 기업 전체의 평균 수익률이 얼마인지를 추정하는 데 목적을 둔다. 하지만, 베이지안 추정은 어느 특정 기업이 향후 수익률이 얼마나 될지를 예측하는 데 목적을 둔다.

3. 추정에 활용할 과거의 데이터가 적당히 많으면 전통적 방식과 베이지안 방식은 같은 값으로 수렴한다. 그러나 과거의 데이터가 많지 않거나 자주 일어나지 않은 사건에 대한 전통적 방식의 추정은 신뢰도가 떨어지게 된다. 이러한 경우에 베이지안 방식은 새로운 정보를 통하여 추정의 신뢰도를 높여나가는 좀 더 현실적인 추정치를 찾아 나간다. 이 때문에 베이지안 추정 방식은 예측에 잘 맞는 방법이다.

설명 주제 2 베이지안 추정의 원리

베이지안 추정의 대상은 모집단의 평균과 분산, 그리고 확률분포의 모수, 검정의 가설 등 매우 다양하다. 사실 베이지안 추정의 원리는 베이즈 정리를 그 바탕으로 하며, 베이지안 확률의 원리를 통하여 베이지안 추정을 한다.

이들의 관계를 설명하기 위해 몇 가지 준비작업이 필요하다.

1. 모수의 확률분포 설정

베이지안 통계에서 모수는 상수가 아니라 확률변수이기 때문에 이들의 확률분포를 정하는 것이 중요하다. 예를 들어, 동전 던지기 실험에서 앞면이 나올 확률에 대하여 베이지안 추정을 한다고 하면, 앞면이 나올 횟수 X는 이항분포

$$X \sim B(n,p)$$

을 따른다. 하지만 베이지안 추정의 대상은 모수 p이고, 이 자체로서 하나의 변수이므로 이는

"이항분포가 아닌 다른 분포"

를 따를 것이다.

따라서 베이지안 통계에서 모수의 확률분포를 설정하는 것이 베이지안 추정의 시작이다.

2. 사전확률과 사후 확률의 분포

베이즈 정리에서 사전확률(prior)의 모수와 사후확률(posterior)의 모수는 정보가 주어진 전과 후의 상태에 따라서 변한다. 그리고 모수는 변수이기 때문에 확률분포도 바뀔 수 있다. 그래서

"사전의 확률분포와 사후의 확률분포"

을 각각 따로 생각해야 한다.

가장 바람직한 경우가 사전 확률분포와 사후 확률분포가 같은 경우이다. 이런 경우 추정의 계산이 쉬워지지만 서로 다른 경우에 추정의 문제가 어려워질 수 있다.

설명 주제 3 베이지안 추정의 과정

베이지안 추정의 과정을 단계별로 알아본다.

1단계] 베이즈 정리 :

$$P(A|B) = \frac{P(A) \cdot P(B|A)}{P(B)}$$

이것은

"사건 B가 표본공간(새로운 정보)"

으로 주어진 상황에서 사건 A의 베이즈 정리이다. 그리고 여기서

$P(A)$는 사전(prior) 확률,

$P(B|A)$는 우도(likelihood),

$P(A|B)$는 사후(posterior) 확률,

$P(B)$는 전확률 즉 표본공간 전체의 확률을 의미한다.

2단계] 사건 B는 표본의 공간 즉 새로운 정보를 의미하며, 이것을 관측치 X로 새롭게 둔다. 사건 A을 추정하고자 하는 모수 θ로 두면, 모수는 변수이므로 어떤 확률분포를 가지며, 이 분포의 학률질량(밀도)함수를 f 라 하면,

$$P(A|B) = \frac{P(A) \cdot P(B|A)}{P(B)} \rightarrow P(\theta|X) = \frac{P(\theta) \cdot P(X|\theta)}{P(X)}$$
$$\rightarrow f(\theta|X) = \frac{f(\theta) \cdot f(X|\theta)}{F(X)}$$

은 관측치 X가 주어진 조건에서 모수 θ의 사후 확률을 나타내는 베이즈 정리이다. 그리고 전확률은

$$F(X) = \int f(\theta) f(x|\theta)\, d\theta$$

값으로 계산된다.

3단계] $f(\theta)$의 설정(사전확률분포를 설정) :

이 분포는 모수 θ의 성질에 가장 적합한 확률분포 또는 함수를 찾아서 정한다.

그리고 이 분포에 대한 아무 정보도 없으므로 모수에 대한 초기 추정치 $f(\theta)$을 설정한다. 주관적인 아무 값이나 대입해도 된다.

4단계] 사전확률분포 $f(\theta)$에 우도 $f(X|\theta)$를 반영한다, 즉 $f(\theta) \cdot f(X|\theta)$를 사용한다.

5단계] $f(\theta|X)$의 설정(사후확률분포의 설정)

6단계] 마지막으로 사후확률분포에 대한 베이지안 추정법을 적용하여 최종의 추정치 $\hat{\theta}$를 구한다. 이 과정을

"최대 사후분포(Maximum a posteriori, MAP)추정법"

이라고 한다. 즉 사후분포가 최대가 되는 추정치를 찾는 방법이며, 이는

$Max\ f(\theta|X)$

을 최대화하는 해를 구하기 위해, 미분 또는 편미분을 이용한다.

참고 앞의 MLE 방식은 우도 함수를 최대화하여 구하지만, MAP 방식은 사후분포를 최대화한다.

설명 주제 4 확률분포 모수의 점추정 원리

예를 이용하여 확률분포의 모수를 점추정하는 원리에 대하여 알아본다.

> 동전 던지기를 25번 시행하였다. 앞면이 12번, 뒷면이 13번 나왔다고 한다.
> 그러면 전체 시행 횟수 25를 2개로 나누기 위해 앞면이 나오는 개수를 $a_1 = 12$, 뒷면이 나오는 개수를 $a_2 = 13$라 하자. 그러면 26번째 던지기를 할 때 앞면이 나올 확률은 얼마인가? 즉 모수 θ의 추정치를 어떻게 구할 수 있을까?

(MLE 방식의 추정과정)

1. 앞에서 배운 MLE 방법에 의하면, 최우도 추정량은

$$\widehat{\theta} = \widehat{p} = \frac{x}{n} = \frac{a_1}{a_1 + a_2}$$

이다. 따라서

$$\widehat{\theta} = \widehat{p} = \frac{12}{12+13} = 0.48$$

이 모수의 추정치이다. 다시 말해 26번째 동전 던지기를 할 때 앞면이 나올 확률은 0.48이라는 것이다. 동전 던지기 확률 0.5와 비교하면 합리적인 추정치라 할 수 있다.

2. 이번에는 실험의 빈도수를 작게 만들어서 생각해보자.

> 동전 던지기를 4번 시행하였다. 앞면이 $a_1 = 1$번, 뒷면이 $a_2 = 3$번 나왔다고 한다.
> 즉 모수 θ의 추정치를 어떻게 구할 수 있을까?

같은 MLE 방식으로 모수를 구하면

$$\widehat{\theta} = \widehat{p} = \frac{1}{1+3} = 0.25$$

이다. 일반적인 동전 던지기 확률 0.5에 비하면 이 결과는 믿음의 정도가 낮다.

(MAP 방식의 추정과정)

실험의 빈도수가 많지 않을 경우, 베이지안 추정법이 대안이 될 수 있다. 즉

$$f(\theta | X)$$

를 최대화하는 MAP 추정법을 사용하여 이 문제를 해결할 수 있다.

첫 번째로, θ의 확률분포를 정하여 $f(\theta)$를 결정하는 것이다.

참고 이항실험의 모수 p는 베타분포를 따른다.

아래에서 베타분포의 정의를 살펴보자.

[베타분포]

확률변수 X가 다음의 확률밀도함수

$$f(x) = \begin{cases} \dfrac{1}{B(\alpha,\beta)}\, x^{\alpha-1}(1-x)^{\beta-1} &, 0 < x < 1 \\ 0 \quad , & otherwise \end{cases}$$

여기서 $B(\alpha,\beta) = \int_0^1 x^{\alpha-1}(1-x)^{\beta-1}\,dx$

를 가질 때 X는 베타분포를 가진다고 하고, $X \sim \mathrm{Beta}(\alpha,\beta)$로 표현한다.

베타분포함수의 평균과 분산은 각각 다음과 같다.

$$E(X) = \frac{\alpha}{\alpha+\beta}, Var(X) = \frac{\alpha\beta}{(\alpha+\beta)^2(\alpha+\beta+1)}$$

베타분포에서

$$\alpha = a_1,\ \beta = a_2$$

로 둔다면,

$$\theta \sim \mathrm{Beta}(a_1,\ a_2)$$

이므로 MAP 방식의 추정치를 구하면 다음과 같다.

$$\hat{p} = \frac{a_1}{a_1 + a_2}$$

이제 새로운 정보가 알려졌다고 하자.

그러면 사전분포와 우도 함수를 반영하면 사후분포

$$f(\theta) \cdot f(X \mid \theta)$$

를 도출한다.

참고로 사후분포도 다음의 베타분포를 따른다.

$$\mathrm{Beta}(a_1 + b_1,\ a_2 + b_2)$$

따라서 사후분포의 최대화하는 모수의 값 즉 MAP 방식으로 모수를 구하면

$$\hat{\theta} = \hat{p} = \frac{a_1 + b_1}{(a_1 + b_1) + (a_2 + b_2)}$$

이다.

여기에 앞면 $a_1 = 1$번, 뒷면이 $a_2 = 3$번을 대입하면

$$\hat{\theta} = \hat{p} = \frac{1+b_1}{(1+b_1)+(3+b_2)}$$

이 된다.

따라서 동전 던지기를 4번 시행하여, 앞면이 $a_1 = 1$번, 뒷면이 $a_2 = 3$번 나오는 실험에서 위 식은 앞면이 나올 확률인 모수의 추정치라고 할 수 있다.

위 식에서

$$b_1,\ b_2$$

는 추정작업을 하는 사람이 주관적으로 설정하는

"조정값"

이다. 즉 주관적 믿음의 값이라고 하며, 동전 던지기에서 앞면 또는 뒷면의 양쪽 확률의 차이를 잘 모를 때 즉

"주관적 믿음이 약할 때 조정값은 작은 값"

을 주며, 양쪽 확률의

"주관적 믿음이 강하면 조정값은 높게"

준다.

다음의 두 개의 예를 통하여 MLE 방식과 MAP 방식의 차이를 설명한다.

총 실험횟수	앞면 횟수	b_1(조정값)	b_2(조정값)	MLE 방식	MAP방식
4	1	1	1	0.25	0.33
4	1	10	10	0.25	0.46
4	1	1000	1000	0.25	0.4995

실험을 횟수를 높이는 경우는 다음과 같다.

총 실험횟수	앞면 횟수	b_1(조정값)	b_2(조정값)	MLE 방식	MAP방식
10	2	1	1	0.2	0.25
10	2	10	30	0.2	0.40
10	2	1000	1000	0.2	0.499

표에서 보는 것처럼 주관적 믿음이 약해서 조정값이 작을 때는

"MLE 방식이나 MAP 방식의 추정치가 거의 비슷"

하다.

반대로 주관적 믿음이 강해서 조정값이 커질수록

"MLE 방식과 MAP 방식의 추정치 차이가 크게"

난다.

사전정보의 정확성에 따라 주관적 믿음의 크기도 달라지고, 나아가 MAP 방식의 신뢰성도 영향을 받는다.

참고 표본의 크기가 충분히 커고, 모형이 복잡하지 않다면 대부분의 경우에 MLE 방식과 MAP 방식의 추정치가 같게 나온다. 이러한 이유는 MLE 방식은 관측치에만 의존하지만, MAP 방식은 우도를 반영하고, 우도는 관측치에 의해 결정되기 때문이다.

설명 주제 5 정규분포를 따르는 모집단 모수의 추정

이번에는 모집단 모수의 추정에 대하여 생각해보자.

정규분포를 따르는 모집단의 모평균 μ의 추정을 해보자.

확률변수는 정규분포

$$X \sim N(\mu, \sigma^2)$$

을 따른다.

"모수는 μ, σ^2 로 두 개이지만"

편의상 모평균 σ^2 은 주어진 값으로 가정하자.

다음의 예를 생각해보자.

> 20대 남성들의 평균 체중을 추정한다고 하자. 이를 위해 $n = 10$의 표본을 얻어서 평균을 구하였더니 표본평균 $\overline{X} = 82.5$로 나타났다. 이때 모수 μ를 추정해보시오.

1. 전통적 추정법인 MLE 방식 즉 최우도 추정법을 사용한다.

앞에서 계산한 결과를 불러오면, 로그 우도함수는 다음과 같다.

$$Max \ \ln L = -\frac{n}{2}\ln(2\pi\sigma^2) - \frac{1}{2\sigma^2}\sum(X_i - \mu)^2$$

그리고 앞에서 결과를 가져오면 모수는

$$\mu = \frac{x_1 + x_2 + \cdots + x_n}{n} = \overline{X} \text{ (표본평균)}$$

이고, $n = 10$인 경우에 표본평균 $\overline{X} = 82.5$로 나타난다.

따라서 모평균의 추정치는

$$\hat{\theta} = \hat{\mu} = \overline{X} = 82.5$$

가 된다. 그 외의 정보는 나오지 않는다.

2. 베이지안 추정치 즉 MAP 추정을 해보자.

먼저, 사전확률분포를 설정해야 한다. 확률변수가

$$X \sim N(\mu, \sigma^2)$$

인 정규분포를 따른다고 해서, 대상인

모수 μ의 사전확률분포

가 정규분포를 따른다고 확신할 수는 없다. 즉 사전확률분포는 다양한 확률분포를 가질 수 있다. 하지만 대부분 경우에

"모수 μ의 사전확률분포를 정규분포로 가정"

하여도 된다. 따라서

$$\mu \sim N(m, s^2)$$

라고 하면, 다음의 밀도함수를 가진다.

$$f(\theta) = \frac{1}{s\sqrt{2\pi}} e^{-\frac{(\theta - m)^2}{2s^2}}$$

위에서 평균 m은 주관적으로 정한

"모평균 μ의 초기 추정값"

이다. 그리고 분산 s^2은

"추정치 m의 믿음의 정도"

이다. 즉 m의 믿음의 정도가 크다면 분산을 작게, 믿음의 정도가 작다면 분산을 크게 잡으면 된다.

이제 우도 함수는 아래와 같고,

$$f(x \mid \theta) = f(x \mid \mu) = \frac{1}{\sigma\sqrt{2\pi}} e^{-\frac{(x - \theta)^2}{2\sigma^2}}$$

사후 확률분포는

$$f(\theta \mid x) \propto f(\theta) \cdot f(x \mid \theta) = \frac{1}{s\sqrt{2\pi}} e^{-\frac{(\theta-m)^2}{2s^2}} \cdot \frac{1}{\sigma\sqrt{2\pi}} e^{-\frac{(x-\theta)^2}{2\sigma^2}}$$

이므로,

"사후 확률분포도 정규분포"

를 따른다는 것을 알 수 있다.

마지막으로 사후 확률분포를 이용하여 MAP 추정을 하면 된다.

같은 방법으로 최대화 문제를 이용하여 구하면, 사후 확률의 모평균과 모분산의 추정치는 다음의 식을 가진다.

$$\widehat{\theta} = \widehat{m} = \frac{\frac{x}{\sigma^2} + \frac{m}{s^2}}{\frac{1}{\sigma^2} + \frac{1}{s^2}} \quad s^2 = \frac{1}{\sqrt{\frac{1}{\sigma^2} + \frac{1}{s^2}}}$$

즉 관측치 X가 주어졌을 때 모평균 μ이 사후 확률분포는

$(\mu | X) \sim N(\widehat{m}, \widehat{s})$인 정규분포

을 따르고 평균과 분산의 추정치는 각각

$$\widehat{m}, \ \widehat{s}$$

가 된다.

위 식에서 모분산 σ^2은 주어진다고 가정했고, 모평균 μ의 초기믿음인 m도 주어지는 값이고, 관측치 X 도 주어진다. 그리고 s는 m의 믿음의 크기에 따라 값을 설정한다. 이 값들을 위 식에 모두 대입하면 모평균의 추정치를 구할 수 있다.

예제 5 $X \sim N(\mu, \sigma^2) = N(\mu, 20.25)$일 때 모평균 μ의 베이지안 추정을 하시오.

풀이 우도(likelihood)가 없는 상태이므로 사전분포는

$$\mu \sim N(m, s^2) = N(150, 36)$$

인 정규분포를 따른다고 가정하자. 이어서 추가정보를 얻기 위하여 하나의 관측치를 구한 결과

$$x = 156.5$$

로 측정되었다. 이 관측치가 베이지안 추정의 우도(likelihood)로 사용된다. 이러한 정보를 위 식에 대입하면

$$\widehat{m} = 154.2$$

가 된다. 이 값은 처음의 $m = 150$ 보다 크고 실제 관측지인 156.5보다 작은 값으로 나타남을 알 수 있다.

예제 6 20대 남성들의 평균 체중을 추정한다고 하자. 이를 위해 $n=10$의 표본을 얻어서 평균을 구하였더니 표본평균 $\overline{X}=82.5$로 나타났다. 이때 모수 μ를 추정해보시오.

풀이 초기의 믿음 즉 $m=80$이라고 가정하자. 정보를 얻기 위하여, $n=10$의 표본으로부터 평균

$$\overline{x}=82.5$$

를 얻었다. 즉 하나의 관측치 X에 표본평균의 값

$$\overline{x}=82.5$$

를 대입한다. 그러면 $\widehat{m}$의 공식이 아래와 같이 변형되어 나타난다. 모평균 σ^2은 주어지는 값이다.

$$\widehat{m}=\frac{\frac{n}{\sigma^2}\overline{x}+\frac{1}{s^2}m}{\frac{n}{\sigma^2}+\frac{1}{s^2}}=\frac{\frac{10}{\sigma^2}82.5+\frac{1}{s^2}80}{\frac{10}{\sigma^2}+\frac{1}{s^2}}$$

위 식의 차이는

"s값을 작게 하는 것과 크게 하는 것"

에 따라서 갈라진다. 만약에

s값이 아주 커진다면($s\to\infty$), $\frac{1}{s^2}\to 0$이므로 $\widehat{m}=\overline{x}$

가 된다.

반대로

s값을 작게 한다면($s\to 0$) (즉 표준편차가 작다),

사후평균의 추정치는 표본평균 $\overline{x}=82.5$보다는

"초기믿음인 $m=80$에 더 가까운 값이"

설명 주제 6 구간 추정 (신용 구간)

이제부터 베이지안 통계에서 구간 추정하는 방법에 대하여 알아보자.

먼저 전통적인 구간 추정은 신뢰구간(Confidence interval)을 바탕으로 구간 추정을 하였다. 하지만 베이지안 추정에서는 신용구간(Credible interval)을 바탕으로 구간을 추정한다.

신뢰수준 95%라는 의미는 예를 들어 100개의 표본을 이용하여 표본마다 하나씩 구간을 만들면 100개의 구간이 만들어진다. 그중에서 95개는 모수를 포함한다는 것이 바로 신뢰구간이다.

하지만 베이지안 추정은

"모수 자체가 변수"

이므로 그에 대응하는

"확률분포"

가 주어진다. 그리고 모수가 포함될 주관적 확률을 주면, 주어진 확률분포를 바탕으로 그 확률을 만족시키는 구간의 크기를 정할 수 있다.

예를 들어, 95%의 확률을 설정했다면, 확률분포 양쪽 끝의 확률의 합 5%가 되는 양쪽 끝 두 점을 찾을 수 있고, 그 두 점 안쪽의 구간이 곧 95% 신용 구간이다. 다음의 두 가지 예제를 바탕으로 자세한 설명을 한다.

예제 7 무작위로 선정한 450명을 대상으로 연령을 조사한 결과 표본평균 연령은 43.06세, 분산은 275.11로 나타났다. 따라서 모평균에 대한 MLE 추정치는 표본평균인 43.06세이다. 이제 구간추정을 해보자.

풀이 일단 정규분포를 따른다고 가정하고, 표본분산을 모분산으로 이용하면 95%의 t-분포에 대한 신뢰구간의 공식은 다음과 같다.

$$\mu \in \left(\overline{x} - t_{\alpha/2} \frac{s}{\sqrt{n}}, \quad \overline{x} + t_{\alpha/2} \frac{s}{\sqrt{n}} \right) = (41.53,\ 44.59)$$

예제 8 $\mu \sim N(m, s^2)$라고 가정하고, 앞에서 예제를 이용하면

$$\widehat{m} = \frac{\dfrac{x}{\sigma^2} + \dfrac{m}{s^2}}{\dfrac{1}{\sigma^2} + \dfrac{1}{s^2}} \quad s^2 = \frac{1}{\sqrt{\dfrac{1}{\sigma^2} + \dfrac{1}{s^2}}}$$

을 얻을 수 있었다. 이제 95%의 신용 구간을 만들어 보자.

풀이 확률분포는 정규분포를 이루기 때문에 양쪽 대칭을 이룬다. 부록에 주어진 정규분포표를 이용하면 상위와 하위 각각의 2.5%를 제외한 신용 구간을 다음과 같이 만들 수 있다.

$$\mu \in \left(\widehat{m} - z_{\alpha/2}\, \widehat{s}\,, \quad \widehat{m} + z_{\alpha/2}\, \widehat{s} \right), \quad z_{\alpha/2} = z_{0.025} = 1.96$$

3.3 베이지안 검정

이번에는 베이지안 검정에 대하여 간략하게 살펴보자.

전통적인 검정방법은 귀무가설 H_0가 참일 때 데이터 D의 조건부 확률

$$P(D|H_0)$$

을 구하여, 확률인 p-값이 작으면(즉 <0.05) 귀무가설을 기각한다.

이에 반해 베이지안 관점은 데이터 D가 주어졌을 때 귀무가설 H_0이 참일 역확률(사후 확률) 즉

$$P(H_0|D)$$

을 구한다. 이 확률이 아주 작으면 귀무가설이 참일 확률이 낮으므로 기각한다. 그리고 사후 확률 $P(H_0|D)$이 아주 작다는 것은

"신용 구간을 사용하는 방법과 베이즈 요인 검정방법"

이 있다. 사후분포의 신용 구간을 사용하는 방법은 먼저 모수가 속할 것으로 믿어지는 구간을 정한 후 검정통계량이 이 구간에 속하는 지의 여부를 보고 판단하는 방식이다. 베이즈 요인 검정방법은

"귀무가설과 대립가설의 베이즈 요인"

을 계산하여 그 크기를 보고 판단하는 방식이다.

즉 귀무가설의 배율이 크면 귀무가설을 받아드리고, 반대로 대립가설 쪽의 배율이 크면 대립가설을 받아들이는 방식이다. 다음은 신용 구간을 사용한 구간 추정의 간단한 예이다.

예제 9 간단한 예로 동전 던지기 실험을 한다고 할 때 검정의 모수는 앞면이 나올 확률 p이며 이때 귀무가설 : $H_0 : p = 0.5$라고 하자. 다음의 95% 신용 구간의 식을 이용하여 계산된 신용 구간이 (0.48, 0.52)로 나왔다고 가정하자.

$$\mu \in \left(\widehat{m} - z_{\alpha/2}\, \widehat{s},\ \ \widehat{m} + z_{\alpha/2}\, \widehat{s} \right),\ z_{\alpha/2} = z_{0.025} = 1.96$$

이 경우에 $p = 0.5$가 신용 구간에 포함되므로 귀무가설을 채택한다는 것이다.

(베이즈 요인 검정방법)

A_1과 A_2의 두 사건이 표본공간 S를 분할하고, 사건 D 추가 정보로 주어진다면 베이지안 정리를 이용하면 다음을 얻는다.

$$\frac{P(A_1|D)}{P(A_2|D)} = \frac{P(A_1)P(D|A_1)}{P(A_2)P(D|A_2)} = \frac{P(A_1)}{P(A_2)} \cdot \frac{P(D|A_1)}{P(D|A_2)}$$

그리고 다음이 바로 베이지안 요인이다.

$$\frac{P(D|A_1)}{P(D|A_2)}$$

이것을 베이지안 검정에 적용하기 위하여, 두 개의 사건 즉 A_1, A_2 를

귀무가설(H_0), 대립가설(H_1)

로 두고, D 를 검정 과정에 사용하는 데이터라 하고 위 식을 변형하면 아래와 같다.

$$\frac{P(H_1|D)}{P(H_0|D)} = \frac{P(H_1)P(D|H_1)}{P(H_0)P(D|H_0)} = \frac{P(H_1)}{P(H_0)} \cdot \frac{P(D|H_1)}{P(D|H_0)}, \quad \text{베이즈 요인} = \frac{P(D|H_1)}{P(D|H_0)}$$

검정의 관점에서 해석하면, 베이즈 요인에서

분모 $P(D|H_0)$

는 귀무가설이 참이라는 가정하에서 실제의 데이터(D)를 관측할 확률이다.

그리고

분자 $P(D|H_1)$

는 대립가설이 참이라는 가정에서 데이터(D)를 관측할 확률이다. 결과의 판정은 다음과 같다.

1. 베이즈 요인이 1보다 약간 크다 : $P(D|H_1) > P(D|H_0)$

   판정] 귀무가설을 기각할 약한 증거를 발견했다.

2. 베이즈 요인이 1보다 많이 크다 : $P(D|H_1) \gg P(D|H_0)$

   판정] 귀무가설을 기각할 강한 증거를 발견했다.

3. 베이즈 요인이 1보다 약간 작다 : $P(D|H_1) < P(D|H_0)$

   판정] 귀무가설을 채택할 약한 증거를 발견했다.

4. 베이즈 요인이 1보다 많이 작다 : $P(D|H_1) \ll P(D|H_0)$

   판정] 귀무가설을 채택할 강한 증거를 발견했다.

참고 전통적인 검정방법이 채택과 기각의 두 가지만 생각하는 것과 비교하면 베이즈 요인의 방법은 더 유연한 방식이라고 할 수 있다.

예제 10 동전 던지기 실험에서

귀무가설 $H_0 : p = 0.5$, 대립가설 $H_1 : p \neq 0.5$

를 설정한다. 실제로 실험한 결과인 데이터를 이용하여

베이즈 요인 = 0.4

로 나왔다면, 1보다 많이 작은 값이므로 귀무가설을 채택한다.

●●●

($p-$값 검정과 베이지안 검정)

두 개의 표본에서

$$H_0 : \mu_1 = \mu_2\ ,\ H_1 : \mu_1 \neq \mu_2$$

라고 하자.

1. $p < 0.05$이면 베이즈 요인이 1보다 아주 큰 값으로 나오고 귀무가설을 기각할 가능성이 크다.
2. $p > 0.1$이면 베이즈 요인이 1보다 아주 작은 값으로 나오고 귀무가설을 채택할 가능성이 크다.
3. p값이 0.05와 비슷하다면 베이즈 요인은 1과 매우 가까운 값으로 결론을 내리기 어려울 것으로 생각한다.

나눔문제

예제 1. 확률과 우도의 차이점을 설명하시오.

예제 2. 대표적인 두 가지 추정방법인 최소제곱 추정법(LSE)과 최우도 추정법(MLE)의 추정 원리가 어떻게 다른지 설명하시오.

예제 3. 앞면이 나올 비율을 모수 p로 하는 동전던지기를 25번 시행하여 앞이 12번, 뒤가 13번 나왔다고 하자. 최우도 추정법을 이용하여 모수 p를 추정하시오.

예제 4. 동전 던지기 실험에서 앞면이 나올 확률 p는 베르누이 분포의 모수 θ가 되므로 추정의 대상은 $P(X=1)=\theta$가 된다. 이제 모수 추정을 위하여 전통적인 최우도(MLE)고 베이지안 MAP 추정법을 사용한다고 하자.

(1) 동전 던지기를 충분히 많은 횟수인 25번 시행하여 앞면이 나오는 횟수 $n(X=1)=a_1$, 뒷면이 나오는 횟수 $n(X=0)=a_2$로 나왔다고 하자. 그러면 θ의 추정치는 어떻게 구할 수 있을지를 설명하시오.

(2) 동전 던지기를 4번밖에 할 수 없는 상황에서 앞면이 나오는 횟수 $n(X=1)=a_1$, 뒷면이 나오는 횟수 $n(X=0)=a_2$로 나왔다고 하자. 그러면 θ의 추정치는 어떻게 구할 수 있을지를 설명하시오.

CHAPTER 05 상관분석과 회귀분석

상관분석은 변수 간의 단순한 상호 관계성의 정도를 분석하는 통계기법이며, 상관분석은 두 변수 간의 상관계수를 통해 나타난다.
회귀분석은 변수 간의 인과관계를 분석하는 방법으로 독립변수와 종속변수로 이루어진 함수관계를 통하여 앞으로 발생할 일들을 예측하는 데 사용된다. 회귀분석의 성격 및 용도를 3가지로 요약하면 다음과 같다.

1. 두 변수 사이에 선형의 함수관계가 존재하는지를 확인하기 위해 사용된다.
2. 많은 변수 사이에 어떤 것이 원인의 변수이고, 어떤 것이 결과의 변수가 되는지를 파악하기 위해 이용된다.
3. 변수와 변수 사이에 상호 영향이 있을 때 그 영향의 크기와 방향을 추정하기 위해 사용한다.

상관분석과 회귀분석의 차이점은 변수 X, Y 사이에 관계가 얼마나 강한지를 보여주는 상관계수를 이용하지만, 회귀분석은 하나의 변수가 다른 변수에 얼마나 큰 영향을 미치는지를 나타내는 식을 이용한다는 점이다.
그리고 회귀분석에서 독립변수가 하나인 경우를 단순회귀분석(Simple regression analysis), 독립변수가 두 개 이상인 경우를 다중회귀분석(Multiple regression analysis)이라 한다. 두 경우의 수리적 방법이나 분석방법이 같아서 설명의 편의를 위하여 단순회귀분석을 중심으로 살펴본다.

▶▶ 1. 상관계수

나이와 힘의 관계는 어떤 관계가 있을까?
그리고 소득과 학력, 기억력과 알코올 섭취량, 몸무게와 키의 관계는 어떨까요?
우리는 때때로 두 변수 사이의 관계가 중요할 때가 있다. 즉 한 변수의 값이 변할 때 다른 변수의 값이 어떻게 변하는지가 궁금하며, 이러한 관심 정도를 수치로 반영하는 방법의 하나가 상관계수를 계산하는 것이다.

1.1 상관계수의 유형과 의미

상관계수는 변수 간의 동적 성질을 반영하며, 변수가 변할 때 상관계수 값의 부호를 통하여 같은 방향으로 움직이는지, 반대 방향으로 움직이는지를 알 수 있다.

다음은 상관계수 값의 범위와 변수 사이의 대응 관계 표이다.

상관계수 범위	변수 X의 변화	변수 Y의 변화	예제
$0 \sim 1$	증가	증가	공부를 많이 하면 시험점수가 오른다.
$0 \sim 1$	감소	감소	예금을 적게 하면 이자도 적을 것이다.
$-1 \sim 0$	증가	감소	운동을 많이 하면 몸무게는 감소한다.
$-1 \sim 0$	감소	증가	집중을 적게 하면 더 많은 문제를 틀린다.

참고로 상관계수의 범위는 $-1 \sim 1$을 가지며, 측정 단위는 없으며(아래 의미 참조), 두 변수 X, Y가 서로 독립이면 상관계수의 값은 0이다.

●●●

공분산(Covariance)은 두 개의 확률변수의 관계를 보여주는 수치 즉 확률변수 X와 Y에 대하여, 변수 X가 변할 때 변수 Y의 변하는 정도를 나타내는 수치이다.

공분산

공분산은 두 확률변수 X와 Y가 같이 변하는 정도를 나타내는 값으로 $(X-\mu_x)(Y-\mu_y)$의 평균으로 다음과 같이 정의한다.

$$Cov(X, Y) = E[(X-\mu_x)(Y-\mu_y)], \quad \text{여기서 } \mu_x = E[X],\ \mu_y = E[Y]$$

그리고 다음을 편차라고 한다.

$$(X-\mu_x), \quad (Y-\mu_y)$$

만약에 두 변수 X와 Y가 서로 독립이면

$$E(XY) = E(X)E(Y), \quad Cov(X, Y) = 0$$

이 성립한다. 이제 상관계수의 의미에 대하여 알아본다.

두 변수의 평균으로부터의 차이 즉 편차를 서로 곱한 값들의 평균을 공분산이라고 했다. 이제 공분산을 구할 때 사용하는 각 변수의 편차를 그 변수의 표준편차로 나누어 편차를 표준편차 단위로 바꾼 다음 이들을 서로 곱한 값들의 평균을 공분산으로 한다. 이렇게 함으로써 측정 단위에 따라 변하지 않는 두 변수 간의 선형관계를 파악할 수 있는 표준화된 공분산을 도출할 수 있고, 이 값을 상관계수라 한다. 이처럼 두 변수의 표준화된 편차곱의 평균으로 구한 상관계수를 피어슨의 적률상관계수 혹은 간단히, 피어슨 상관계수라 한다. 다음에서 이것의 수식화된 식을 공부한다.

1.2 상관계수의 계산식

상관계수의 식은 모집단의 상관계수(ρ)와 표본으로부터 상관계수(r)로 구분한다.

먼저 모집단의 상관계수는 다음과 같다.

[모집단 상관계수]

두 확률변수 X, Y의 상관계수를 $\rho(X, Y)$라 하면

$$\rho(X, Y) = \frac{Cov(X, Y)}{\sigma_X \cdot \sigma_Y} = \frac{Cov(X, Y)}{\sqrt{Var(X)} \cdot \sqrt{Var(Y)}}$$

여기서 $-1 \le \rho(X, Y) \le 1$ 이고, σ_X , σ_Y 는 표준편차이다.

히스모집단 상관계수의 관계

$\rho(X, Y) = 1$이면 두 변수는 완전 비례 관계

$\rho(X, Y) = -1$이면 두 변수는 완전 반비례 관계

$\rho(X, Y) = 0$이면 두 변수는 아무 관련이 없음(서로 독립)

그리고 표본의 상관계수는 다음과 같다.

[표본 상관계수]

두 표본변수 X, Y의 상관계수를 $r(X, Y)$라 하면

$$r(X,Y)=\frac{S(X,Y)}{S_X\cdot S_Y}=\frac{n\sum_{i=1}^{n}X_iY_i-\sum_{i=1}^{n}X_i\sum_{i=1}^{n}Y_i}{\sqrt{n\sum_{i=1}^{n}X_i^2-(\sum_{i=1}^{n}X_i)^2}\cdot\sqrt{n\sum_{i=1}^{n}Y_i^2-(\sum_{i=1}^{n}Y_i)^2}}$$

여기서 $-1\le r(X,Y)\le 1$ 이고, $S(X,Y)$는 표본 공분산, S_X, S_Y 는 표본 표준편차

표본 상관계수의 관계

$r(X,Y)=1$이면 두 변수는 완전 비례 관계

$r(X,Y)=-1$이면 두 변수는 완전 반비례 관계

$r(X,Y)=0$이면 두 변수는 아무 관련이 없음(서로 독립)

설명 예제 1 다음의 데이터를 사용하여 상관계수를 구하시오.

변수 X	변수 Y	X^2	Y^2	XY
2	3	4	9	6
4	2	16	4	8
5	6	25	36	30
6	5	36	25	30
4	3	16	9	12
7	6	49	36	42
8	5	64	25	40
5	4	25	16	20
6	4	36	16	24
7	5	49	25	35
합계 54	43	320	201	247

이 값을 표본 상관계수의 공식에 대입하면 다음과 같다.

$$r(X,\ Y)=\frac{(10\times247)-(54\times43)}{\sqrt{(10\times329)-54^2}\cdot\sqrt{(10\times201)-43^2}}=\frac{148}{213.83}=0.692$$

참고 두 변수 X, Y 의 상관계수별 그래프는 다음과 같다.

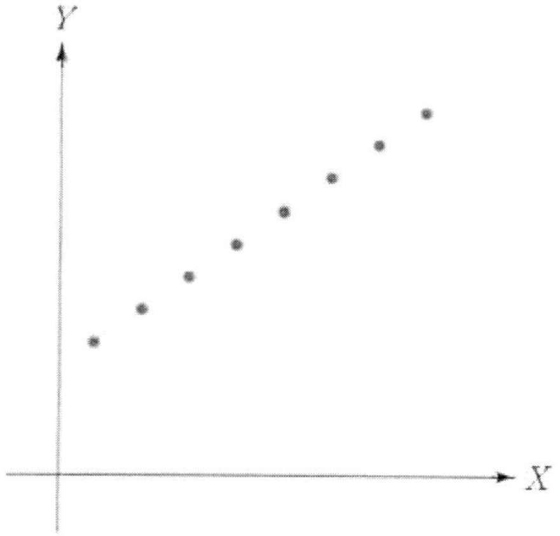

① $r=1$

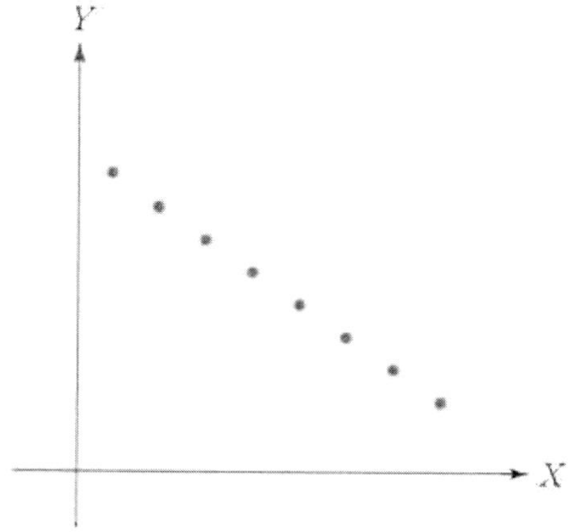

② $r=-1$

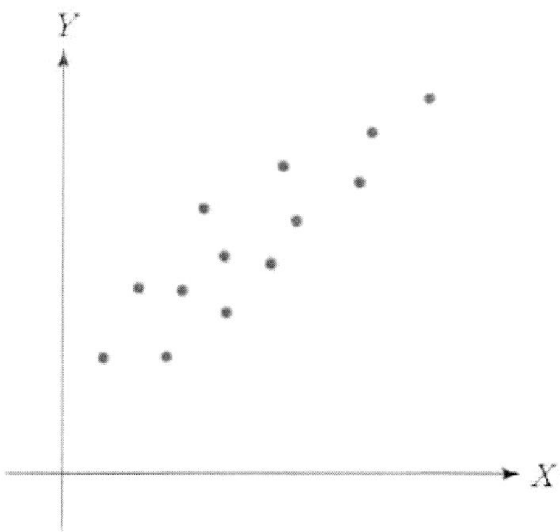

③ $0<r\leq 1$

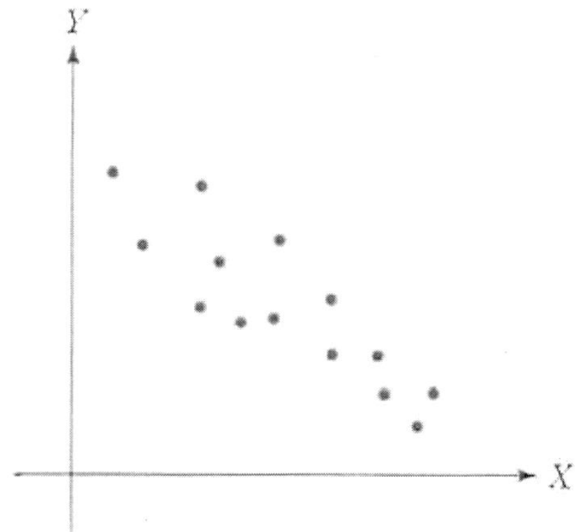

④ $-1\leq r<0$

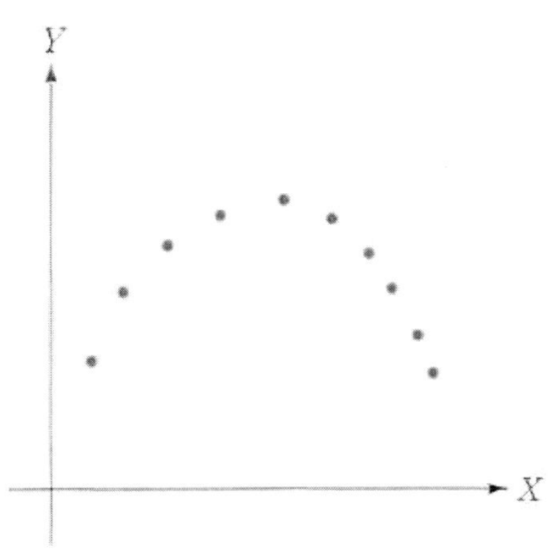

⑤ $r=0$

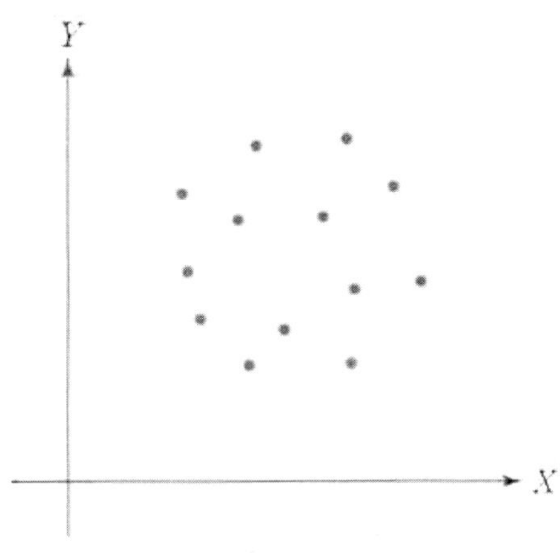

⑥ $r=0$

상관계수의 값을 이용하여 해석하는 방법은 다음과 같다.

[상관계수의 값]	[일반적인 해석]
0.8 - 1.0	매우 강한 상관관계
0.6 - 0.8	강한 상관관계
0.4 - 0.6	중간 정도의 상관관계
0.2 - 0.4	약한 상관관계
0 - 0.2	매우 약한 상관관계

예제 1 어떤 은행직원들의 연봉, 나이, 그리고 근무경력 사이에 어떤 연관성을 알아보기 위하여 직원 10명을 조사하였다. 아래의 조사결과를 바탕으로 변수 간 상관계수를 구하시오.

직원	연봉(백만원)	나이(년)	근무연수(년)
1	61	47	19
2	28	23	3
3	82	54	33
4	73	55	26
5	22	21	2
6	51	38	15
7	29	32	7
8	64	43	18
9	68	41	21
10	70	49	25

풀이 앞의 공식에 각각의 변수 간 표본 상관계수를 구하면 다음과 같다.

	연봉	나이	근무연수
연봉	1		
나이	0.949965	1	
근무연수	0.981569	0.962907	1

1.3 신뢰도(크론바흐 알파)와 타당도

지금까지 다룬 대부분 내용은 데이터의 수집, 분석 및 해석과 관련이 있었다. 여기에서 중요한 부분인

"수집된 데이터가 알고자 하는 부분을 잘 반영하는가?"

일 것이다. 즉 빈곤에 관해 연구하는 경우, 사용하는 척도가 빈곤을 제대로 측정하는지 확인하고 싶고, 공격성을 평가하는 연구에서, 도구가 무엇인지와 관계없이, 이 측정 도구가 제대로 작동하기를 생각할 것이다. 이처럼 연구를 수행하는 대부분은 측정 도구의 신뢰도와 타당도를 확립하는 것이 중요하다.

신뢰도 유형에는 여러 가지가 있고, 자주 사용되는 신뢰도 유형은 다음과 같다.

신뢰도 유형	용도	계산방법	예시
(1) 검사-재검사 신뢰도	시간이 지나도 테스트가 안정적인지 아닌지 알고 싶을 때	시점 1지점의 시험점수와 시점 2지점의 동일 시험의 점수 간 상관관계를 계산	청소년을 위한 자아 형성 테스트는 시간이 지나도 신뢰할 만하다.
(2) 동형검사 신뢰도	여러 형태의 테스트가 동등한지를 알고 싶을 때	한 시험 형식의 점수와 동일한 내용의 다른 형식의 시험 점수 간 상관관계를 계산	두 형식의 동일 시험이 서로 동등하고, 동형 신뢰도를 보인다.

(3) 내적 일관성 신뢰도	테스트 항목이 단 하나의 차원만을 평가하는지를 알고 싶을 때	각 개별항목 점수와 총점과의 상관관계를 계산	창의성 측정 테스트의 모든 항목들이 창의성을 측정하고 있다.
(4) 평가자 사이 신뢰도	어떤 결과의 평가에 일관성이 있는지 여부를 알고 싶을 때	평가자 간 점수의 일치 정도를 조사	야구선수 대상 드레서에 대한 평가자간 신뢰도는 0.91로, 평가자들 사이에 높은 일치도가 존재함.

(1) **검사-재검사 신뢰도**는 시간이 지나도 검사가 신뢰할 만한지 아닌지를 검사하고자 할 때 사용된다. 9월에 먼저 시험을 시행한 다음에 6월에 같은 시험을 같은 사람들에게 다시 실시할 수 있습니다. 만약에 두 점수 간에 상관관계가 존재한다면, 시험의 신뢰도가 확보된 것이며, 시간에 따른 차이점이나 변동사항을 검사할 때는 반드시 검사-재검사의 신뢰도를 측정해야 합니다.

설명 예제 2 다음은 개발 중인 직업교육시험을 두 차례 실시하여 얻은 점수이다. 이것의 상관계수를 계산해보자.

번호	시험1 점수	시험2 점수
1	54	56
2	67	77
3	67	87
4	83	89
5	87	89
6	89	90
7	84	87
8	90	92
9	98	99
10	65	76

앞에서 배운 공식을 이용하여 구하면 다음과 같고, 신뢰도는 아주 높다.

$$r_{\text{시험1}\cdot\text{시험2}} = 0.90$$

(2) **동형검사 신뢰도**는 같은 테스트가 상이 한 형태로 치러질 경우로 그사이의 유사점 또는 동등성을 조사할 때 사용한다. 예를 들어, 기억력 테스트를 위해 10개의 단어를 보고, 최대한 암기한 후 20초 후에 기억나는 단어를 말하게 하는 시험으로, 다음 날 같은 시험을 반복한다. 이때 첫 번째 시험과 두 번째 시험에 완전히 동일한 시험을 실시할 수는 없다. 따라서 두 번째 시험에서는 첫 번째 시험과 비슷한 다른 단어의 목록을 만들어야 합니다. 이 예제에서 두 개의 유형(즉 두 단어 목록)의 일관성을 높게 설정해야 합니다. 즉 두 개의 다른 유형이지만 동일한 개념이 평가되고 있다는 것을 테스트할 때 사용한다.

설명 예제 3 유형1과 유형2에 대한 기억력 테스트의 점수는 다음과 같고, 이것으로 상관계수를 계산하여 동형검사 신뢰도를 측정하고자 한다.

번호	유형1의 점수	유형2의 점수
1	4	5
2	5	6
3	3	5
4	6	6
5	7	7
6	5	6
7	6	7
8	4	8
9	3	7
10	3	7

$$r_{\text{유형1}\cdot\text{유형2}} = 0.13$$

(3) **내적 일관성 신뢰도(크론바흐 알파)**는 앞의 (1)-(2)의 유형과는 상당히 다르다. 예를 들어, 여러 종류의 건강보험에 대한 태도를 측정하려는 테스트를 개발 중이고 5가지 항목으로 구성된 목록이 건강보험에 대한 태도를 제대로 대표하는지 확인하고 싶다는 가정을 하자. 그래서 설문 응시자들의 각 항목에 대한 점수를 보고 개별 점수가 전체 점수와 관련이 있는지를 확인할 것이다. 즉 특정 항목에 대하여 높은 점수를 표시한 사람들이 다른 항목에서는 낮은 점수를 표시했을 것이라 예상하면, 설문에 참여한 모든 사람 간에 이러한 경향이 일관되게 나타날 것인지를 확인한다.

이럴 때 사용하는 것이 크론바흐 알파(Cronbach' s Alpha, 간단히 α)을 계산한다. 이것을 계산할 때 실제로 개인이 받은 각 항목의 점수를 총점과 상관시킨 후, 그것을 모든 개별 항목점수에 존재하는 변동성과 비교한다. 이런 논리는 총점 50점 중에서 40점을 받은 두 항목

(5, 5, 3, 5, 3, 4, 4, 2, 4, 5)와 (5, 1, 5, 1, 5, 5, 1, 5, 5, 1, 5, 1)

중에서, 첫 번째 항목은 일관성이 높으므로 비교적 높은 점수를 가져야 하며, 두 번째 항목은 훨씬 통일성이 낮고 1차원적이지 않다. 따라서 총점이 중요한 것이 아니라 점수의 패턴이 중요하다. 다음은 크론바흐 알파를 계산하는 공식이다.

$$\alpha = \left(\frac{k}{k-1}\right)\left(\frac{s_y^2 - \sum_{i=1}^{k} s_i^2}{s_y^2}\right)$$

여기에서

- k는 항목의 수, s_y^2는 관찰자별 점수합계들의 분산, $\sum_{i=1}^{k} s_i^2$는 항목별 분산들의 합이다.

설명 예제 4 다음은 5개의 항목으로 구성된 태도 측정 테스트의 결과이며, 각항목에 대하여 1점(매우 동의하지 않음)에서 5점(매우 동의함)사이에 점수가 선택된 10개의 자료이다. 이것의 크론바흐 알파를 계산하시오.

관찰자	항목1	항목2	항목3	항목4	황목5	관찰자별 합계
1	3	5	1	4	1	14
2	4	4	3	5	3	19
3	3	4	4	4	4	19
4	3	3	5	2	1	14
5	3	4	5	4	3	19
6	4	5	5	3	2	19
7	2	5	5	3	4	19
8	3	4	4	2	4	17
9	3	5	4	5	4	19
10	3	3	2	3	ㅈ	13
						$s_y^2 = 6.40$
항목별 분산	$s_1^2 = 0.32$	$s_2^2 = 0.62$	$s_3^2 = 1.96$	$s_4^2 = 0.93$	$s_5^2 = 1.34$	$\sum_{i=1}^{5} s_i^2 = 5.17$

이 값들을 수식에 대입하면 다음과 같다.

$$\alpha = \left(\frac{5}{5-1}\right)\left(\frac{5.40-5.17}{6.40}\right) = 0.24$$

(4) **평가자 간 신뢰도**는 두 명의 평가자가 결괏값에 관한 판단에 얼마나 동의하고 있는지를 알려주는 척도이다. 예를 들어, 종업원이 고객에게 얼마나 많은 미소와 친절을 보이는지를 두 평가자가 실시간으로 관찰하고, / 는 미소와 친절 행동이 발생함을 -는 해당 행동이 관찰되지 않음을 의미한다. 방문한 임의의 한 고객에 대하여 10초씩 12번 총 2분 동안 두 평가자가 고객 친화적인 행동의 여부를 아래처럼 기록하였다.

평가자	1번	2번	3번	4번	5번	6번	7번	8번	9번	10번	11번	12번
A	/	-	/	/	/	-	/	/	-	-	/	/
B	/	-	/	/	/	-	/	/	-	/	-	/

총 12번 중에서 기간 10과 11번에서 불일치를 보였다. 즉 10번의 일치와 2번의 불일치가 두 평가자 간에 나타났다. 따라서 평가자 간 신뢰도는 아래와 같다.

$$\text{평가자 간 신뢰도} = \frac{\text{의견 일치 횟수}}{\text{총 가능한 일치 횟수}} = \frac{10}{12} = 0.833$$

신뢰도 계수의 경우 다음의 2가지를 유의하면 된다.
신뢰도 계수는 양의 값이어야 하며, 음이 값은 가질 수 없다.
2. 신뢰도 계수의 값은 0과 1 사이의 값을 가진다.

●●●
이제 신뢰도에 대해 배웠으니, 타당도에 대해 알아보자.
한글의 철자 테스트에 다음의 문항이 있다고 가정해보자.

1번] 16 + 12 =

2번] 21 + 13 =

이것은 매우 신뢰할 수 있는 결과를 도출하지만, 한글 철자에 대한 능력을 측정하는 것이 아니므로 테스트 자체의 타당도는 낮을 것이다. 타당도는 평가도구의 속성으로 평가도구가 평가하고자 하는 것을 실제로 잘 평가하는지를 알아보는 검사이다. 만약에 측정 도구를 신뢰할 수 없고 측정 도구가 타당하지 않다면, 실험의 결과는 의심스러울 것이기 때문이다. 그리고 어떤 테스트가 신뢰할 수 있지만, 타당하지 않을 수 있다. 하지만 신뢰할 수 없지만 타당한 테스트는 존재하지 않기에 신뢰도를 확보하는 것이 중요하다. 다양한 유형의 타당도가 존재하며 중요하게 사용되는 3가지를 소개한다.

타당도 유형	용도	확인법	예시
내용 타당도	항목들의 표본이 특정 주제의 전체항목을 실제로 반영하는지 알고 싶을 때	항목이 측정하고자 하는 분야의 항목들을 반영하고 있는지 그 분야 전문가에게 문의함	미분적분 수업에서 매주 보는 퀴즈는교과서의 내용을 잘 반영하고 있다.
준거 타당도 (예측 타당도)	시험의 점수가 응시자가 특정 분야에서 유능함을 보여주는 관련성을 알고 싶을 때	테스트 점수와 이미 타당성이 입증된 다른 분야의 측정치와의 상관관계 분석하기	학교에서 공부한 전공 성적이 2년 후 취업한 전공 전문가와의 상관관계가 있다.

구성 타당도	검사가 어떤 심리학적 실체를 측정하는지 여부를 알고 싶을 때	테스트 점수를 테스트가 반영하고자 하는 실체에 관한 이론적 결과와 상관분석하기	신체 접촉이 필요한 물리적으로 위험한 운동을 즐기는 사람일수록 공격성 테스트에서 높은 점수를 보인다.

마지막으로, 타당도를 확보할 수 없을 때는 테스트의 질문을 다시 만들어서 질문들에 대해 해당 분야의 전문가들에게 자문하여, 질문과 측정하고자 하는 내용 사이의 일관성을 유지하도록 해야 한다.

나눔문제

예제 1. 고객관리 비용(X)과 매출액(Y) 사이에 상관관계가 존재하는지를 확인하기 위하여 10개의 대리점을 대상으로 수집한 자료는 다음과 같다. 피어슨 상관계수를 구하시오.

X	Y	X^2	Y^2	XY
6	9	36	81	54
4	8	16	64	32
11	15	121	225	165
7	9	49	81	63
10	11	100	121	110
13	12	169	144	156
8	9	64	81	72
15	18	225	324	270
5	7	25	49	35
9	10	81	100	90

예제 2. 다음 표에서 X, Y 두 변수에 대한 측정치가 주어져 있다. 이 자료를 바탕으로 다음을 수행하시오.

X	7	9	15	17	20	26	35
Y	48	52	41	37	21	24	19

1. 두 변수에 대한 산점도를 그려보아라.
2. 두 변수 사이의 피어슨 상관계수를 구하시오.
3. 상관계수 값을 기준으로 두 변수 사이의 상관관계에 대하여 설명하시오.

예제 3. 임의로 추출한 학생 7명의 영어점수와 국어점수를 보여주고 있다. 이 자료를 바탕으로 두 과목의 점수 사이에 유의한 상관관계가 존재하는지를 유의수준 $\alpha = 0.05$ 수준에서 검정하시오.

영어점수	86	77	90	93	72	83	87
국어점수	82	80	96	90	68	85	88

(힌트 : 검정 통계량 $t = r\sqrt{\dfrac{(n-2)}{(1-r^2)}} \sim t(n-2, \alpha)$을 사용하여 p-값 검정 사용)

▶▶ 2. 회귀분석

통계학에서 회귀분석이 차지하는 비중은 매우 크다. 거의 모든 통계학에서 회귀분석을 중요한 주제로 다룬다. 그 이유는 변수 간의 관계를 다루는 다변량 분석에서 변수의 인과관계는 유용한 정보를 제공하기 때문이다. 그리고 데이터 규모가 커지고, 변수가 많아지는 상황이라면 이들 사이에 인과관계가 존재하는지, 존재한다면 어느 정도의 영향을 주는지를 알아내는 일은 중요한 통계 분석 작업이다.

2.1 이론적 배경 및 종류

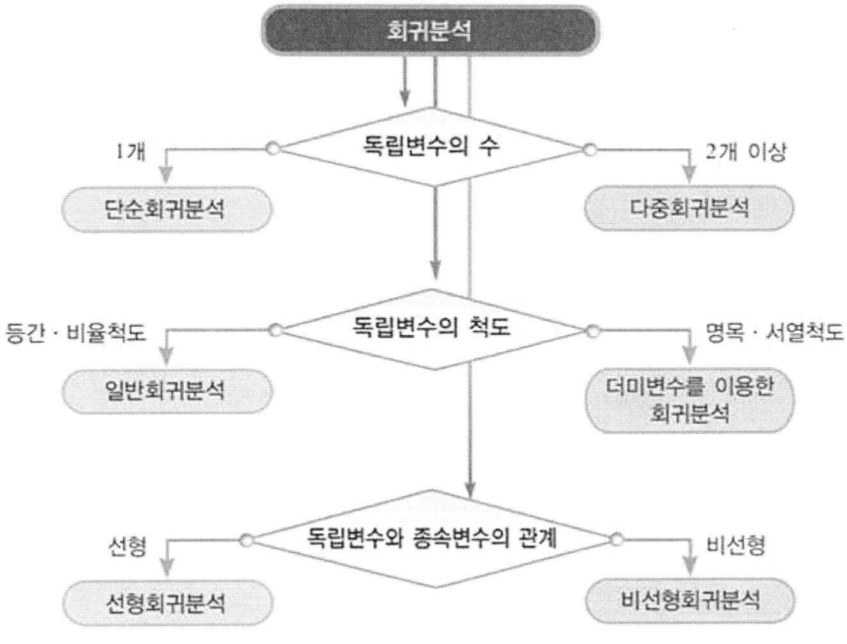

회귀라는 의미는 한 바퀴 돌아서 평균으로 되돌아간다. 즉 아버지의 키가 아무리 크더라도 아들의 키는 아들 세대의 평균으로 되돌아간다는 의미이다. 우생학의 창시자인 다윈의 사촌이 되는 유전학자 프란시스 골턴(Francis Galton)은 유전의 법칙을 연구하다가 회귀의 법칙을 발견하였다. 그는 아들의 키를 아버지의 키와 비교할 때 아버지의 키가 아무리 크더라도 아들의 키는 아들 세대 모집단의 평균으로 접근하는 경향이 있다는 것을 발견하였다. 다시 말해, 키가 큰 아버지는 자신보다 좀 더 작은아들을 가지며, 키가 작은 아버지는 자신보다 좀 더 큰 아들을 갖는 경향이 있다. 골턴은 이러한 현상을 평균으로의 회귀라고 하였다. 이처럼 회귀분석에서 회귀란 평균으로 되돌아간다는 의미이다.

회귀분석의 종류에는 독립변수에 따라서 구분하는데 독립변수가 1개이면 단순회귀분석이라 하고, 2개 이상이면 다중회귀분석이라 한다.
또한 질적척도인 명목척도(예를 들어 남자는 1, 여자는 2)나 서열척도(예를 들어, 시험성적을 성적순으로 1등, 2등으로)로 측정된 변수는 연속형 변수로 변환하는 더미변수(Dummy variable)을 이용하여 분석할 수 있는데 대표적인 예가 로지스틱 회귀분석이 있다.
로지스틱 회귀분석에서 설명변수(독립변수)가 연속형 변수일 때 분석이 가능하지만 만약에 독립변수 중에서 범주형 변수가 섞여 있다면 그 변수를 더미변수로 변환하여 회귀분석을 할 수 있다.
이외에 양적척도인 등간척도(리커트 척도)나 비율척도(절대적 기준인 0점이 존재)로 측정된 변수를 독립변수로 이용하는 일반회귀분석이 있다.
그리고 몸무게와 키의 관계처럼 독립변수의 값이 증가함에 따라서 종속변수의 값도 증가 또는 감소하는 선현 관계일 때 분석하는 선형회귀분석이 있다. 그러나 경우에 따라서 독립변수와 종속변수가 선형관계가 아닌 경우 즉 비선형 관계도 있다. 예를 들어, 일정 수준까지는 광고액이 증가함에 따라서 매출액도 일정하게 증가하나, 일정 수준이 넘어가면 광고액을 아무리 늘려도 매출액이 늘어나지 않는다. 이러한 광고액과 매출액 간의 관계는 선형이 아닌 비선형관계이다. 이러한 경우 분석하는 비선형회귀분석이 있다.
사실 앞처럼 광고액과 매출액 간의 관계에 있어서, 광고액을 로그함수로 치환하면 치환된 광고액과 매출액은 비교적 선형에 가까운 관계가 된다.

참고 자주 사용하는 변수 치환에는 로그 또는 제곱근이 있으며, 이것을 사용하면 두 변수 사이의 관계를 선형에 가까운 관계로 만들어준다. 이렇게 독립변수를 치환하여 새로운 독립변수와 종속변수와의 관계를 분석하는 회귀분석을 비선형회귀분석이라 한다.

2.2 선형회귀 모형과 단순회귀 모형

회귀분석은 변수들 사이의 인과관계를 알아보는 것이므로, 변수들은 원인이 되는 변수(독립변수)와 결과가 되는 변수(종속변수)로 나눈다.
만약에 두 변수 X, Y 사이에 함수관계가 있다고 한다면, X값이 정해지면 바로 Y값이 정해진다. 그러나 통계적 모형은 하나의 X값에 Y의 값이 여러 개 나올 수 있다. 따라서 어떤 통계적 모형을 세워도 그 모형에 의해 설명할 수 없는 오차항(ϵ_i)을 함수 안에 포함시켜야 한다. 이러한 사실을 반영하여 만들어진 함수모형을 선형회귀모형(Linear regression

model)이라 하며, 선형회귀모형의 가장 간단한 형태를 단순회귀모형(Simple regression model), 즉

$$y_i = \alpha + \beta x_i + \epsilon_i \ (i = 1, 2, \cdots, m)$$

라 한다. 그리고 위 식을 단순회귀모형식이라고 부르기도 한다.

이해를 돕기 위해 아래의 그림을 참고하기 바란다.

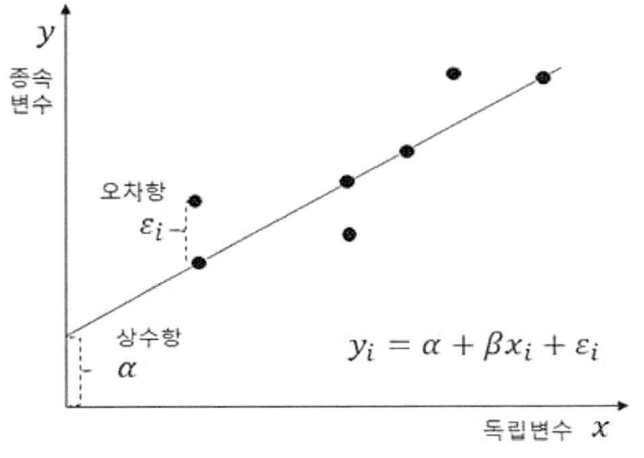

단순회귀모형식에서

$$\widetilde{y_i} = \alpha + \beta x_i$$

을 회귀선(Regression line)의 식(또는 회귀식), 그리고 단순회귀모형식에서

$$\epsilon_i$$

을 오차,

$$\alpha$$

을 회귀선의 y-절편(상수),

$$\beta$$

을 회귀식의 기울기라 한다. 특히 α, β를 회귀계수(regression coefficient)라 부른다.

여러 개의 독립변수가 복합적으로 종속변수에 영향을 주는 경우, 예를 들어 종합적인 운동능력은 근력, 지구력, 순발력 등의 다양한 요인들의 영향을 받는다. 이런 경우의 회귀모형을 다중회귀모형(Multiple regression model)이라 하고 다음과 같다.

$$y_i = \alpha + \beta_1 x_{i1} + \beta_2 x_{i2} + \ \cdots \ + \beta_k x_{ik} + \epsilon_i, \ (i = 1, 2, \cdots, m)$$

위 식에서 독립변수의 개수는 k개이고, ϵ_i는 오차, α를 상수, $\beta_j \ (j = 1, 2, \cdots, k)$를 계수(Coefficient)라 한다. 특히 α와 $\beta_j \ (j = 1, 2, \cdots, k)$를 합쳐서 회귀계수(Regression coefficient)라 부른다.

단순회귀모형과 다중회귀모형의 경우는 수리적 방법이나 분석방법이 동일하기 때문에 편의상 단순회귀모형에 초점을 맞추어 살펴본다.

참고 (모수 추정의 기본가정)

단순회귀모형의 식

$$y_i = \alpha + \beta x_i + \epsilon_i$$

에서 절편이 되는

"상수 α와 기울기 β는 알려지지 않은 모수"

이지만, 독립변수 x_i는 주어지는 상수이고, 종속변수 y_i도 다른 값들에 의해서 결정되기 때문에 추정의 대상이 아니다.

따라서 데이터를 통해서 추정해야 하는 값은 바로

"회귀계수 α, β의 값"

이다. 하지만 이론적으로 회귀계수 α, β를 결정하는 회귀식 $\tilde{y_i} = \alpha + \beta x_i$은 무수히 많이 존재한다. 그래서 우리는 수많은 회귀식 가운데 두 변수 사이의 관계를 가장 잘 보여줄 수 있는 α, β의 값을 추정해야 한다.

이를 위해 몇 가지 가정이 필요하며, 먼저 다음과 같은 3개의 확률변수를 생각하자.

$$\text{오차항 } \epsilon \in \{\epsilon_i \mid i = 1, 2, \cdots, m\},$$
$$\text{독립변수 } x \in \{x_i \mid i = 1,2,\cdots,m\},$$
$$\text{종속변수 } y \in \{y_i \mid i = 1,2,\cdots,m\}.$$

그리고 이들 3개의 확률변수에 대하여 회귀분석의 좋은 추정을 하기 위하여 다음과 같은 기본가정이 필요하다.

1. 오차항 ϵ은 독립변수 x와 종속변수 y에 각각 독립이다.
2. 오차항 ϵ의 평균은 0, 그리고 분산은 σ^2이다.
3. 꼭 필수적이지는 않지만, 구간추정을 하기 위해서는 확률분포가 알려져야 하므로 필요하면 $\epsilon \sim N(0, \sigma^2)$ 즉 정규분포를 가정한다.
4. 자료가 2개라면 두 점을 연결하면 회귀식이 결정되므로 $m \geq 3$이어야 한다.

이제 위의 가정을 바탕으로 모집단의 단순회귀모형은 아래와 같은 식을 얻는다.

$$y = \alpha + \beta x + \epsilon \ , \ \tilde{y} = \alpha + \beta x \ \text{(회귀식)}$$

위 가정을 바탕으로 모집단의 회귀계수 α, β 를 구해보자.

먼저 기댓값을 구하자.

$$E(y) = E(\alpha + \beta x + \epsilon) = E(\alpha) + E(\beta x) + E(\epsilon) = \alpha + \beta E(x) + 0 = \alpha + \beta E(x)$$

$$\Rightarrow \alpha = E(y) - \beta E(x)$$

그리고 만약에 β 만 구할 수 있다면 두 변수 x, y 는 주어지는 값이므로 상수 α 를 구할 수 있다. 이제 공분산을 이용하여 β 을 구해보자.

$$Cov(x, y) = Cov(x, \alpha + \beta x + \epsilon) = \alpha\, Cov(x, 1) + \beta\, Cov(x, x) + Cov(x, \epsilon)$$

$$= 0 + \beta\, Cov(x, x) + 0 = \beta\, Cov(x)$$

$$\Rightarrow \beta = \frac{Cov(x, y)}{Cov(x)}$$

이것도 두 변수 x, y 는 주어지는 값이므로 기울기 β 를 구할 수 있다.

하지만 실제로 모집단의 모든 자료를 계산하여 회귀계수 α, β 를 구하는 것은 **불가능**하므로, 모집단에서 유한개의 표본을 추출하여 표본에 대한 회귀식, 즉 표본 회귀식

$$\hat{y} = a + bx$$

을 구해야 한다.

표본의 자료가 n 개라면 표본 회귀식은 다음과 같이 표현된다.

$$\hat{y_i} = a + b\, x_i \ (i = 1, 2, \cdots, n)$$

그리고 표본 회귀식의 a, b 를 표본 회귀계수라 부르며, 결국 표본으로 구한 a, b 는 회귀계수 α, β 의 추정값이 된다. 이것을 정리하면 다음과 같다.

참고 모집단의 회귀식

$$\tilde{y} = \alpha + \beta x$$

을 참회귀식(True regression line) 또는 모집단 회귀식이라 부르고, 실제로 구할 수 없는 식이다.

표본으로 얻은 회귀식

$$\hat{y} = a + bx$$

을 표본 회귀식 또는 적합 회귀식(Fitted regression line)이라 부른다.

그리고 표본으로부터 얻은 a, b 은 회귀계수 α, β 의 추정값이 된다.

2.3 표본 회귀식

표본을 추출하여 모수 α, β 를 구하는 방법은 크게 두 가지가 있으며, 첫 번째는 기댓값과 공분산을 이용하는 방법, 두 번째는 최소제곱법을 이용하는 방법이 있다.
참고로 표본의 자료를 실제값, 실제 자료, 관측치, 관측값이라 부르며, n 개의 표본을 추출하여 얻은 표본 회귀식의 값 $\hat{y} = a + bx$ 를 추정치, 예측치라고 부른다.

그리고 잔차(Residual) e_i 는 실제 관측치 y_i 와 추정치 $\hat{y_i}$ 의 오차를 의미한다. 즉

$$e_i = y_i - \hat{y_i} \ \ (i = 1,2,\cdots,n)$$

여기서, y_i 는 i 번째 실제 자료, $\hat{y_i}$ 는 i 번째 표본 회귀식의 값이다.

참고로 오차항

$$\epsilon_i = y_i - \tilde{y_i} \ \ (i = 1, 2, \cdots, m \, ; n < m)$$

은 잔차와 구별되며 그림으로 표현한 아래와 같다.

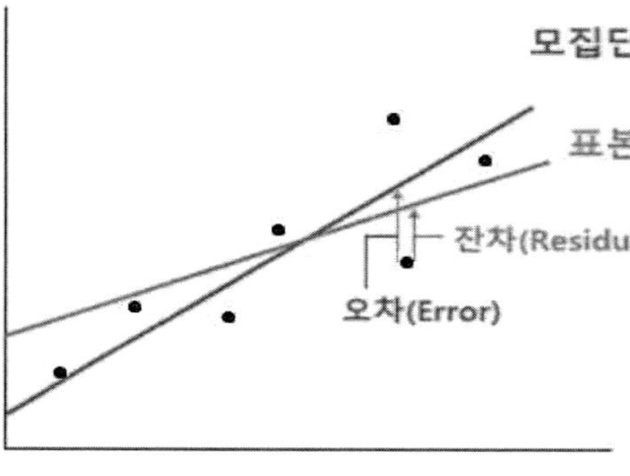

이제 첫 번째 방법인 기댓값과 공분산을 이용하여 표본 회귀식을 구하여 모집단 회귀식을 추정한다. 즉

$$\hat{y} = a + b\,x \ (\text{표본 회귀식}) \quad \rightarrow \quad \tilde{y} = \alpha + \beta\,x \ (\text{모집단 회귀식})$$

●●●

모집단에서 n 개의 표본을 추출하여 n 개의 관측자료는 다음과 같다.

$$\text{독립변수 } x \in \{x_i \mid i = 1,2,\cdots,n\},$$
$$\text{종속변수 } y \in \{y_i \mid i = 1,2,\cdots,n\}.$$

모집단에 대한 공식은

$$\beta = \frac{Cov(x,y)}{Cov(x)} \text{와 } \alpha = E(y) - \beta E(x)$$

을 이용하여 표본에 대한 공식으로 바꾸면 다음과 같다.

$$b = \frac{S(x,y)}{S_x} \quad a = E(y) - bE(x)$$

이것에 관측자료를 대입하여 구하면

① 평균 : $E(x) = \dfrac{x_1 + x_2 + \cdots + x_n}{n}$, $E(y) = \dfrac{y_1 + y_2 + \cdots + y_n}{n}$

② 공분산 : $S(x,x) = S_x = \sum_{i=1}^{n} (x_i - E(x))^2$ $S(y,y) = S_y = \sum_{i=1}^{n} (y_i - E(y))^2$

$$S(x,y) = \sum_{i=1}^{n} (x_i - E(x))(y_i - E(y))$$
$$= (x_1 - E(x))(y_1 - E(y)) + (x_2 - E(x))(y_2 - E(y)) + \cdots + (x_n - E(x))(y_n - E(y))$$

③ 기울기 : $b = \dfrac{S(x,y)}{S(x,x)} = \dfrac{S(x,y)}{S_x}$

④ 상수(절편) : $a = E(y) - bE(x)$

⑤ 표본 회귀식 : $\hat{y} = a + bx$ 또는 $\hat{y_i} = a + bx_i \ (i = 1, 2, \cdots, n)$

⑥ 잔차 : $e_i = y_i - \hat{y} \quad (i = 1, 2, \cdots, n)$

전체 모집단의 특성을 보여주는 모집단의 회귀선은 실제로 구할 수 없지만, 표본회귀선을 통하여 모집단을 예측하며, 실제로 모집단 회귀선과 표본회귀선은 완전히 같지는 않지만 비슷하다.

예제 2 다음 4개의 자료에 대한 적합회귀식(표본회귀식)을 구하고,

$$\{(1,3), (2,4), (3,8), (4,9)\}$$

그리고 잔차의 합을 구하시오

풀이

① 평균 : $E(x) = \dfrac{1+2+3+4}{4} = 2.5\, E(y) = \dfrac{3+4+8+9}{4} = 6$

② 분산 : $S(x,x) = (1-2.5)^2 + (2-2.5)^2 + (3-2.5)^2 + (4-2.5)^2 = 5$

$$S(x,y) = (1-2.5)(3-6) + (2-2.5)(4-6) + (3-2.5)(8-6) + (4-2.5)(9-6) = 11$$

③ 기울기 : $b = \dfrac{S(x,y)}{S(x,x)} = \dfrac{11}{5} = 2.2$

④ 상수(절편) : $a = E(y) - b\,E(x) = 6 - (2.2)(2.5) = 0.5$

⑤ 표본회귀식 : $\hat{y} = a + b\,x = 0.5 + 2.2\,x$ 또는 $\hat{y_i} = 0.5 + 2.2\,x_i \ (i = 1, 2, 3, 4)$

⑥ 잔차($e_i = y_i - \hat{y}$) : $e_1 = 3 - 2.7 = 0.3$, $e_2 = 4 - 4.9 = -0.9$,

$e_3 = 8 - 7.1 = 0.9$, $e_4 = 9 - 9.3 = -0.3$

따라서 잔차의 합은

$$\sum_{i=1}^{4} e_i = 0.3 - 0.9 + 0.9 - 0.3 = 0$$

이다.

그리고 일반화된 다음과 같은 중요한 사실을 알 수 있다.

잔차의 합

n개의 표본자료와 표본회귀식 $\hat{y} = a + b\,x$ 이 주어질 때 잔차의 합은 0이다.
즉 다음이 성립한다.

$$\sum_{i=1}^{n} (y_i - \hat{y_i}) = \sum_{i=1}^{n} e_i = 0$$

예제 3 1,000명의 사람을 조사한 결과 신장의 평균은 $\overline{X} = 168.4\,cm$, 체중의 평균은 $\overline{Y} = 64.4\,kg$로 나타났다. 그리고 $S(X, X) = 100873.3$, $S(X, Y) = 85074.93$로 계산되었다. 이것을 이용하여 체중과 신장 사이의 회귀식 모수인 α, β을 추정하시오.

풀이

$$b = \frac{S(X, Y)}{S(X, X)} = \frac{85074.93}{100873.3} = 0.843, \quad a = \overline{Y} - b\,\overline{X} = 64.4 - 0.843 \times 168.4 = -77.6$$

따라서 표본회귀식은 다음과 같다.

$$\hat{Y} = -77.6 + 0.843\,X$$

2.4 최소제곱법

이제 두 번째 방법인 최소제곱법을 이용하여 표본 회귀식을 구하여 모집단 회귀식을 추정해보자. 즉

$$\hat{y} = a + b\,x \text{ (표본 회귀식)} \quad \rightarrow \quad \tilde{y} = \alpha + \beta\,x \text{ (모집단 회귀식)}$$

최소제곱 추정법의 기본개념은 잔차들을 제곱한 후 그들의 합을 최소화하는 표본회귀식을 찾는 방법이다.

잔차를 제곱하는 이유는 앞에서 보여준 잔차들의 합은 0이기 때문이다.
잔차는 관측치와 추정치의 차이 즉

$$e_i = y_i - \hat{y} = y_i - (a + b\,x_i)$$

이고, 잔차를 제곱 e_i^2 한다는 의미는 아래 그림과 같다.
참고로 그림에서 주어진 선이 표본회귀선 $\hat{y_i}$ 이고, 점들은 관측치 y_i이다.

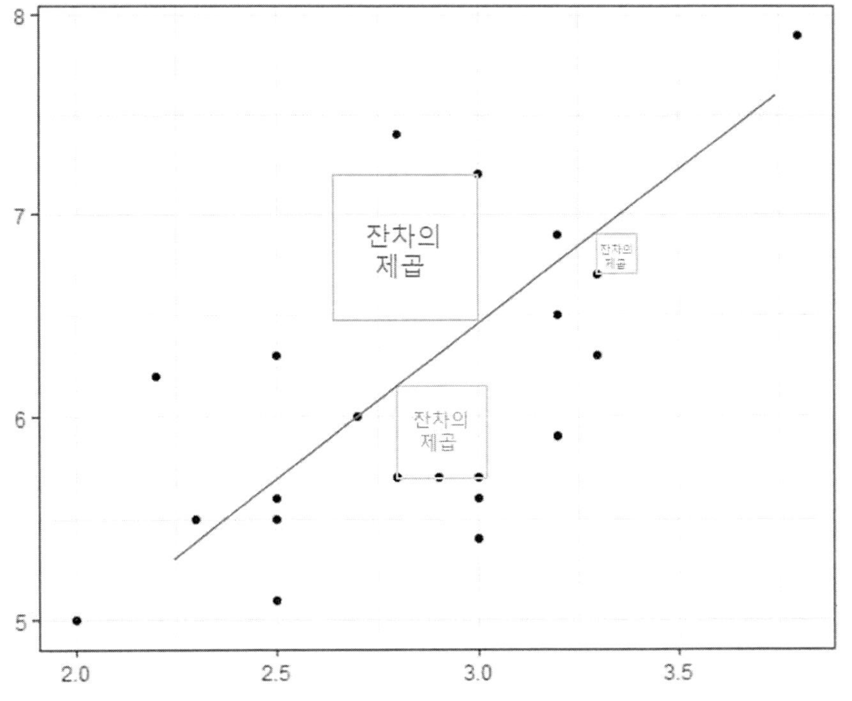

그러면 수많은 표본회귀선이 존재하고 그에 대응하는 잔차의 제곱인 합 즉

$$\sum_{i=1}^{n} e_i^2$$

도 무수히 존재한다. 따라서 최소제곱 추정법은

$$\sum_{i=1}^{n} e_i^2$$

이 최소가 되는 오직 하나의 직선 즉 표본회귀선을 찾는 것이다.

다시 말해

최소제곱 추정법은 $\sum_{i=1}^{n} e_i^2$ 이 최소가 되는 회귀계수 a, b을 찾는 추정법이다.

참고 잔차의 제곱인 합 $\sum_{i=1}^{n} e_i^2$ 은 미분이 가능하며, 이 성질을 이용하여 극대-극소의 개념으로 문제를 해결한다.

●●●

이제 최소제곱 추정법을 이용한 표본 회귀식을 구해보자.

먼저 n 개의 표본자료와 임의의 표본회귀선

$$\hat{y_i} = a + b\,x_i \ (i = 1, 2, \cdots, n)$$

을 선택하자. 그리고 잔차

$$e_i = y_i - \hat{y} = y_i - (a + b x_i)\ (i = 1, 2, \cdots, n)$$

를 구하고, 이것을 제곱하면 다음과 같다.

$$e_i^2 = (y_i - \hat{y})^2 = (y_i - (a + b x_i))^2 \ \ (i = 1, 2, \cdots, n)$$

다음 n개의 자료에 대하여 모든 잔차의 제곱을 합하고 이것을 SSE(Sum of squares for error)라 하자.

$$SSE = \sum_{i=1}^{n} e_i^2 = \sum_{i=1}^{n} (y_i - \hat{y})^2 = \sum_{i=1}^{n} (y_i - (a + b x_i))^2$$

그러면 SSE를 최소로 만드는 회귀계수 a, b를 찾으면 된다.

●●●

이제 수학적인 내용으로 미분을 이용하여 극대점을 찾아야 한다. 먼저 SSE를 두 개의 미지수 a, b에 대한 2-변수 함수로 생각하자.

$$SSE(a, b) = \sum_{i=1}^{n} (y_i - (a + b x_i))^2$$

그러면 2-변수 함수는 수학 변수가 2개 즉 a, b 이므로 미분할 변수가 2개가 되는 셈이다. 한 번에 2개의 수학 변수를 동시에 미분할 수 없기에 변수 a와 변수 b를 차례로 각각 미분한다.

이러한 여러 개의 수학 변수 중에서 한 개씩 나누어서 하는 미분법을 편미분 한다고 한다. 편미분의 기호는 변수 a와 변수 b에 대하여 다음과 같다.

$$(\text{변수 } a\text{에 대한 편미분})\ \frac{\partial}{\partial a}(SSE) = \frac{\partial\,(SSE)}{\partial a}$$

$$(\text{변수 } b\text{에 대한 편미분})\ \frac{\partial}{\partial b}(SSE) = \frac{\partial\,(SSE)}{\partial b}$$

2-변수 함수 $SSE\,(a, b)$는 아래로 볼록한 이차함수 형태이므로, $SSE\,(a, b)$가 최솟값을 가지려면

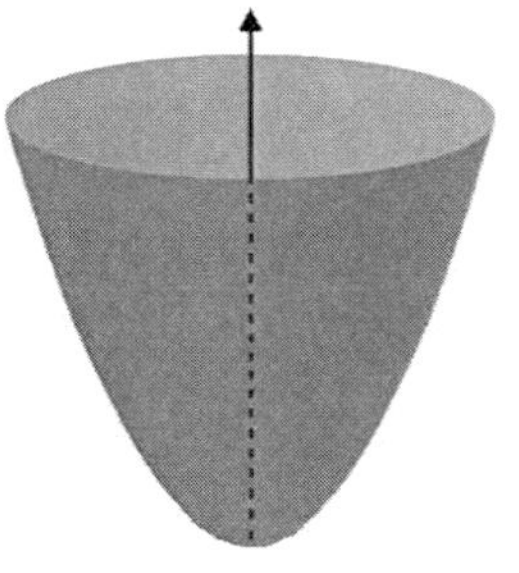

$$\frac{\partial}{\partial a}(SSE) = \frac{\partial\,(SSE)}{\partial a} = 0,\ \frac{\partial}{\partial b}(SSE) = \frac{\partial\,(SSE)}{\partial b} = 0$$

만족하는 극소점 $(a,\ b)$를 구하면 된다. 다음의 편미분 과정을 참고하자.

1. $\frac{\partial}{\partial a} SSE\,(a, b) = \frac{\partial}{\partial a} \sum_{i=1}^{n} (y_i - (a + b\,x_i))^2 = 2\sum_{i=1}^{n} (y_i - a - bx_i)(-1) = 0$

   $\frac{\partial}{\partial a} SSE\,(a, b) = -2\sum_{i=1}^{n} (y_i - a - bx_i) = 0 \Leftrightarrow \sum_{i=1}^{n} y_i - na - b\sum_{i=1}^{n} x_i = 0$

   $\Leftrightarrow \sum_{i=1}^{n} y_i = na + b\sum_{i=1}^{n} x_i$

2. $\frac{\partial}{\partial b} SSE\,(a, b) = \frac{\partial}{\partial b} \sum_{i=1}^{n} (y_i - (a + b\,x_i))^2 = 2\sum_{i=1}^{n} (y_i - a - bx_i)(-x_i) = 0$

   $\frac{\partial}{\partial b} SSE\,(a, b) = \sum_{i=1}^{n} (y_i - a - bx_i)(x_i) = 0 \Leftrightarrow \sum_{i=1}^{n} y_i\,x_i - a\sum_{i=1}^{n} x_i - b\sum_{i=1}^{n} x_i^2 = 0$

   $\Leftrightarrow \sum_{i=1}^{n} y_i\,x_i = a\sum_{i=1}^{n} x_i + b\sum_{i=1}^{n} x_i^2$

3. 1번의 식과 2번의 식을 a, b에 대하여 연립하면 표본의 회귀계수 a, b를 구할 수 있다.

$$a = \frac{\sum_{i=1}^{n} y_i - b \sum_{i=1}^{n} x_i}{n}, \quad b = \frac{\sum_{i=1}^{n} x_i y_i - \left(\frac{\sum_{i=1}^{n} x_i \cdot \sum_{i=1}^{n} y_i}{n} \right)}{\sum_{i=1}^{n} x_i^2 - \left(\frac{\left(\sum_{i=1}^{n} x_i \right)^2}{n} \right)} = \frac{n \sum_{i=1}^{n} x_i y_i - \left(\sum_{i=1}^{n} x_i \cdot \sum_{i=1}^{n} y_i \right)}{n \sum_{i=1}^{n} x_i^2 - \left(\sum_{i=1}^{n} x_i \right)^2}$$

예제 4 다음은 10명의 표본에 대한 고등학교 평균점수와 대학교 1학년 평균 학점에 관한 자료이다. 이들의 표본 회귀식을 구하시오.

고등학교 평균점수 (x_i)	대학교 1학년 평균 학점 (y_i)
3.5	3.3
2.5	2.2
4	3.5
3.8	2.7
2.8	3.5
1.9	2
3.2	3.1
3.7	3.4
2.7	1.9
3.3	3.7

풀이 위 자료에 대한 산점도 그래프와 임의 회귀선은 다음과 같다.

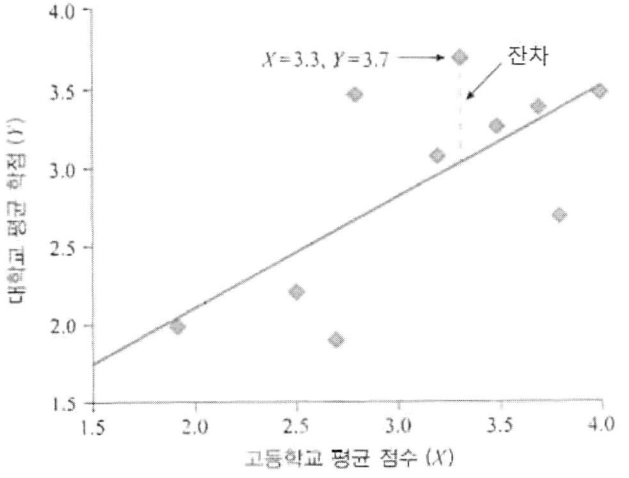

최고제곱 추정법으로 표본 회귀식을 구하기 위하여 알고 있는 다음의 공식을 활용하자.

$$a = \frac{\sum_{i=1}^{10} y_i - b\sum_{i=1}^{10} x_i}{10}, \quad b = \frac{\sum_{i=1}^{10} x_i y_i - \left(\frac{\sum_{i=1}^{10} x_i \cdot \sum_{i=1}^{10} y_i}{10}\right)}{\sum_{i=1}^{10} x_i^2 - \left(\frac{\left(\sum_{i=1}^{n} x_i\right)^2}{10}\right)} = \frac{10\sum_{i=1}^{10} x_i y_i - \left(\sum_{i=1}^{10} x_i \cdot \sum_{i=1}^{10} y_i\right)}{10\sum_{i=1}^{10} x_i^2 - \left(\sum_{i=1}^{10} x_i\right)^2}$$

그리고 공식에 적용할 자료를 구하면 다음과 같다.

	x_i	y_i	x_i^2	y_i^2	$x_i y_i$
	3.5	3.3	12.25	10.89	11.55
	2.5	2.2	6.25	4.84	5.5
	4	3.5	16	12.25	14
	3.8	2.7	14.44	7.29	10.26
	2.8	3.5	7.84	12.25	9.8
	1.9	2	3.61	4	3.8
	3.2	3.1	10.24	9.61	9.92
	3.7	3.4	13.69	11.56	12.58
	2.7	1.9	7.29	3.61	5.13
	3.3	3.7	10.89	13.69	12.21
합계	31.4	29.3	102.5	89.99	94.75

이제 공식에 계산된 자료를 대입하자.

$$b = \frac{94.75 - \dfrac{31.4 \times 29.3}{10}}{102.5 - \dfrac{31.4^2}{10}} = \frac{2.75}{3.904} = 0.705$$

$$a = \frac{29.3 - 0.705 \times 31.4}{10} = \frac{7.163}{10} = 0.7163$$

따라서 표본 회귀식은

$$\hat{y} = 0.7163 + 0.705\,x$$

이다. 예를 들어, 최근 고등학교 졸업자의 평균점수가 2.9 점이라면 대학교에 진학 후 받을 1학년 평균 학점은

$$\hat{y} = 0.7163 + 0.705 \times 2.9 = 2.7608$$

일 것이라 예측된다.

예제 5 다음 4개의 자료에 대하여 표본회귀식을 구하시오.

$$(2,4),\ (2,6),\ (3,6),\ (3,8)$$

풀이 필요한 자료를 계산하면

$$\sum_{i=1}^{4} x_i = 2+2+3+3 = 10 \quad \sum_{i=1}^{4} y_i = 4+6+6+8 = 24$$

$$\sum_{i=1}^{4} x_i y_i = 8+12+18+24 = 62 \quad \sum_{i=1}^{4} x_i^2 = 2^2+2^2+3^2+3^2 = 26$$

이고, 이 계산 결과를 공식에 대입하면

$$b = 2,\ a = 1$$

이다. 따라서 표본 회귀식은

$$\hat{y} = 1 + 2x$$

이다. 이것을 그림으로 표시하면 다음과 같다.

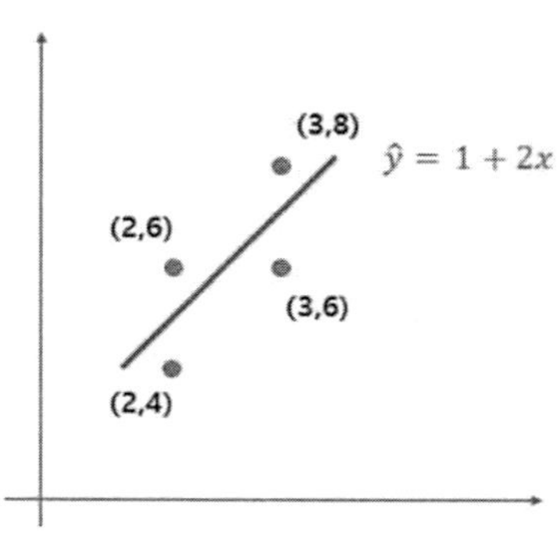

2.5 결정계수

모집단의 단순회귀모델은

$$y = \alpha + \beta x + \epsilon$$

$$\tilde{y} = \alpha + \beta x \ (\text{모집단 회귀식})$$

$$\epsilon \sim N(0, \sigma^2), \quad \text{오차 } \epsilon \text{ 은 } x \text{ 와 독립}$$

을 가정한다.

그러면 모집단의 실제 자료와 모집단 회귀식과의 오차는 다음과 같이 표현할 수 있다.

$$\epsilon = y - \tilde{y}$$

종속변수 y의 분산을 구하면

$$Var(y) = Var(\alpha + \beta x + \epsilon) = 0 + \beta^2 Var(x) + Var(\epsilon) = \beta^2 Var(x) + Var(\epsilon)$$

위에서

$$\beta^2 Var(x)$$

는 독립변수 x의 변화로 발생하고,

$$Var(\epsilon)$$

는 종속변수 y의 변화로 발생한다.

그리고 $Var(\epsilon)$의 값이 작다는 것은, 실제 자료가 회귀식 자료에 가깝다는 의미이다. 즉 오차항의 분산이 작을수록 y을 $\tilde{y}$로 잘 추정할 수 있다는 것이다.

●●●

분산이 작다는 가정하에 즉 $Var(\epsilon) \approx 0$ 이면

$$Var(y) \approx \beta^2 Var(x)$$

이 성립하므로 이들의 비(Ratio) ρ^2를 다음과 같이 정의한다.

$$\rho^2 = \frac{\beta^2 Var(x)}{Var(y)}$$

앞에서 얻어진

$$\beta = \frac{Cov(x,y)}{Var(x)}$$

을 위 식에 대입하면

$$\rho^2 = \frac{\beta^2 Var(x)}{Var(y)} = \frac{\left(\frac{Cov(x,y)}{Var(x)}\right)^2 Var(x)}{Var(y)} = \frac{Cov(x,y)^2}{Var(x) \cdot Var(y)}$$

을 얻는다. 여기서 ρ는 앞에서 배운 상관계수와 같다.

상관계수의 성질에서

$$0 \le \rho^2 \le 1$$

이 성립하고, 이것의 의미는

1. $\rho^2 \to 0$일수록 오차의 분산 $Var(\epsilon)$이 크다, 즉 $\tilde{y}$가 y 값을 잘 추정할 수 없다.
2. $\rho^2 \to 1$일수록 오차의 분산 $Var(\epsilon)$이 작다, 즉 $\tilde{y}$가 y 값을 잘 추정할 수 있다, 즉

$$y = \alpha + \beta x + \epsilon \approx \tilde{y} = \alpha + \beta x \text{ (모집단 회귀식)}$$

정리하면, ρ^2는 단순회귀모델의 상관계수로서, 모집단 회귀식 $\tilde{y}$ 이 모집단 자료 y를 얼마나 잘 추정하는지 보여준다.

하지만, ρ^2는 모집단의 상관계수이므로 실제로 구할 수는 없으며, n개의 표본을 추출하는 방법으로 ρ^2 을 추정한다.

●●●

이제 n개의 표본으로부터 다음을 얻을 수 있고,

$$r^2 = \frac{S(x,y)^2}{S(x) \cdot S(y)}$$

이것을 결정계수(Coefficient of determinent, R-squared)라 부른다. 여기는 r는 앞에서 이미 배운 표본 상관계수와 같다. 위의 식을 풀어서 표현해보자.

$$S(x,y) = \frac{1}{n-1}\sum_{i=1}^{n}(x_i - E(x))(y_i - E(y))$$

$$S(x,x) = S(x) = \frac{1}{n-1}\sum_{i=1}^{n}(x_i - E(x))^2$$

$$S(y,y) = S(y) = \frac{1}{n-1}\sum_{i=1}^{n}(y_i - E(y))^2$$

그리고 결정계수는 $0 \le r^2 \le 1$의 값을 가지므로, $r^2 \to 1$ 일 때 표본회귀식 $\hat{y} = a + bx$은 실제 n개의 자료를 잘 추정한다.

이것을 그림으로 표현하면 다음과 같다.

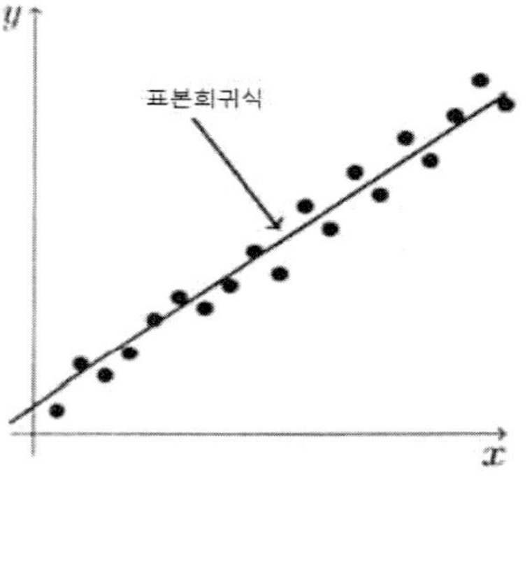

2.6 평균제곱오차(MSE, Mean squared error)

n개의 표본자료에 대하여 잔차의 제곱의 평균(MSE)을 구해보자.

먼저 n개의 표본자료와 임의의 표본회귀선

$$\hat{y_i} = a + b\,x_i \ (i = 1,2,\cdots,n)$$

을 선택하자. 그리고 잔차

$$e_i = y_i - \hat{y} = y_i - (a + b\,x_i)\ (\,i = 1,2,\cdots,n)$$

를 구하고, 이것을 제곱하면 다음과 같다.

$$e_i^2 = (\,y_i - \hat{y}\,)^2 = (\,y_i - (a + b\,x_i)\,)^2 \quad (\,i = 1,2,\cdots,n)$$

다음 n개의 자료에 대하여 모든 잔차의 제곱을 합하는 즉 잔차제곱의 합 SSE(Sum of squares for error)은

$$SSE = \sum_{i=1}^{n} e_i^2 = \sum_{i=1}^{n} (y_i - \hat{y}\,)^2 = \sum_{i=1}^{n} (y_i - (a + b\,x_i)\,)^2 = \sum_{i=1}^{n} (y_i - a - b\,x_i\,)^2$$

이다. 여기서

$$b = \frac{S(x,y)}{S(x,x)}, \quad a = E(y) - b\,E(x)$$

이기 때문에 잔차제곱의 합(SSE)은 자유도 $(n-2)$를 가진다.

이유는 자료에서 평균이 주어져야 하므로 자료의 임의의 하나의 원소는 없어도 평균을 이용하면 그것을 얻을 수 있고, 다음 분산을 알아야 하기에 또 다른 하나의 원소는 주어진 평균과 분산을 이용하면 얻을 수 있기에 즉 순수 자유로운 자료는 $(n-2)$개다. 즉 n개 자료와 그것의 평균, 분산이 주어진다면 n개의 자료 중에서 임의의 2개의 원소는 없어도 구해지므로, 2개의 원소는 다른 원소들에 종속된 원소 이고, 나머지 $(n-2)$는 독립적인 원소인 것이다. 그래서 자유로운 원소의 개수는 즉 자유도는 $(n-2)$이다.

예를 들어, 자유도의 개념을 알아보자.

1.자료 $\{1, 2, 3, 4\}$: 자유도는 4

2. 자료 $\{1,2,3,4\}$, $E(x) = 2.5$: 자유도는 3

3. 자료 $\{1,2,3,4\}$, $E(x) = 2.5$, $S(x) = 5$: 자유도는 2

따라서 잔차제곱의 합 SSE가 자유도 $(n-2)$를 가지기 때문에 잔차제곱의 평균 즉 평균제곱오차 MSE는 다음과 같다.

$$MSE = \frac{SSE}{n-2} = \frac{\sum_{i=1}^{n} e_i^2}{n-2} = \frac{\sum_{i=1}^{n} (y_i - a - b\,x_i)^2}{n-2}$$

따라서 MSE 는 단순회귀모형의 표본분산과 같다.

그리고 다음이 잘 알려져 있다.

$$MSE \approx \sigma^2 \text{ (모집단 오차항의 분산)}$$

즉 MSE 는 모집단 오차항의 분산 σ^2 의 불편추정이다.

2.7 회귀계수 추정값의 평균과 분산

모집단 전체를 알기 위해 단순회귀분석의 경우에 주로 표본을 사용하였고, 즉 단순회귀분석에서 표본을 사용하여 표본회귀선을 구했다. 그리고 표본 회귀식을 얻기 위해 표본의 회귀계수를 구하였다.

이번에는 표본들을 통하여 표본의 회귀계수 a, b 의 평균과 분산을 구해보자.

먼저 모집단의 단순회귀모델은

$$y_i = \alpha + \beta x_i + \epsilon_i$$

$$\tilde{y_i} = \alpha + \beta\, x_i \text{ (모집단 회귀식)}$$

$$\epsilon_i \sim N(0, \sigma^2), \text{ 오차 } \epsilon_i \text{ 은 } x_i \text{ 와 독립}$$

$$(i = 1, 2, \cdots, m)$$

을 가정한다. 그리고 전체자료 중에서 n 개의 표본을 추출하여 얻은 표본 회귀식은

$$\hat{y_i} = a + b\,x_i \;(i = 1,2,\cdots,n\,;\, n < m)$$

이다. 그러면 표본회귀계수 a, b 는 회귀계수 α, β 의 추정값이고, 따라서

$$a, b \text{ 의 평균과 분산}$$

을 다음에서 구해보자.

앞 2.3절에서

$$b = \frac{S(x, y)}{S(x)} \text{ 와 } a = E(y) - b\,E(x)$$

을 이미 배웠고, 여기에 필요한 표본의 분산과 평균의 공식은 다음과 같다.

$$S(x,y) = \frac{1}{n-1} \sum_{i=1}^{n} (x_i - E(x))\,(y_i - E(y))$$

$$S(x,x) = S(x) = \frac{1}{n-1} \sum_{i=1}^{n} (x_i - E(x))^2$$

$$E(x) = \frac{x_1 + x_2 + \cdots + x_n}{n}, \quad E(y) = \frac{y_1 + y_2 + \cdots + y_n}{n}$$

(1) 추정값 b (기울기)의 평균과 분산

$$b = \frac{S(x, y)}{S(x)} = \frac{\frac{1}{n-1}\sum_{i=1}^{n}(x_i - E(x))(y_i - E(y))}{\frac{1}{n-1}\sum_{i=1}^{n}(x_i - E(x))^2} = \frac{\sum_{i=1}^{n}(x_i - E(x))(y_i - E(y))}{\sum_{i=1}^{n}(x_i - E(x))^2}$$

위 식의 분자를 간단하게 고치면

$$\begin{aligned}\sum_{i=1}^{n}(x_i - E(x))(y_i - E(y)) &= \sum_{i=1}^{n}(x_i - E(x)) \cdot y_i - \sum_{i=1}^{n}(x_i - E(x)) \cdot E(y) \\ &= \sum_{i=1}^{n}(x_i - E(x)) \cdot y_i - 0 \cdot E(y) \\ &= \sum_{i=1}^{n}(x_i - E(x)) \cdot y_i\end{aligned}$$

이고, 따라서

$$b = \frac{S(x, y)}{S(x)} = \frac{\sum_{i=1}^{n}(x_i - E(x)) \cdot y_i}{\sum_{i=1}^{n}(x_i - E(x))^2} = \frac{(x_1 - E(x))y_1 + (x_2 - E(x))y_2 + \cdots + (x_n - E(x))y_n}{\sum_{i=1}^{n}(x_i - E(x))^2}$$

$$= \frac{(x_1 - E(x))}{\sum_{i=1}^{n}(x_i - E(x))^2} y_1 + \frac{x_1 - E(x)}{\sum_{i=1}^{n}(x_i - E(x))^2} y_2 + \cdots + \frac{x_n - E(x))}{\sum_{i=1}^{n}(x_i - E(x))^2} y_n$$

위 식에서 편의상

$$g_j = \frac{x_j - E(x)}{\sum_{i=1}^{n}(x_i - E(x))^2} \quad (j = 1, 2, \cdots, n)$$

라 치환하면

$b = g_1 y_1 + g_2 y_2 + \cdots + g_n y_n$

이 된다. 그러면 식

$$g_j = \frac{x_j - E(x)}{\sum_{i=1}^{n}(x_i - E(x))^2}$$

에 대하여

1. $$\sum_{j=1}^{n} g_j = \frac{\sum_{j=1}^{n}(x_j - E(x))}{\sum_{i=1}^{n}(x_i - E(x))^2} = 0 \quad \left(\because \sum_{j=1}^{n}(x_j - E(x)) = 0 \right)$$

2.

$$g_1 x_1 + g_2 x_2 + \cdots + g_n x_n = \sum_{j=1}^{n} g_j x_j$$
$$= \frac{\sum_{j=1}^{n}(x_j - E(x))\, x_j}{\sum_{i=1}^{n}(x_i - E(x))^2} = \frac{\sum_{j=1}^{n}(x_j - E(x))\,(x_j - E(x))}{\sum_{i=1}^{n}(x_i - E(x))^2} = 1 \quad \left(\because \sum_{j=1}^{n}(x_j - E(x))\, E(x) = 0 \right)$$

3. $g_j^2 = \left(\dfrac{x_j - E(x)}{\sum_{i=1}^{n}(x_i - E(x))^2} \right)^2$라 두고 이항을 합하면

$$\sum_{j=1}^{n} g_j^2 = \sum_{j=1}^{n} \left(\frac{x_j - E(x)}{\sum_{i=1}^{n}(x_i - E(x))^2} \right)^2 = \frac{1}{\left(\sum_{i=1}^{n}(x_i - E(x))^2 \right)^2} \left(\sum_{j=1}^{n}(x_j - E(x))^2 \right)$$
$$= \frac{1}{\left(\sum_{i=1}^{n}(x_i - E(x))^2 \right)}$$

위 결과를 이용하여 b의 평균과 분산을 구하자.

바로 앞에서

$$b = \sum_{i=1}^{n} g_i y_i = \sum_{i=1}^{n} g_i(\alpha + \beta x_i)$$

이므로 평균은

$$(\text{평균})\ E(b) = E\left(\sum_{i=1}^{n} g_i y_i \right) = E(g_1 y_1 + \cdots + g_n y_n) = g_1 E(y_1) + \cdots + g_n E(y_n)$$
$$= \sum_{i=1}^{n} g_i E(y_i) = \sum_{i=1}^{n} g_i E(\alpha + \beta x_i) = \alpha \sum_{i=1}^{n} g_i + \beta \sum_{i=1}^{n} g_i x_i = \alpha \times 0 + \beta \times 1 = \beta$$

이다.

다음 분산은

$$
\begin{aligned}
Var(b) &= Var(\sum_{i=1}^{n} g_i\, y_i) = Var(g_1 y_1 + g_2 y_2 + \cdots + g_n y_n) \\
&= g_1^2\, Var(y_1) + g_2^2\, Var(y_2) + \cdots + g_n^2\, Var(y_n) \\
&= \sum_{i=1}^{n} g_i^2\, Var(y_i) = \sum_{i=1}^{n} g_i^2\, \sigma^2 \;\; (\because\; Var(y_i) = Var(\alpha + \beta x_i + \epsilon_i) = Var(\epsilon_i) = \sigma^2) \\
&= \sigma^2 \sum_{i=1}^{n} g_i^2
\end{aligned}
$$

바로 앞 3의 결과를 대입하면

$$
Var(b) = \frac{\sigma^2}{\left(\sum_{i=1}^{n} (x_i - E(x))^2\right)}
$$

을 얻는다. 그리고 표본의 자료를 생각한다면,

$$
S^2(b) = \frac{MSE}{\left(\sum_{i=1}^{n} (x_i - E(x))^2\right)}
$$

이 성립한다. 앞에서

$$
MSE \approx \sigma^2 \text{ (모집단 오차항의 분산)}
$$

즉 MSE는 모집단 오차항의 분산 σ^2 의 불편추정이므로, 따라서

$$
S^2(b) \approx Var(b)
$$

즉 $S^2(b)$는 $Var(b)$의 불편추정량이다.

(2) 추정값 a (절편)의 평균과 분산

$a = E(y) - b\,E(x)$이므로

1. 평균

$$
\begin{aligned}
E(a) &= E(E(y) - bE(x)) = E(E(y)) - E(b)E(E(x)) = E(y) - \beta\, E(x) \\
&= E(\alpha + \beta x + \epsilon) - \beta E(x) = \alpha + \beta E(x) + E(\epsilon) - \beta E(x) = \alpha
\end{aligned}
$$

2. 분산

분산을 구하기 전에 분산의 공식을 먼저 익혀두자.

$$
Var(ax + by) = a^2\, Var(x) + b^2\, Var(y) + 2ab\, Cov(x, y)
$$

위의 공식을 이용하면

$$
a = E(y) - b\,E(x)
$$

의 분산은 다음과 같다.

$$Var(a) = Var(E(y) - bE(x)) = Var(E(y)) + E(x)^2 Var(b) - 2E(x)\, Cov(E(y), b)$$

$$= Var(E(y)) + E(x)^2 Var(b) \ (\because \ Cov(E(y), b) = 0)$$

$$= \frac{\sigma^2}{n} + E(x)^2 \frac{\sigma^2}{\sum_{i=1}^{n}(x_i - E(x))^2} = \sigma^2 \left(\frac{1}{n} + \frac{E(x)^2}{\sum_{i=1}^{n}(x_i - E(x))^2} \right)$$

위에서

$$Var(E(y)) = \frac{\sigma^2}{n}$$

이 성립하는 이유는 다음과 같다.

$$Var(E(y)) = Var\left(\frac{y_1 + y_2 + \cdots + y_n}{n}\right) = \frac{1}{n^2} Var(y_1 + y_2 + \cdots + y_n)$$

$$= \frac{1}{n^2}(Var(y_1) + Var(y_2) + \cdots + Var(y_n)) = \frac{1}{n^2}\, n\, \sigma^2 = \frac{\sigma^2}{n}$$

2.8 회귀계수 추정값의 분포

이제 회귀계수의 추정값이 어떤 분포를 가지는 것에 대하여 알아보자. 즉

$\dfrac{b-\beta}{S(b)}$, $\dfrac{a-\alpha}{S(a)}$ 은 어떤 분포를 가지는가?

먼저 알아야 할 기본 내용은 다음과 같다.

카이제곱분포를 따르는 정규분포

모집단이 정규분포인 $N(\mu, \sigma^2)$이고, 임의로 n개의 표본 $x_1, x_2, \cdots, x_n$ 추출할 때 표본분산 S^2 에 대하여 다음이 성립한다.

$$\frac{(n-1)S^2}{\sigma^2} = \sum_{i=1}^{n} \frac{(x_i - E(x))^2}{\sigma^2}$$

은 자유도가 $(n-1)$인 카이제곱분포 즉 $\chi^2(n-1)$를 따른다.

위의 내용을 이용해서 회귀계수의 추정값은 어떤 분포를 가지는지 알아보자.

가정으로부터

$$\frac{b-\beta}{\sigma(b)} \sim N(0, 1^2)$$

이 성립한다. 그리고 식을 변형하면

$$\frac{b-\beta}{S(b)} = \frac{\dfrac{b-\beta}{\sigma(b)}}{\dfrac{S(b)}{\sigma(b)}}$$

이고, 이제 위 식의 분모

$$\frac{S(b)}{\sigma(b)}$$

을 제곱하여 관찰하면

$$\frac{S^2(b)}{\sigma^2(b)} = \frac{S^2(b)}{Var(b)} = \frac{\dfrac{MSE}{\sum_{i=1}^{n}(x_i - E(x))^2}}{\dfrac{\sigma^2}{\sum_{i=1}^{n}(x_i - E(x))^2}} = \frac{MSE}{\sigma^2} = \frac{\dfrac{SSE}{n-2}}{\sigma^2} = \frac{SSE}{\sigma^2(n-2)}$$

앞의 기본 내용에서 편차 제곱의 합은 자유도가 (n-1)인 카이제곱을 따르고, 잔차 제곱의 합은 자유도가 $(n-2)$ 인 카이제곱을 따른다. 즉

$$\sum_{i=1}^{n} \frac{(x_i - E(x))^2}{\sigma^2} \sim \chi^2(n-1)$$

이고

$$\frac{SSE}{\sigma^2} = \sum_{i=1}^{n} \frac{(y_i - \hat{y})^2}{\sigma^2} \sim \chi^2(n-2)$$

이다. 따라서

$$\frac{S^2(b)}{\sigma^2(b)} = \frac{SSE}{\sigma^2(n-2)} \sim \frac{\chi^2(n-2)}{(n-2)}, \ \frac{b-\beta}{\sigma(b)} \sim N(0, 1^2)$$

이므로

$$\frac{b-\beta}{S(b)} = \frac{\dfrac{b-\beta}{\sigma(b)}}{\dfrac{S(b)}{\sigma(b)}} \sim \frac{z}{\sqrt{\dfrac{\chi^2(n-2)}{n-2}}} = t(n-2)$$

이 성립한다. 이유는 t-분포 정의에서

$$t(v) = \frac{z}{\sqrt{\dfrac{\chi^2(v)}{v}}} \ (z \text{ 와 } \chi^2(v) \text{는 서로 독립})$$

이 성립하기 때문이다.

같은 방법으로

$$\frac{a-\alpha}{S(a)} \sim t(n-2)$$

이 성립한다.

정리하면 다음과 같다.

$$\frac{b-\beta}{S(b)} \sim t(n-2),$$

$$\frac{a-\alpha}{S(a)} \sim t(n-2)$$

즉 회귀계수의 추정값은 자유도가 $(n-2)$ 인 t-분포를 따른다.

2.9 회귀계수의 구간추정

이번에는 모집단의 회계계수의 구간 추정에 대하여 알아보고자 한다.

먼저 기울기 β 의 구간추정을 해보자.

회귀계수 추정값은 t-분포를 따르고, 신뢰도 $(1-\alpha')$를 갖는 확률 구간은 다음과 같이 표현된다.

$$P\left[-t_{\alpha'/2}(n-2) \le \frac{b-\beta}{S(b)} \le t_{\alpha'/2}(n-2)\right] = 1-\alpha'$$

$$\Leftrightarrow P\left[b-t_{\alpha'/2}(n-2)S(b) \le \beta \le b+t_{\alpha'/2}(n-2)S(b)\right] = 1-\alpha'$$

참고로 보통은 신뢰구간 $(1-\alpha)$를 사용하는데 회귀계수 α 의 혼동을 피하기 위해 $(1-\alpha')$의 기호 사용하였다.

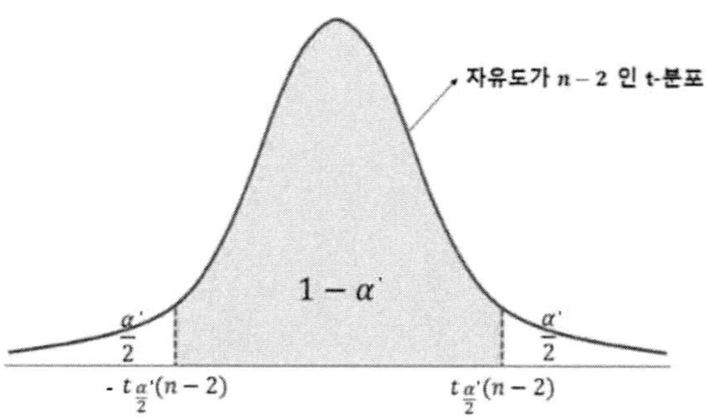

참고로 신뢰구간의 식 안에 있는 $S(b)$는

$$S^2(b) = \frac{MSE}{\sum_{i=1}^{n}(x_i - E(x))^2}$$

으로부터 얻어진다. 같은 방법으로 y-절편에 대한 구간추정은 다음과 같다.

$$P\left[-t_{\alpha'/2}(n-2) \le \frac{a-\alpha}{S(a)} \le t_{\alpha'/2}(n-2)\right] = 1-\alpha'$$

$$\Leftrightarrow P\left[a - t_{\alpha'/2}(n-2)S(a) \le \alpha \le a + t_{\alpha'/2}(n-2)S(a)\right] = 1-\alpha'$$

나눔문제

예제 1. 아래의 표에 주어진 두 변수 X 와 Y 의 데이터에 대하여 다음 작업을 수행하시오.

X	1	2	3	4	5	6	7	8	9	10
Y	26	23	21	24	16	15	12	11	5	4

(1) 산점도를 그려보시오.

(2) 최소제곱 추정법(LSE)의 방정식을 이용하여 회귀선 $Y = \beta_0 + \beta_1 X$ 을 추정하시오.

예제 2. 아래의 표는 모바일 홍보비(X)와 신규고객 수(Y)의 자료가 주어져 있다.

X	50	100	150	200	250
Y	50	50	100	100	200

(1) 어떤 선형식을 이용한 Y 의 추정치를 $\hat{y}$라고 할 때 $\sum(y-\hat{y}) = 0$이 되는 하나의 선형식을 찾아보고, 그 식에서 나오는 $\sum(y-\hat{y})^2$을 구하시오.

(2) 최소제곱 추정법의 방정식을 이용한 회귀식을 찾아보고 그 식에서 나오는 $\sum(y-\hat{y})$와 $\sum(y-\hat{y})^2$을 구하시오.

예제 3. 두 변수 X와 Y에 대한 아래의 자료에 대하여 다음 작업을 수행하시오.

X	1	2	3	4	5
Y	15	19	21	22	26

(1) $Y = \beta_0 + \beta_1 X$의 회귀선을 추정하시오.

(1) 유의수준 $\alpha = 0.01$에서 β_0의 신뢰구간을 구하시오.

(1) 유의수준 $\alpha = 0.01$에서 β_1의 신뢰구간을 구하시오.

이항분포표

$$P(X=x)={}_nC_x\,\pi^x(1-\pi)^{n-x}$$

n	x	0.05	0.10	0.15	0.20	0.25	0.30	0.35	0.40	0.45	0.50
1	0	.9500	.9000	.8500	.8000	.7500	.7000	.6500	.6000	.5500	.5000
	1	.0500	.1000	.1500	.2000	.2500	.3000	.3500	.4000	.4500	.5000
2	0	.9025	.8100	.7225	.6400	.5625	.4900	.4225	.3600	.3025	.2500
	1	.0950	.1800	.2550	.3200	.3750	.4200	.4550	.4800	.4950	.5000
	2	.0025	.0100	.0225	.0400	.0625	.0900	.1225	.1600	.2025	.2500
3	0	.8574	.7290	.6141	.5120	.4219	.3430	.2746	.2160	.1664	.1250
	1	.1354	.2430	.3251	.3840	.4219	.4410	.4436	.4320	.4084	.3750
	2	.0071	.0270	.0574	.0960	.1406	.1890	.2389	.2880	.3341	.3750
	3	.0001	.0010	.0034	.0080	.0156	.0270	.0429	.0640	.0911	.1250
4	0	.8145	.6561	.5220	.4096	.3164	.2401	.1785	.1296	.0915	.0625
	1	.1715	.2916	.3685	.4096	.4219	.4116	.3845	.3456	.2995	.2500
	2	.0135	.0486	.0975	.1536	.2109	.2646	.3105	.3456	.3675	.3750
	3	.0005	.0036	.0115	.0256	.0469	.0756	.1115	.1536	.2005	.2500
	4	.0000	.0001	.0005	.0016	.0039	.0081	.0150	.0256	.0410	.0625
5	0	.7738	.5905	.4437	.3277	.2373	.1681	.1160	.0778	.0503	.0312
	1	.2036	.3280	.3915	.4096	.3955	.3602	.3124	.2592	.2059	.1562
	2	.0214	.0729	.1382	.2048	.2637	.3087	.3364	.3456	.3369	.3125
	3	.0011	.0081	.0244	.0512	.0879	.1323	.1811	.2304	.2757	.3125
	4	.0000	.0004	.0022	.0064	.0146	.0248	.0488	.0768	.1128	.1562
	5	.0000	.0000	.0001	.0003	.0010	.0024	.0053	.0102	.0185	.0132
6	0	.7351	.5314	.3771	.2621	.1780	.1176	.0754	.0467	.0277	.0156
	1	.2321	.3543	.3993	.3932	.3560	.3025	.2437	.1866	.1359	.0938
	2	.0305	.0984	.1762	.2458	.2966	.3241	.3280	.3110	.2780	.2344
	3	.0021	.0146	.0415	.0819	.1318	.1852	.2355	.2765	.3032	.3125
	4	.0001	.0012	.0055	.0154	.0330	.0595	.0951	.1385	.1861	.2344
	5	.0000	.0001	.0004	.0015	.0044	.0102	.0205	.0369	.0609	.0938
	6	.0000	.0000	.0000	.0001	.0002	.0007	.0018	.0041	.0083	.0156
7	0	.6983	.4783	.3206	.2097	.1335	.0824	.0490	.0280	.0152	.0078
	1	.2573	.3720	.3960	.3670	.3115	.2471	.1848	.1306	.0872	.0547
	2	.0406	.1240	.2097	.2753	.3115	.3177	.2985	.2613	.2140	.1641
	3	.0036	.0230	.0617	.1147	.1730	.2269	.2679	.2903	.2918	.2734
	4	.0002	.0026	.0109	.0287	.0577	.0972	.1442	.1935	.2388	.2734
	5	.0000	.0002	.0012	.0043	.0115	.0250	.0466	.0774	.1172	.1641
	6	.0000	.0000	.0001	.0004	.0013	.0036	.0084	.0172	.0320	.0547
	7	.0000	.0000	.0000	.0000	.0001	.0002	.0006	.0016	.0037	.0078

(예: $n=3$, $x=1$, $\pi=0.05$일 때 확률은 0.1354임)

n	x	π 0.05	0.10	0.15	0.20	0.25	0.30	0.35	0.40	0.45	0.50
8	0	.6634	.4305	.2725	.1678	.1001	.0576	.0319	.0168	.0084	.0039
	1	.2793	.3826	.3847	.3355	.2670	.1977	.1373	.0896	.0548	.0312
	2	.0515	.1488	.2376	.2936	.3115	.2965	.2587	.2090	.1569	.1094
	3	.0054	.0331	.0839	.1468	.2076	.2541	.2786	.2787	.2568	.2188
	4	.0004	.0046	.0185	.0459	.0865	.1361	.1875	.2322	.2627	.2734
	5	.0000	.0004	.0026	.0092	.0231	.0467	.0808	.1239	.1719	.2188
	6	.0000	.0000	.0002	.0011	.0038	.0100	.0217	.0413	.0703	.1094
	7	.0000	.0000	.0000	.0001	.0004	.0012	.0033	.0079	.0164	.0312
	8	.0000	.0000	.0000	.0000	.0000	.0001	.0002	.0007	.0017	.0039
9	0	.6302	.3874	.2316	.1342	.0751	.0404	.0207	.0101	.0046	.0020
	1	.2985	.3874	.3679	.3020	.2253	.1556	.1004	.0605	.0339	.0176
	2	.0629	.1722	.2597	.3020	.3003	.2668	.2162	.1612	.1110	.0703
	3	.0077	.0446	.1069	.1762	.2336	.2668	.2716	.2608	.2119	.1641
	4	.0006	.0074	.0283	.0661	.1168	.1715	.2194	.2508	.2600	.2461
	5	.0000	.0008	.0050	.0165	.0389	.0735	.1181	.1672	.2128	.2461
	6	.0000	.0001	.0006	.0028	.0087	.0210	.0424	.0743	.1160	.1641
	7	.0000	.0000	.0000	.0003	.0012	.0039	.0098	.0212	.0407	.0703
	8	.0000	.0000	.0000	.0000	.0001	.0004	.0013	.0035	.0083	.0176
	9	.0000	.0000	.0000	.0000	.0000	.0000	.0001	.0003	.0008	.0020
10	0	.5987	.3487	.1969	.1074	.0563	.0282	.0135	.0060	.0025	.0010
	1	.3151	.3874	.3474	.2684	.1877	.1211	.0725	.0403	.0207	.0098
	2	.0746	.1937	.2759	.3020	.2816	.2335	.1757	.1209	.0763	.0439
	3	.0105	.0574	.1298	.2013	.2503	.2668	.2522	.2150	.1665	.1172
	4	.0010	.0112	.0401	.0881	.1460	.2001	.2377	.2508	.2384	.2051
	5	.0001	.0015	.0085	.0264	.0584	.1029	.1536	.2007	.2340	.2461
	6	.0000	.0001	.0012	.0055	.0162	.0368	.0689	.1115	.1596	.2051
	7	.0000	.0000	.0001	.0008	.0031	.0090	.0212	.0425	.0746	.1172
	8	.0000	.0000	.0000	.0001	.0004	.0014	.0043	.0106	.0229	.0439
	9	.0000	.0000	.0000	.0000	.0000	.0001	.0005	.0016	.0042	.0098
	10	.0000	.0000	.0000	.0000	.0000	.0000	.0000	.0001	.0003	.0010
11	0	.5688	.3138	.1673	.0859	.0422	.0198	.0088	.0036	.0014	.0005
	1	.3293	.3835	.3248	.2362	.1549	.0932	.0518	.0266	.0125	.0054
	2	.0867	.2131	.2866	.2953	.2581	.1998	.1395	.0887	.0513	.0269
	3	.0137	.0710	.1517	.2215	.2581	.2568	.2254	.1774	.1259	.0806
	4	.0014	.0158	.0536	.1107	.1721	.2201	.2428	.2365	.2060	.1611
	5	.0001	.0025	.0132	.0388	.0803	.1321	.1830	.2207	.2360	.2256
	6	.0000	.0003	.0023	.0097	.0268	.0566	.0985	.1471	.1931	.2256
	7	.0000	.0000	.0003	.0017	.0064	.0173	.0379	.0701	.1128	.1611
	8	.0000	.0000	.0000	.0002	.0011	.0037	.0102	.0234	.0462	.0806
	9	.0000	.0000	.0000	.0000	.0001	.0005	.0018	.0052	.0126	.0269
	10	.0000	.0000	.0000	.0000	.0000	.0000	.0002	.0007	.0021	.0054
	11	.0000	.0000	.0000	.0000	.0000	.0000	.0000	.0000	.0002	.0005

						π					
n	x	0.05	0.10	0.15	0.20	0.25	0.30	0.35	0.40	0.45	0.50
12	0	.5404	.2824	.1422	.0687	.0317	.0138	.0057	.0022	.0008	.0002
	1	.3413	.3766	.3012	.2062	.1267	.0712	.0368	.0174	.0075	.0029
	2	.0988	.2301	.2924	.2835	.2323	.1678	.1088	.0639	.0339	.0161
	3	.0173	.0852	.1720	.2362	.2581	.2397	.1954	.1419	.0923	.0537
	4	.0021	.0213	.0683	.1329	.1936	.2311	.2367	.2128	.1700	.1208
	5	.0002	.0038	.0193	.0532	.1032	.1585	.2039	.2270	.2225	.1934
	6	.0000	.0005	.0040	.0155	.0401	.0792	.1281	.1766	.2124	.2256
	7	.0000	.0000	.0006	.0033	.0115	.0291	.0591	.1009	.1489	.1934
	8	.0000	.0000	.0001	.0005	.0024	.0078	.0199	.0420	.0762	.1208
	9	.0000	.0000	.0000	.0001	.0004	.0015	.0048	.0125	.0277	.0537
	10	.0000	.0000	.0000	.0000	.0000	.0002	.0008	.0025	.0068	.0161
	11	.0000	.0000	.0000	.0000	.0000	.0000	.0001	.0003	.0010	.0029
	12	.0000	.0000	.0000	.0000	.0000	.0000	.0000	.0000	.0001	.0002
13	0	.5133	.2542	.1209	.0550	.0238	.0097	.0037	.0013	.0004	.0001
	1	.3512	.3672	.2774	.1787	.1029	.0540	.0259	.0113	.0045	.0016
	2	.1109	.2448	.2937	.2680	.2059	.1388	.0836	.0453	.0220	.0095
	3	.0214	.0997	.1900	.2457	.2517	.2181	.1651	.1107	.0660	.0349
	4	.0028	.0277	.0838	.1535	.2097	.2337	.2222	.1845	.1350	.0873
	5	.0003	.0055	.0266	.0691	.1258	.1803	.2154	.2214	.1989	.1571
	6	.0000	.0008	.0063	.0230	.0559	.1030	.1546	.1968	.2169	.2095
	7	.0000	.0001	.0011	.0058	.0186	.0442	.0833	.1312	.1775	.2095
	8	.0000	.0000	.0001	.0011	.0047	.0142	.0336	.0656	.1086	.1571
	9	.0000	.0000	.0000	.0001	.0009	.0034	.0101	.0243	.0495	.0873
	10	.0000	.0000	.0000	.0000	.0001	.0006	.0022	.0065	.0162	.0349
	11	.0000	.0000	.0000	.0000	.0000	.0001	.0003	.0012	.0036	.0095
	12	.0000	.0000	.0000	.0000	.0000	.0000	.0000	.0001	.0005	.0016
	13	.0000	.0000	.0000	.0000	.0000	.0000	.0000	.0000	.0000	.0001
14	0	.4877	.2288	.1028	.0440	.0178	.0063	.0024	.0008	.0002	.0001
	1	.3593	.3559	.2539	.1539	.0832	.0407	.0181	.0073	.0027	.0009
	2	.1229	.2570	.2912	.2501	.1802	.1134	.0634	.0317	.0141	.0056
	3	.0259	.1142	.2056	.2501	.2402	.1943	.1366	.0845	.0462	.0222
	4	.0057	.0349	.0998	.1720	.2202	.2290	.2022	.1549	.1040	.0611
	5	.0004	.0078	.0352	.0860	.1468	.1963	.2178	.2066	.1701	.1222
	6	.0000	.0013	.0093	.0322	.0734	.1262	.1759	.2066	.2088	.1833
	7	.0000	.0002	.0019	.0092	.0280	.0618	.1082	.1574	.1952	.2095
	8	.0000	.0000	.0003	.0020	.0082	.0232	.0510	.0918	.1398	.1833
	9	.0000	.0000	.0000	.0003	.0018	.0066	.0183	.0408	.0762	.1222
	10	.0000	.0000	.0000	.0000	.0003	.0014	.0049	.0136	.0312	.0611
	11	.0000	.0000	.0000	.0000	.0000	.0002	.0010	.0033	.0093	.0222
	12	.0000	.0000	.0000	.0000	.0000	.0000	.0001	.0005	.0019	.0056
	13	.0000	.0000	.0000	.0000	.0000	.0000	.0000	.0001	.0002	.0009
	14	.0000	.0000	.0000	.0000	.0000	.0000	.0000	.0000	.0000	.0001

n	x	0.05	0.10	0.15	0.20	0.25	0.30	0.35	0.40	0.45	0.50
15	0	.4633	.2059	.0874	.0352	.0134	.0047	.0016	.0005	.0001	.0000
	1	.3658	.3432	.2312	.1319	.0668	.0305	.0126	.0047	.0016	.0005
	2	.1348	.2669	.2856	.2309	.1559	.0916	.0476	.0219	.0090	.0032
	3	.0307	.1285	.2184	.2501	.2252	.1700	.1110	.0634	.0318	.0139
	4	.0049	.0428	.1156	.1876	.2252	.2186	.1792	.1268	.0780	.0417
	5	.0006	.0105	.0449	.1032	.1651	.2061	.2123	.1859	.1404	.0916
	6	.0000	.0019	.0132	.0430	.0917	.1472	.1906	.2066	.1914	.1527
	7	.0000	.0003	.0030	.0138	.0393	.0811	.1319	.1771	.2013	.1964
	8	.0000	.0000	.0005	.0035	.0131	.0348	.0710	.1181	.1647	.1964
	9	.0000	.0000	.0001	.0007	.0034	.0116	.0298	.0612	.1048	.1527
	10	.0000	.0000	.0000	.0001	.0007	.0030	.0096	.0245	.0515	.0916
	11	.0000	.0000	.0000	.0000	.0001	.0006	.0024	.0074	.0191	.0417
	12	.0000	.0000	.0000	.0000	.0000	.0001	.0004	.0016	.0052	.0139
	13	.0000	.0000	.0000	.0000	.0000	.0000	.0001	.0003	.0010	.0032
	14	.0000	.0000	.0000	.0000	.0000	.0000	.0000	.0000	.0001	.0005
	15	.0000	.0000	.0000	.0000	.0000	.0000	.0000	.0000	.0000	.0000

포아송분포표

$$P(X=x)=\frac{e^{-\lambda}\lambda^{x}}{x!}$$

x	λ 0.1	0.2	0.3	0.4	0.5	0.6	0.7	0.8	0.9	1.0
0	.9048	.8187	.7408	.6703	.6065	.5488	.4966	.4493	.4066	.3679
1	.0905	.1637	.2222	.2681	.3033	.3293	.3476	.3595	.3659	.3679
2	.0045	.0164	.0333	.0536	.0758	.0988	.1217	.1438	.1647	.1839
3	.0002	.0011	.0033	.0072	.0126	.0198	.0284	.0383	.0494	.0613
4	.0000	.0001	.0003	.0007	.0016	.0030	.0050	.0077	.0111	.0153
5	.0000	.0000	.0000	.0001	.0002	.0004	.0007	.0012	.0020	.0031
6	.0000	.0000	.0000	.0000	.0000	.0000	.0001	.0002	.0003	.0005
7	.0000	.0000	.0000	.0000	.0000	.0000	.0000	.0000	.0000	.0001

x	λ 1.1	1.2	1.3	1.4	1.5	1.6	1.7	1.8	1.9	2.0
0	.3329	.3012	.2725	.2466	.2231	.2019	.1827	.1653	.1496	.1353
1	.3662	.3614	.3543	.3452	.3347	.3230	.3106	.2975	.2842	.2707
2	.2014	.2169	.2303	.2417	.2510	.2584	.2640	.2678	.2700	.2707
3	.0738	.0867	.0998	.1128	.1255	.1378	.1496	.1607	.1710	.1804
4	.0203	.0260	.0324	.0395	.0471	.0551	.0636	.0723	.0812	.0902
5	.0045	.0062	.0084	.0111	.0141	.0176	.0216	.0260	.0309	.0361
6	.0008	.0012	.0018	.0026	.0035	.0047	.0061	.0078	.0098	.0120
7	.0001	.0002	.0003	.0005	.0008	.0011	.0015	.0020	.0027	.0034
8	.0000	.0000	.0001	.0001	.0001	.0002	.0003	.0005	.0006	.0009
9	.0000	.0000	.0000	.0000	.0000	.0000	.0001	.0001	.0001	.0002

x	λ 2.1	2.2	2.3	2.4	2.5	2.6	2.7	2.8	2.9	3.0
0	.1225	.1108	.1003	.0907	.0821	.0743	.0672	.0608	.0550	.0498
1	.2572	.2438	.2306	.2177	.2052	.1931	.1815	.1703	.1596	.1494
2	.2700	.2681	.2652	.2613	.2565	.2510	.2450	.2384	.2314	.2240
3	.1890	.1966	.2033	.2090	.2138	.2176	.2205	.2225	.2237	.2240
4	.0992	.1082	.1169	.1254	.1336	.1414	.1488	.1557	.1622	.1680
5	.0417	.0476	.0538	.0602	.0668	.0735	.0804	.0872	.0940	.1008
6	.0146	.0174	.0206	.0241	.0278	.0319	.0362	.0407	.0455	.0504
7	.0044	.0055	.0068	.0083	.0099	.0118	.0139	.0163	.0188	.0216
8	.0011	.0015	.0019	.0025	.0031	.0038	.0047	.0057	.0068	.0081
9	.0003	.0004	.0005	.0007	.0009	.0011	.0014	.0018	.0022	.0027
10	.0001	.0001	.0001	.0002	.0002	.0003	.0004	.0005	.0006	.0008
11	.0000	.0000	.0000	.0000	.0000	.0001	.0001	.0001	.0002	.0002
12	.0000	.0000	.0000	.0000	.0000	.0000	.0000	.0000	.0000	.0001

x	3.1	3.2	3.3	3.4	3.5	3.6	3.7	3.8	3.9	4.0
0	.0450	.0408	.0369	.0334	.0302	.0273	.0247	.0224	.0202	.0183
1	.1397	.1304	.1217	.1135	.1057	.0984	.0915	.0850	.0789	.0733
2	.2165	.2087	.2008	.1929	.1850	.1771	.1692	.1615	.1539	.1465
3	.2237	.2226	.2209	.2186	.2158	.2125	.2087	.2046	.2001	.1954
4	.1734	.1781	.1823	.1858	.1888	.1912	.1931	.1944	.1951	.1954
5	.1075	.1140	.1203	.1264	.1322	.1377	.1429	.1477	.1522	.1563
6	.0555	.0608	.0662	.0716	.0771	.0826	.0881	.0936	.0989	.1042
7	.0246	.0278	.0312	.0348	.0385	.0425	.0466	.0508	.0551	.0595
8	.0095	.0111	.0129	.0148	.0169	.0191	.0215	.0241	.0269	.0298
9	.0033	.0040	.0047	.0056	.0066	.0076	.0089	.0102	.0116	.0132
10	.0010	.0013	.0016	.0019	.0023	.0028	.0033	.0039	.0045	.0053
11	.0003	.0004	.0005	.0006	.0007	.0009	.0011	.0013	.0016	.0019
12	.0001	.0001	.0001	.0002	.0002	.0003	.0003	.0004	.0005	.0006
13	.0000	.0000	.0000	.0000	.0001	.0001	.0001	.0001	.0002	.0002
14	.0000	.0000	.0000	.0000	.0000	.0000	.0000	.0000	.0000	.0001

x	4.1	4.2	4.3	4.4	4.5	4.6	4.7	4.8	4.9	5.0
0	.0166	.0150	.0136	.0123	.0111	.0101	.0091	.0082	.0074	.0067
1	.0679	.0630	.0583	.0540	.0500	.0462	.0427	.0395	.0365	.0337
2	.1393	.1323	.1254	.1188	.1125	.1063	.1005	.0948	.0894	.0842
3	.1904	.1852	.1798	.1743	.1687	.1631	.1574	.1517	.1460	.1404
4	.1951	.1944	.1933	.1917	.1898	.1875	.1849	.1820	.1789	.1755
5	.1600	.1633	.1662	.1687	.1708	.1725	.1738	.1747	.1753	.1755
6	.1093	.1143	.1191	.1237	.1281	.1323	.1362	.1398	.1432	.1462
7	.0640	.0686	.0732	.0778	.0824	.0869	.0914	.0959	.1002	.1044
8	.0328	.0360	.0393	.0428	.0463	.0500	.0537	.0575	.0614	.0653
9	.0150	.0168	.0188	.0209	.0232	.0255	.0281	.0307	.0334	.0363
10	.0061	.0071	.0081	.0092	.0104	.0118	.0132	.0147	.0164	.0181
11	.0023	.0027	.0032	.0037	.0043	.0049	.0056	.0064	.0073	.0082
12	.0008	.0009	.0011	.0014	.0016	.0019	.0022	.0026	.0030	.0034
13	.0002	.0003	.0004	.0005	.0006	.0007	.0008	.0009	.0011	.0013
14	.0001	.0001	.0001	.0001	.0002	.0002	.0003	.0003	.0004	.0005
15	.0000	.0000	.0000	.0000	.0001	.0001	.0001	.0001	.0001	.0002

					λ					
x	5.1	5.2	5.3	5.4	5.5	5.6	5.7	5.8	5.9	6.0
0	.0061	.0055	.0050	.0045	.0041	.0037	.0033	.0030	.0027	.0025
1	.0311	.0287	.0650	.0244	.0225	.0207	.0191	.0176	.0162	.0149
2	.0793	.0746	.0701	.0659	.0618	.0580	.0544	.0509	.0477	.0446
3	.1348	.1293	.1239	.1185	.1133	.1082	.1033	.0985	.0938	.0892
4	.1719	.1681	.1641	.1600	.1558	.1515	.1472	.1428	.1383	.1339
5	.1753	.1748	.1740	.1728	.1714	.1697	.1678	.1656	.1632	.1606
6	.1490	.1515	.1537	.1555	.1571	.1584	.1594	.1601	.1605	.1606
7	.1086	.1125	.1163	.1200	.1234	.1267	.1298	.1326	.1353	.1377
8	.0692	.0731	.0771	.0810	.0849	.0887	.0925	.0962	.0998	.1033
9	.0392	.0423	.0454	.0486	.0519	.0552	.0586	.0620	.0654	.0688
10	.0200	.0220	.0241	.0262	.0285	.0309	.0334	.0359	.0386	.0413
11	.0093	.0104	.0116	.0129	.0143	.0157	.0173	.0190	.0207	.0225
12	.0039	.0045	.0051	.0058	.0065	.0073	.0082	.0092	.0102	.0113
13	.0015	.0018	.0021	.0024	.0028	.0032	.0036	.0041	.0046	.0052
14	.0006	.0007	.0008	.0009	.0011	.0013	.0015	.0017	.0019	.0022
15	.0002	.0002	.0003	.0003	.0004	.0005	.0006	.0007	.0008	.0009
16	.0001	.0001	.0001	.0001	.0001	.0002	.0002	.0002	.0003	.0003
17	.0000	.0000	.0000	.0000	.0000	.0000	.0001	.0001	.0001	.0001

					λ					
x	6.1	6.2	6.3	6.4	6.5	6.6	6.7	6.8	6.9	7.0
0	.0022	.0020	.0018	.0017	.0015	.0014	.0012	.0011	.0010	.0009
1	.0137	.0126	.0116	.0106	.0098	.0090	.0082	.0076	.0070	.0064
2	.0417	.0390	.0364	.0340	.0318	.0296	.0276	.0258	.0240	.0223
3	.0848	.0806	.0765	.0726	.0688	.0652	.0617	.0584	.0552	.0521
4	.1294	.1249	.1205	.1162	.1118	.1076	.1034	.0992	.0952	.0912
5	.1579	.1549	.1519	.1487	.1454	.1420	.1385	.1349	.1314	.1277
6	.1605	.1601	.1595	.1586	.1575	.1562	.1546	.1529	.1511	.1490
7	.1399	.1418	.1435	.1450	.1462	.1472	.1480	.1486	.1489	.1490
8	.1066	.1099	.1130	.1160	.1188	.1215	.1240	.1263	.1284	.1304
9	.0723	.0757	.0791	.0825	.0858	.0891	.0923	.0954	.0985	.1014
10	.0441	.0469	.0498	.0528	.0558	.0588	.0618	.0649	0679	.0710
11	.0244	.0265	.0285	.0307	.0330	.0353	.0377	.0401	.0426	.0452
12	.0124	.0137	.0150	.0164	.0179	.0194	.0210	.0227	.0245	.0263
13	.0058	.0065	.0073	.0081	.0089	.0099	.0108	.0119	.0130	.0142
14	.0025	.0029	.0033	.0037	.0041	.0046	.0052	.0058	.0064	.0071
15	.0010	.0012	.0014	.0016	.0018	.0020	.0023	.0026	.0029	.0033
16	.0004	.0005	.0005	.0006	.0007	.0008	.0010	.0011	.0013	.0014
17	.0001	.0002	.0002	.0002	.0003	.0003	.0004	.0004	.0005	.0006
18	.0000	.0001	.0001	.0001	.0001	.0001	.0001	.0002	.0002	.0002
19	.0000	.0000	.0000	.0000	.0000	.0000	.0000	.0001	.0001	.0001

					λ					
x	7.1	7.2	7.3	7.4	7.5	7.6	7.7	7.8	7.9	8.0
0	.0008	.0007	.0007	.0006	.0006	.0005	.0005	.0004	.0004	.0003
1	.0059	.0054	.0049	.0045	.0041	.0038	.0035	.0032	.0029	.0027
2	.0208	.0194	.0180	.0167	.0156	.0145	.0134	.0125	.0116	.0107
3	.0492	.0464	.0438	.0413	.0389	.0366	.0345	.0324	.0305	.0286
4	.0874	.0836	.0799	.0764	.0729	.0696	.0663	.0632	.0602	.0573
5	.1241	.1204	.1167	.1130	.1094	.1057	.1021	.0986	.0951	.0916
6	.1468	.1445	.1420	.1394	.1367	.1339	.1311	.1282	.1252	.1221
7	.1489	.1486	.1481	.1474	.1465	.1454	.1442	.1428	.1413	.1396
8	.1321	.1337	.1351	.1363	.1373	.1381	.1388	.1392	.1395	.1396
9	.1042	.1070	.1096	.1121	.1144	.1167	.1187	.1207	.1224	.1241
10	.0740	.0770	.0800	.0829	.0858	.0887	.0914	.0941	.0967	.0993
11	.0478	.0504	.0531	.0558	.0585	.0613	.0640	.0667	.0695	.0722
12	.0283	.0303	.0323	.0344	.0366	.0388	.0411	.0434	.0457	.0481
13	.0154	.0168	.0181	.0196	.0211	.0227	.0243	.0260	.0278	.0296
14	.0078	.0086	.0095	.0104	.0113	.0123	.0134	.0145	.0157	.0169
15	.0037	.0041	.0046	.0051	.0057	.0062	.0069	.0075	.0083	.0090
16	.0016	.0019	.0021	.0024	.0026	.0030	.0033	.0037	.0041	.0045
17	.0007	.0008	.0009	.0010	.0012	.0013	.0015	.0017	.0019	.0021
18	.0003	.0003	.0004	.0004	.0005	.0006	.0006	.0007	.0008	.0009
19	.0001	.0001	.0001	.0002	.0002	.0002	.0003	.0003	.0003	.0004
20	.0000	.0000	.0001	.0001	.0001	.0001	.0001	.0001	.0001	.0002
21	.0000	.0000	.0000	.0000	.0000	.0000	.0000	.0000	.0001	.0001

표준정규분포표

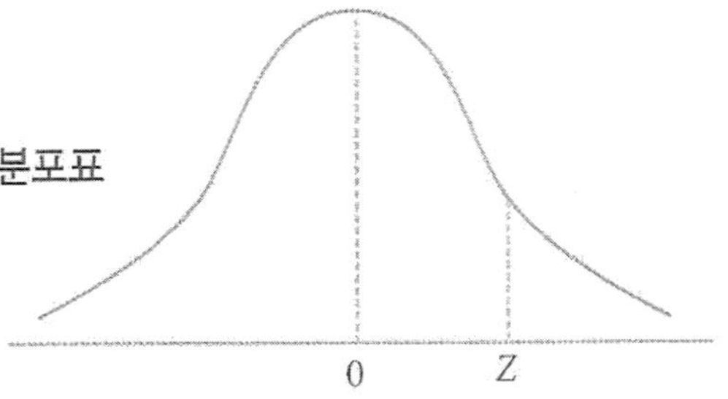

Z	0.00	0.01	0.02	0.03	0.04	0.05	0.06	0.07	0.08	0.09
0.0	.0000	.0040	.0080	.0120	.0160	.0199	.0239	.0279	.0319	.0359
0.1	.0398	.0438	.0478	.0517	.0557	.0596	.0636	.0675	.0714	.0753
0.2	.0793	.0832	.0871	.0910	.0948	.0987	.1026	.1064	.1103	.1141
0.3	.1179	.1217	.1255	.1293	.1331	.1368	.1406	.1443	.1480	.1517
0.4	.1554	.1591	.1628	.1664	.1700	.1736	.1772	.1808	.1844	.1879
0.5	.1915	.1950	.1985	.2019	.2054	.2088	.2123	.2157	.2190	.2224
0.6	.2257	.2291	.2324	.2357	.2389	.2422	.2454	.2486	.2518	.2549
0.7	.2580	.2612	.2642	.2673	.2704	.2734	.2764	.2794	.2823	.2852
0.8	.2881	.2910	.2939	.2967	.2995	.3023	.3051	.3078	.3106	.3133
0.9	.3159	.3186	.3212	.3238	.3264	.3289	.3315	.3340	.3365	.3389
1.0	.3413	.3438	.3461	.3485	.3508	.3531	.3554	.3577	.3599	.3621
1.1	.3643	.3665	.3686	.3708	.3729	.3749	.3770	.3790	.3810	.3830
1.2	.3849	.3869	.3888	.3907	.3925	.3944	.3962	.3980	.3997	.4015
1.3	.4032	.4049	.4066	.4082	.4099	.4115	.4131	.4147	.4162	.4177
1.4	.4192	.4207	.4222	.4236	.4251	.4265	.4279	.4292	.4306	.4319
1.5	.4332	.4345	.4357	.4370	.4382	.4394	.4406	.4418	.4429	.4441
1.6	.4452	.4463	.4474	.4484	.4495	.4505	.4515	.4525	.4535	.4545
1.7	.4554	.4564	.4573	.4582	.4591	.4599	.4608	.4616	.4625	.4633
1.8	.4641	.4649	.4656	.4664	.4671	.4678	.4686	.4693	.4699	.4706
1.9	.4713	.4719	.4726	.4732	.4738	.4744	.4750	.4756	.4761	.4767
2.0	.4772	.4778	.4783	.4788	.4793	.4798	.4803	.4808	.4812	.4817
2.1	.4821	.4826	.4830	.4834	.4838	.4842	.4846	.4850	.4854	.4857
2.2	.4861	.4864	.4868	.4871	.4875	.4878	.4881	.4884	.4887	.4890
2.3	.4893	.4896	.4898	.4901	.4904	.4906	.4909	.4911	.4913	.4916
2.4	.4918	.4920	.4922	.4925	.4927	.4929	.4931	.4932	.4934	.4936
2.5	.4938	.4940	.4941	.4943	.4945	.4946	.4948	.4949	.4951	.4952
2.6	.4953	.4955	.4956	.4957	.4959	.4960	.4961	.4962	.4963	.4964
2.7	.4965	.4966	.4967	.4968	.4969	.4970	.4971	.4972	.4973	.4974
2.8	.4974	.4975	.4976	.4977	.4977	.4978	.4979	.4979	.4980	.4981
2.9	.4981	.4982	.4982	.4983	.4984	.4984	.4985	.4985	.4986	.4986
3.0	.4987	.4987	.4987	.4988	.4988	.4989	.4989	.4989	.4990	.4990
4.0	.4999									

(예: Z= 1.96일 때 컬러 부분의 확률은 0.4750임)

t분포표

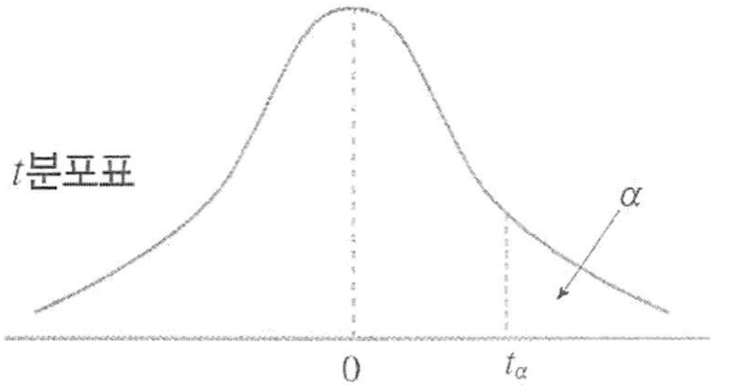

df	α 0.4	0.25	0.1	0.05	0.025	0.01	0.005
1	.325	1.000	3.078	6.314	12.706	31.821	63.657
2	.289	.817	1.886	2.920	4.303	6.965	9.925
3	.277	.765	1.638	2.353	3.182	4.541	5.841
4	.271	.741	1.533	2.132	2.776	3.747	4.604
5	.267	.727	1.476	2.015	2.571	3.365	4.032
6	.265	.718	1.440	1.943	2.447	3.143	3.707
7	.263	.711	1.415	1.895	2.365	2.998	3.499
8	.262	.706	1.397	1.860	2.306	2.896	3.355
9	.261	.703	1.383	1.833	2.262	2.821	3.250
10	.260	.700	1.372	1.812	2.228	2.764	3.169
11	.260	.697	1.363	1.796	2.201	2.718	3.106
12	.259	.695	1.356	1.782	2.179	2.681	3.055
13	.259	.694	1.350	1.771	2.160	2.650	3.012
14	.258	.692	1.345	1.761	2.145	2.624	2.977
15	.258	.691	1.341	1.753	2.131	2.602	2.947
16	.258	.690	1.337	1.746	2.120	2.583	2.921
17	.257	.689	1.333	1.740	2.110	2.567	2.898
18	.257	.688	1.330	1.734	2.101	2.552	2.878
19	.257	.688	1.328	1.729	2.093	2.539	2.861
20	.257	.687	1.325	1.725	2.086	2.528	2.845
21	.257	.686	1.323	1.721	2.080	2.518	2.831
22	.256	.686	1.321	1.717	2.074	2.508	2.819
23	.256	.685	1.319	1.714	2.069	2.500	2.807
24	.256	.685	1.318	1.711	2.064	2.492	2.797
25	.256	.684	1.316	1.708	2.060	2.485	2.787
26	.256	.684	1.315	1.706	2.056	2.479	2.779
27	.256	.684	1.314	1.703	2.052	2.473	2.771
28	.256	.683	1.313	1.701	2.048	2.467	2.763
29	.256	.683	1.311	1.699	2.045	2.462	2.756
30	.256	.683	1.310	1.697	2.042	2.457	2.750
40	.255	.681	1.303	1.684	2.021	2.423	2.704
60	.254	.679	1.296	1.671	2.000	2.390	2.660
120	.254	.677	1.289	1.658	1.980	2.358	2.617
∞	.253	.674	1.282	1.645	1.960	2.326	2.576

(예: df=15이고 t값이 2.131일 때 오른쪽 끝의 컬러 부분의 면적은 0.025임)

χ^2분포표

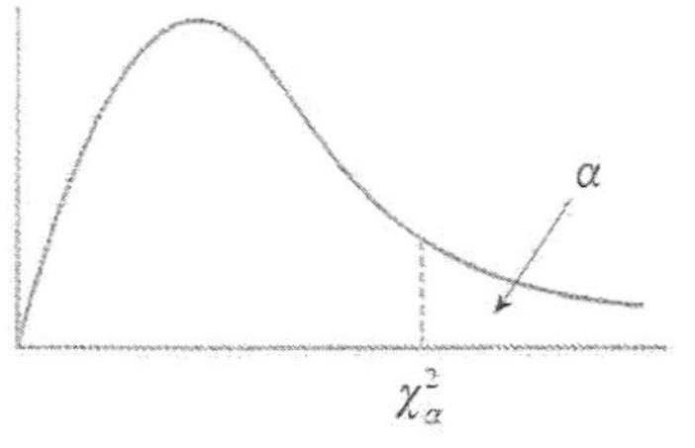

df \ α	0.995	0.990	0.975	0.950	0.900	0.750	0.500	0.250	0.100	0.050	0.025	0.010	0.005
1	.00004	.0002	.0010	.0040	.0158	.102	.455	1.32	2.71	3.84	5.02	6.63	7.88
2	.0100	.020	.051	.103	.211	.575	1.39	2.77	4.61	5.99	7.38	9.21	10.6
3	.0717	.115	.216	.352	.584	1.21	2.37	4.11	6.25	7.81	9.35	11.3	12.8
4	.207	.297	.484	.711	1.06	1.92	3.36	5.39	7.78	9.49	11.1	13.3	14.9
5	.412	.554	.831	1.15	1.61	2.68	4.35	6.63	9.24	11.1	12.8	15.1	16.7
6	.676	.872	1.24	1.64	2.20	3.46	5.35	7.84	10.6	12.6	14.4	16.8	18.5
7	.989	1.24	1.69	2.17	2.83	4.26	6.35	9.04	12.0	14.1	16.0	18.5	20.3
8	1.34	1.65	2.18	2.73	3.49	5.07	7.34	10.2	13.4	15.5	17.5	20.1	22.0
9	1.73	2.09	2.70	3.33	4.17	5.90	8.34	11.4	14.7	16.9	19.0	21.7	23.6
10	2.16	2.56	3.25	3.94	4.87	6.74	9.34	12.5	16.0	18.3	20.5	23.2	25.2
11	2.60	3.05	3.82	4.57	5.58	7.58	10.3	13.7	17.3	19.7	21.9	24.7	26.8
12	3.07	3.57	4.40	5.23	6.30	8.44	11.3	14.8	18.5	21.0	23.3	26.2	28.3
13	3.57	4.11	5.01	5.89	7.04	9.30	12.3	16.0	19.8	22.4	24.7	27.7	29.8
14	4.07	4.66	5.63	6.57	7.79	10.2	13.3	17.1	21.1	23.7	26.1	29.1	31.3
15	4.60	5.23	6.26	7.26	8.55	11.0	14.3	18.2	22.3	25.0	27.5	30.6	32.8
16	5.14	5.81	6.91	7.96	9.31	11.9	15.3	19.4	23.5	26.3	28.8	32.0	34.3
17	5.70	6.41	7.56	8.67	10.1	12.8	16.3	20.5	24.8	27.6	30.2	33.4	35.7
18	6.26	7.01	8.23	9.39	10.9	13.7	17.3	21.6	26.0	28.9	31.5	34.8	37.2
19	6.84	7.63	8.91	10.1	11.7	14.6	18.3	22.7	27.2	30.1	32.9	36.2	38.6
20	7.43	8.26	9.56	10.9	12.4	15.5	19.3	23.8	28.4	31.4	34.2	37.6	40.0
21	8.03	8.90	10.3	11.6	13.2	16.3	20.3	24.9	29.6	32.7	35.5	38.9	41.4
22	8.64	9.54	11.0	12.3	14.0	17.2	21.3	26.0	30.9	33.9	36.8	40.3	42.8
23	9.26	10.2	11.7	13.1	14.8	18.1	22.3	27.1	32.0	35.2	38.1	41.3	44.2
24	9.89	10.9	12.4	13.8	15.7	19.0	23.3	28.2	33.2	36.4	39.4	43.0	45.6
25	10.5	11.5	13.1	14.6	16.5	19.9	24.3	29.3	34.4	37.7	40.6	44.3	46.9
26	11.2	12.2	13.8	15.4	17.3	20.8	25.3	30.4	35.6	38.9	41.9	45.6	48.3
27	11.8	12.9	14.6	16.2	18.1	21.7	26.3	31.5	36.7	40.1	43.2	47.0	49.6
28	12.5	13.6	15.3	16.9	18.9	22.7	27.3	32.6	37.9	41.3	44.5	48.3	51.0
29	13.1	14.3	16.0	17.7	19.8	23.6	28.3	33.7	39.1	42.6	45.7	49.6	52.3
30	13.8	15.0	16.8	18.5	20.6	24.5	29.3	34.8	40.3	43.8	47.0	50.9	53.7
40	20.7	22.2	24.4	26.5	29.1	33.7	39.3	45.6	51.8	55.8	59.3	63.7	66.8
50	28.0	29.7	32.4	34.8	37.7	42.9	49.3	56.3	63.2	67.5	71.4	76.2	79.5
60	35.5	37.5	40.5	43.2	46.5	52.3	59.3	67.0	74.4	79.1	83.3	88.4	92.0
70	43.3	45.4	48.8	51.7	55.3	61.7	69.3	77.6	85.5	90.5	95.0	100.4	104.2
80	51.2	53.5	57.2	60.4	64.3	71.1	79.3	88.1	96.6	101.9	106.6	112.3	116.3
90	59.2	61.8	65.6	69.1	73.3	80.6	89.3	98.6	107.6	113.1	118.1	124.1	128.3
100	67.3	70.1	74.2	77.9	82.4	90.1	99.3	109.1	118.5	124.3	129.6	135.8	140.2

(예: df=6이고 카이제곱의 값이 12.6일 때 오른쪽 끝의 컬러 부분의 면적은 0.05임)

I·N·D·E·X 찾아보기

김수환 (Soo Hwan Kim)

- 미국, 테네시 주립대학교 박사 후 연구원
- KAIST 대우교수
- 한남대학교 강의교수
- 현재 동의대학교 기초과학교양학부 교수

인공지능 속 수학 (개정판)

개정판 발행 2023년 9월 5일
지은이 김수환
펴낸이 오판근
펴낸곳 (주) 교우
주 소 서울시 동대문구 약령시로 8 교우빌딩 2층 (주)교우
전 화 02-925-2861 / **팩 스** 02-925-2860, **편집부** 02-925-2825
홈페이지&북스토어 www.kyowoo.co.kr / **이메일** kyowoo@kyowoo.co.kr
등 록 1994년 3월 24일 제1994-000013호
ISBN 979-11-251-0380-6 (93410)

값 23,000원

교우미디어는 (주) 교우의 Imprint 사입니다.
수학정원·과학정원은 (주) 교우의 새로운 브랜드명입니다.